第五代固定网络（F5G）全光网技术丛书

电力与交通生产网的架构与实现

张道农　袁道春　王楠 ◎ 编著

U0377955

清華大学出版社

北京

内 容 简 介

本书全面介绍电力与交通行业对通信网的需求、发展、应用等基本知识,着重介绍如何基于第五代固定网络(the Fifth-Generation Fixed Network,F5G)技术构建电力与交通的专用通信网的业务需求模型、业务承载与分发方式、业务安全性与可靠性保障、推荐组网方案与业务配置方案的实现细节,并通过一些具体的网络设计和实现案例说明如何运用 F5G 进行实际的组网。

本书适合作为电力与交通行业通信机电从业者、设计人员、运维人员和研究人员进行设计和建网的参考书,也可作为高等院校计算机、软件工程专业高年级本科生、研究生的参考书籍,还可供对光通信有所了解的开发人员、广大科技工作者和研究人员参考。

图书在版编目(CIP)数据

电力与交通生产网的架构与实现/张道农,袁道春,王楠编著.—北京:清华大学出版社,2022.4(2022.7重印)
(第五代固定网络(F5G)全光网技术丛书)
ISBN 978-7-302-59750-6

Ⅰ.①电… Ⅱ.①张… ②袁… ③王… Ⅲ.①光纤网-应用-电力系统-研究 ②光纤网-应用-交通系统-研究 Ⅳ.①TN929.11 ②TM7 ③U491.2

中国版本图书馆 CIP 数据核字(2022)第 003468 号

责任编辑:刘 星 李 晔
封面设计:刘 键
责任校对:郝美丽
责任印制:刘海龙

出版发行:清华大学出版社
      网　　　址:http://www.tup.com.cn,http://www.wqbook.com
      地　　　址:北京清华大学学研大厦 A 座　　邮　　编:100084
      社 总 机:010-83470000　　　　　　邮　　购:010-62786544
      投稿与读者服务:010-62776969,c-service@tup.tsinghua.edu.cn
      质量反馈:010-62772015,zhiliang@tup.tsinghua.edu.cn
      课件下载:http://www.tup.com.cn,010-83470236
印 装 者:三河市天利华印刷装订有限公司
经　　销:全国新华书店
开　　本:186mm×240mm　　印　张:19　　　　字　数:340 千字
版　　次:2022 年 4 月第 1 版　　　　印　次:2022 年 7 月第 2 次印刷
印　　数:1501～2700
定　　价:99.00 元

产品编号:089413-01

FOREWORD

序 一

在"十三五"国家重点研发计划项目研究与管理期间,我同华北电力设计院的张道农教授有了更深入的交集。他在电力系统工作多年,知识渊博,工作认真负责,给很多年轻人起到了带头作用。应张教授之约,我给此书写一个序。

电力通信网是电力系统生产及电力企业经营管理的基础支撑平台,承载和传输各类监视、调度、控制、生产及企业办公、经营、管理等信息与数据,是电力安全生产及企业高效运营的重要保障。电力通信网承载的业务包括电网生产控制类业务、企业管理类业务和企业信息类业务,实现这些业务需要传输网、接入网、业务网和支撑网等多种技术的支持。

随着"构建以新能源为主体的新型电力系统"的建设,电力系统的技术基础、控制基础和运行机理将深刻变化,电网平衡模式由源随荷动的实时平衡,向源网荷储协调互动的非完全实时平衡转变,这对通信系统的核心性能、通信网络的构建模式、通信通道的组织方式均提出全新挑战,新型电力系统需要一个更加安全、可靠的电力通信专用网络。通过这个网络,可以使电力系统形成更加坚强的互联互通网络平台,完成风光水火互相调剂和跨地区跨流域补偿调节,实现各类发电资源充分共享、互为备用。现代信息通信技术与电力技术深度融合,可以更好地实现信息化、智慧化、互动化,改变传统能源电力数据传输手段,推动电力系统高度感知、双向互动和智能高效等先进的生产、管理和应用方式的实现。

随着特高压交直流混联大电网快速发展,电网结构和互联影响日趋复杂,电网安全运行对二次系统的依赖程度不断增强,通信网对电网的安全运行保障支撑作用日益凸显。作为重要的电力基础设施,电力通信网将在支撑加快电网数字化改造升级,提高电网资源配置、智能互动和服务能力,推动传统电网全面向能源互联网转型中发挥关键作用。

电力通信系统是支撑电网高效、经济、安全运行的重要基础设施,电力通信领域技术进步与创新,是电力通信事业发展的必然要求。电力通信技术领域主要包括骨干网技术、接入网技术、业务网技术、支撑网技术等方面,承担着电力系统各种业务的安全传送任务。由于传统的通信网和计算机网已发展为一种新型网络形态,其包含互联网、通信网、物联网、工控网等信息基础设施,并由"人-机-物"相互作用而形成了一个动态虚拟空间。电力通信网络正是这种新型网络形态的代表。光通信具备"大带宽、长距离、高可靠、高安全"等特性,已经成为了电力系统的主要通信方式,在电力系统调度、控制、生产运行、业务管理等方面发挥了重要作用。

《电力与交通生产网的架构与实现》在电力通信网部分介绍了电力通信网发展历程、总体架构现状以及面临的挑战;对电力通信高可靠承载、超长站距承载、大带宽承载的方案进行了详细的介绍;专题介绍了电力通信广连接技术和电力通信 F5G 技术。本书理论联系实践,适合电力、交通光通信网络从业人员阅读,也可以作为大中专院校学生的参考用书。

刘建明

工业和信息化部产业发展促进中心智能电网技术与装备专委会主任

2022 年 1 月

FOREWORD

序 二

每一次产业技术革命和每一代信息通信技术发展,都给人类的生产和生活带来巨大而深刻的影响。固定网络作为信息通信技术的重要组成部分,是构建人与人、物与物、人与物连接的基石。

信息时代技术更迭,固定网络日新月异。漫步通信历史长河,100 多年前,亚历山大·贝尔发明了光线电话机,迈出现代光通信史的第一步;50 多年前,高锟博士提出光纤可以作为通信传输介质,标志着世界光通信进入新篇章;40 多年前,世界第一条民用的光纤通信线路在美国华盛顿到亚特兰大之间开通,开启光通信技术和产业发展的新纪元。由此,宽带接入经历了以 PSTN/ISDN 技术为代表的窄带时代、以 ADSL/VDSL 技术为代表的宽带/超宽带时代、以 GPON/EPON 技术为代表的超百兆时代的飞速发展;光传送也经历了多模系统、PDH、SDH、WDM/OTN 的高速演进,单纤容量从数十兆跃迁至数千万兆。固定网络从满足最基本的连接需求,到提供 4K 高清视频体验,极大地提高了人们的生活品质。

数字时代需求勃发,固定网络技术跃升,F5G 应运而生。2020 年 2 月,ETSI 正式发布 F5G,提出了"光联万物"产业愿景,以宽带接入 10G PON + FTTR(Fiber to the Room,光纤到房间)、WiFi 6、光传送单波 200G + OXC(全光交换)为核心技术,首次定义了固网代际(从 F1G 到 F5G)。F5G 一经提出即成为全球产业共识和各国发展的核心战略。2021 年 3 月,我国工业和信息化部出台《"双千兆"网络协同发展行动计划(2021—2023 年)》,系统推进 5G 和千兆光网建设;欧盟也发布了"数字十年"倡议,推动欧洲数字化转型之路。截至 2021 年底,全球已有超过 50 个国家颁布了相关数字化发展愿景和目标。

F5G 是新型信息基础设施建设的核心,已广泛应用于家庭、企业、社会治理等领域,具有显著的社会价值和产业价值。

（1）F5G 是数字经济的基石，F5G 强则数字经济强。

F5G 构筑了家庭数字化、企业数字化以及公共服务和社会治理数字化的连接底座。F5G 有效促进经济增长，并带来一批高价值的就业岗位。比如，ITU（International Telecommunication Union，国际电信联盟）的报告中指出，每提升 10% 的宽带渗透率，能够带来 GDP 增长 0.25%～1.5%。中国社会科学院的一份研究报告显示，2019—2025 年，F5G 平均每年能拉动中国 GDP 增长 0.3%。

（2）F5G 是智慧生活的加速器，F5G 好则用户体验好。

一方面，新一轮消费升级对网络性能提出更高需求，F5G 以其大带宽、低时延、泛连接的特征满足对网络和信息服务的新需求；另一方面，F5G 孵化新产品、新应用和新业态，加快供给与需求的匹配度，不断满足消费者日益增长的多样化信息产品需求。以 FTTR 应用场景为例，FTTR 提供无缝的全屋千兆 WiFi 覆盖，保障在线办公、远程医疗、超高清视频等业务的"零"卡顿体验。

（3）F5G 是绿色发展的新动能，F5G 繁荣则千行百业繁荣。

光纤介质本身能耗低，而且 F5G 独有的无源光网络、全光交换网络等极简架构能够显著降低能耗。F5G 具有绿色低碳、安全可靠、抗电磁干扰等特性，将更多地渗透到工业生产领域，如电力、矿山、制造、能源等领域，开启信息网络技术与工业生产融合发展的新篇章。据安永（中国）企业咨询有限公司测算，未来 10 年，F5G 可助力中国全社会减少约 2 亿吨二氧化碳排放，等效种树约 10 亿棵。

万物互联的智能时代正加速到来，固定网络面临前所未有的历史机遇。下一个 10 年，VR/AR/MR/XR 用户量将超过 10 亿，家庭月平均流量将增长 8 倍达到 1.3Tb/s，虚实结合的元宇宙初步实现。为此，千兆接入将全面普及、万兆接入将规模商用，满足超高清、沉浸式的实时交互式体验。企业云化、数字化转型持续深化，通过远程工业控制大幅提高生产效率，需要固定网络进一步延伸到工业现场，满足工业、制造业等超低时延、超高可靠连接的严苛要求。

伴随着千行百业对绿色低碳、安全可靠的更高要求，F5G 将沿着全光大带宽、多连接、极致体验三个方向持续演进，将光纤从家庭延伸到房间、从企业延伸到园区、从工厂延伸到机器，打造无处不在的光连接（Fiber to Everywhere）。F5G 不仅可以用于光通信，也可以应用于通感一体、智能原生、自动驾驶等更多领域，开创无所不及的光应用。

"第五代固定网络（F5G）全光网技术丛书"向读者介绍了 F5G 全光网的网络架构、热门技术以及在千行百业的应用场景和实践案例。希望产业界同仁和高校师生能够从本书中获取 F5G 相关知识，共同完善 F5G 全光网知识体系，持续创新 F5G 全光网技术，助力 F5G 全光网生态打造，开启"光联万物"新时代。

华为技术有限公司常务董事

华为技术有限公司 ICT 基础设施业务委员会主任

2022 年 1 月

PREFACE
前　　言

电力系统和交通系统都是关系国计民生的基础行业,它们在服务国家战略、保障国民经济方面发挥着不可替代的重要作用。因此,电力系统与交通系统的安全性、可靠性和稳定性就成为其运维管理的首要课题。

通信系统,尤其是有线通信系统作为电力与交通重要的组成部分,一直担负着调度、指挥、控制等关键业务的传递和控制作用。而光通信因为其天然具备的"大带宽、长距离、高可靠、高安全"等特性,从20世纪80年代末开始即成为电力与交通有线通信网的首选制式。经过30多年的发展,光通信已经覆盖国内95%以上的电力与交通通信线路,也是专用通信面向未来发展最主要的技术驱动力。

一直以来,电力和交通的光通信系统专业化程度较高,业务耦合紧密,虽然行业内已经有不少的专业资料,但是一直缺少一本能够全面介绍电力、交通生产通信网的书籍。基于此,本书对行业专网应用进行了系统性的梳理和介绍,以便从业者能更好地设计与运维这张网络。

我们希望通过书籍的形式,完整地向读者呈现行业专用传输网的业务诉求、业务特点以及它与公网的区别,体现行业专网独特的建网价值和建网方式,全面系统地呈现我们在行业传输网上的经验与思考,对从业者提供帮助。这也是我们能够对行业所做的一点点微小的贡献。

面向未来,随着我国"双碳"战略的落地推进,节能减排将成为各行各业的首要任务和目标。在此大背景下,网络光纤化将成为未来发展的必然趋势,光通信网络正在从电力和交通行业走向金融、教育、医疗、制造等千行百业,同时从广域网的骨干、汇聚层走向接入层,进而走向局域网。光通信网络正面临着前所未有的发展机遇,必将迎来井喷式的高速发展。

因此,本书不仅介绍通信网和传输网,更重要的是深挖建设这张网的原因和目的,即业务究竟有哪些;业务的本源是什么;为什么需要提供特定的传输方式等。我们试图通过对这些问题的梳理,使读者能够见微知著,了解并理解这张网络的发展历程和设计理念,并为未来行业的发展提供参考思路。

我们在写作过程中参考了大量的行业资料、行业论文与行业书籍,甚至还查阅了不少 20 世纪 80 年代、90 年代的资料文献,总体上力求资料引用尽量丰富,写作内容尽量精准。也希望本书能够真正对读者有所帮助!

一、结构安排

本书以电力、交通生产通信网面临的挑战和需求作为切入点,介绍行业生产通信网的发展历程、架构、主要业务、关键技术、光传输解决方案和下一代承载技术,最后介绍了电力与交通未来技术展望。

二、读者对象

- 电力、交通光通信从业人员:包括渠道、集成商、设计院等,通过学习本书了解全光园区解决方案,可更好地完成工作。
- 大中专院校在校学生:毕业后欲从事电力、交通光通信相关工作,应聘渠道、设计院、网络维护工程师等方向,招聘时有明显注明认证通过者优先。
- 客户:网络建设和网络维护人员,通过本书了解电力、交通光传输解决方案,为后续决策做基本了解,或为已建成的园区网络做维护管理。
- 其他:对电力、交通光通信网络感兴趣人员。

三、致谢

在本书的写作过程中,我们得到了业界许多领导、专家、同行的帮助,在此表示诚挚的感谢!

感谢郭祥寿为本书地铁相关章节提供的文稿和资料;感谢何金畅、邱康华、安琪、刘卓尔、赵海智、殷江宁、刘海涛、刘鹏、凌祝军、梁乐庚对本书提供建议和素材,让本书的内容更加丰富!

本书主要由张道农、袁道春、王楠编写,参与编写的人员还有蔡长波、税长江、喻健、张磊、李政宇、郑璇、彭玮。限于编者的水平和经验,疏漏或者错误之处在所难免,敬请读者批评指正。

编　者

2022 年 1 月

CONTENTS

目　　录

第 1 章

电力通信网

1.1 电力通信网概述

1.1.1 电力通信网概念

电力系统是由发电、输电、变电、配电和用电 5 个环节组成的电能生产与消费系统。它的功能是将自然界的一次能源通过发电动力装置转化成电能,再经输电、变电和配电将电能供应到各用户。电力系统在各个环节和不同层次还具有相应的信息与控制系统,对电能的生产过程进行测量、调节、控制、保护、通信和调度。

由于组成电力系统的各部分——发电、输电、变电、配电和用电通常都是分散在广大地区,其生产、输送、分配和消费是同时进行和完成的,为保证安全、经济地发电和供电,合理分配电能,保证电力质量指标,防止和及时处理系统事故,就要求集中管理,统一调度,电力系统必须要有一个能够提供特殊保障性服务的通信系统做支持,因此电力通信网应运而生。

电力通信网是保证电力系统安全稳定运行的通信网络,是现代电力系统的重要基础设施。一般定义为:利用有线电、无线电、光或其他电磁系统,对电力系统运行、经营和管理等活动中需要的各种符号、信号、文字、图像、声音或任何性质的信息进行传输与交换,满足电力系统要求的专用通信网。

如图 1-1 所示,电力系统的主体结构有各种发电站、变电站、输电网、配电网和用电设备。各部分都有相应的信息与控制系统,由各种检测设备、通信设备、安全保护装置、自动控制装置以及监控自动化、调度自动化系统组成,从而产生各种生产和管理数据。为支撑电力系统各环节的统一协同运作,电力通信网为这些环节所产生的数据提供通信保障。

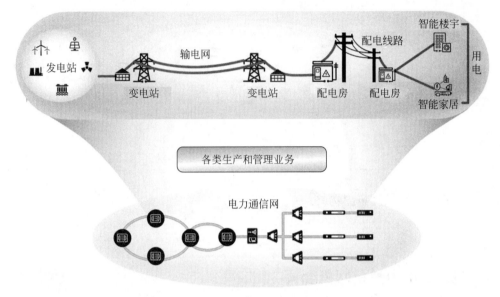

图 1-1　电力系统与电力通信网

1.1.2　电力通信网发展历程

电网的发展离不开通信的支持,可以说电力通信的发展和电网的发展是同步。在我国,电力通信已有近 80 年的历史。

早期的电力系统规模不大,采用电力线载波、架空明线或电缆等通信方式,即可满足调度指挥和事故处理的需要。随着电力负荷的不断增长,小的、分散的电力系统逐步连接成较大的电力系统,仅靠电话指挥运行已不能满足安全供电的要求。

20 世纪 60 年代,电力系统运动技术有了新的发展并开始大规模应用,对通信的通道容量、传输质量和可靠性提出了更高的要求,因此开始采用微波、特高频、同轴电缆多路载波等多种通信方式,连同原有的电力线载波和其他有线通信,组成了适应电力系统范围和要求的专用通信网,网络规模和通道容量均有了很大发展。

20 世纪 80 年代,我国电力系统不断扩大,调度管理更加复杂,迫切要求实现以电子计算机为基础的调度自动化,对通信提出了新的要求。与此同时,通信技术的发展也开始突飞猛进,数字微波、卫星通信、光纤通信、程控交换等现代通信技术相继引入并得到广泛采用。

20 世纪 90 年代,电力通信得到史无前例的大发展。电力专用通信装备水平和服务质量大幅度提高,为电力系统安全、稳定、经济运行提供了更加可靠的保障;

电力公司充分利用电力系统资源优势和电力通信富裕能力,参与社会电信市场
竞争。

近几十年,随着电力企业信息化水平的不断发展,电力信息网络规模越来越大,对
通信网络技术要求也越来越高,中国电力通信发展迅猛,尤其是在光纤通信方面高速
发展。

1.1.3　电力通信网总体架构现状

如图 1-2 所示,电力通信网整体架构分为三大部分:干线通信网、通信承载网和配
电通信网。

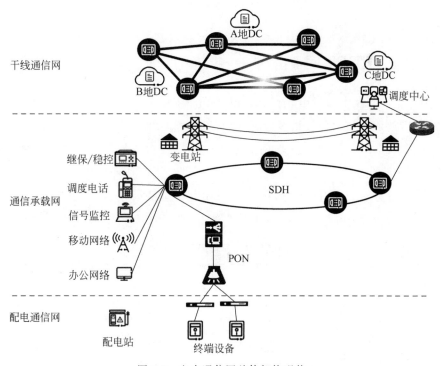

图 1-2　电力通信网总体架构现状

1) 干线通信网

用于灾备数据中心的数据连接及国家电网总部、分部、直属单位和各省公司的管
理通信连接。国内当前运行的干线通信网,于 2012—2015 年建成运营。建设时间相
对较早,并且承载的业务相对单一,带宽需求不大。因此采用了当时成熟的 40 波
10Gb/s 的 DWDM 系统,实现单纤 400Gb/s 带宽承载。

2）通信承载网

用于省级和地市级电力生产业务和管理业务的信息传输。省级网连接省电力公司及其直属单位、地市公司、省调直调发电厂及变电站等，按照双平面建设，A 平面承载生产控制类业务，采用同步数字体系（Synchronous Digital Hierarchy，SDH）技术，核心环为 10Gb/s 平台；B 平面承载管理信息类业务，采用光传输网（Optical Transport Network，OTN）技术体制。地市级传输网按单平面建设，采用 SDH 技术体制，主要覆盖地市级公司及其下属单位等。

3）配电通信网

连接供电系统与用电系统的通信网络，主要采用的通信技术有无源光网络（Passive Optical Network，PON）、交换机、无线公网技术，从而构建出智能化的配电运维系统。

1.1.4　电力通信网业务

电力通信网涉及电力发电、输电、变电、配电、用电及调度 6 个环节的数据传输及电网控制，因此业务类型种类繁多，且每种业务类型的带宽需求颗粒度小，集中在 2～100Mb/s，如表 1-1 所示，电力通信网业务按业务属性主要划分为生产业务和管理业务，按照安全等级的要求从高到低划分为 Ⅰ～Ⅳ 区，不同业务对网络的要求不同，例如，安全 Ⅰ 区业务对时延有明确要求，比如继电保护业务要求端到端时延在 5～12ms（包含光纤线路时延）范围内，同时要求带宽独占、双向时延一致和时延恒定等。

表 1-1　电力通信网业务类型

业务属性	安全区域	业务类型		业务属性			
		数据业务	语音和多媒体	接口类型	业务带宽/(b/s)	传输时延/ms	分布属性
生产业务	Ⅰ区	线路保护（继电保护）	—	E1、PCM	2M、64k	5～12	相邻
		安全自动控制系统（安稳）	—	E1、PCM	2M、64k	10～30	分层集中
		厂站自动化监控系统	—	E1、PCM	2M、64k	＜250	集中
		能量管理系统	—	E1、FE	2M	＜250	集中
		广域相量测量系统	—	E1、FE	2M	＜250	集中
		配电自动化系统	—	FE/GE	2～10M	＜250	集中
		—	调度电话	FE、FXS	2M、64k	—	集中

续表

业务属性	安全区域	业务类型		业务属性			
		数据业务	语音和多媒体	接口类型	业务带宽/(b/s)	传输时延/ms	分布属性
生产业务	Ⅱ 区	保护管理系统	—	FE/GE	2M	<250	集中
		安稳管理系统	—	FE/GE	2M	<250	集中
		电量计量系统	—	FE/GE	2M	<250	集中
		故障录波系统	—	FE/GE	2M	<250	相邻
		电力市场运营系统	—	FE/GE	2M	—	集中
		水调自动化	—	FE/GE	2M	—	集中
		调度员培训系统	—	FE/GE	2M	—	集中
	Ⅲ 区	雷电系统	—	FE/GE	2M	—	集中
		光缆检测系统	—	FE/GE	2M	—	集中
		—	变电站视频监控	FE/GE	2～8M	—	集中
		—	一次设备在线监控	FE/GE	2M	—	集中
		—	通信机房监控系统	FE/GE	2～8M	—	集中
管理业务	Ⅳ 区	—	视频会议系统	FE/GE	20M	—	分散
		—	行政电话系统	E1/FE	2M	—	分散
		办公系统	—	FE/GE	10～100M	—	分层集中
		财务系统	—	FE/GE	10～100M	—	分层集中
		营销系统	—	FE/GE	10～100M	—	分层集中
		人力资源系统	—	FE/GE	10～100M	—	分层集中
		生产/工程管理系统	—	FE/GE	10～100M	—	分层集中

注：PCM：脉冲编码调制（Pulse-Code Modulation），是对连续变化的模拟信号进行抽样、量化和编码产生的数字信号。

E1：欧洲的 30 路脉冲编码调制 PCM，传输速率为 2.048Mb/s。

FE：快速以太网（Fast Ethernet），FE 接口一般用于连接以太网，传输速率为 100Mb/s。

GE：千兆以太网（Gigabit Ethernet），GE 接口一般用于连接以太网，传输速率为 1000Mb/s。

FXS：外部交换站（Foreign Exchange Station），FXS 接口为话音接口，是直接与普通模拟电话机、传真机、IP 电话相连的接口。

1.1.5　电力通信网面临的挑战

随着智能电网与能源互联网的发展，国家战略发展特高压输变电传送，对电力通信网提出了更高的要求。

1. 高可靠、高安全

电力行业属于国家基础行业,电力系统的智能化、自动化的生产运行,依赖于通信系统的高可靠性。在当前国际环境下,国家颁布了国密法,安全加密对于政企行业成为基本要求。

2. 单跨无中继超长距离

国家特高压输变电高速发展,截至 2019 年,特高压长度达 3 万多千米。特高压变电站间站址距离长,尤其是特高压直流输电,变电站间跨度长达数千千米。特高压输电线沿山川、河流部署,穿过人烟稀少区域,建设通信机房困难,尤其是通信低压供电与运维,因此光通信的单跨无中继距离需求是没有上限的。当前 2.5Gb/s 光通信距离可达 400～500km,随着通信技术的发展,光纤速率逐步提升,10Gb/s 乃至 100Gb/s 光通信逐步取代 2.5Gb/s 成为主流。根据通信原理,调制速率越高,信噪比越低,传输距离越短。因此,需要在光层技术上进一步发展新的技术,持续提升单跨无中继光传输距离。

3. 大带宽

随着通信技术的发展,偏振调制-相干检测的 100Gb/s 光通信技术已经得到广泛应用。在电力骨干传输网,需要将波分干线带宽从 10Gb/s 提升到 100Gb/s,建设一张基于云网融合的新一代传输干线网。但在电力通信网中,对 100Gb/s 波分系统技术提出了新的挑战:在电力 OPGW 光缆的应用场景下,100Gb/s 相干光模块需要支持超大的 SOP(State Of Polarization)性能,才能满足电力通信可靠性需求。

4. 广连接

随着配网自动化的深入覆盖,光伏、风电等可再生新能源并入电网,新能源电动车触发充电等新兴用电服务兴起,能源万物互联已经成为主流趋势,终端与通道连接数达到百万级。

1.1.6 面向电力通信网的承载解决方案

随着智能电网信息化需求的提高,电力通信网呈现了业务多样化的趋势,对基础通信网带宽提出了很大的挑战。

传统的电力通信网面临着带宽容量小、分组特性不足的问题，急需一张既能高可靠传输现有生产调度业务，又能高效承载未来分组业务的大容量电力通信网。针对调度自动化、继电保护等电网运行类业务，采用传统的硬管道承载，保证业务的高安全、高可靠和低时延地传送。针对突发性较强的大带宽 IP 分组业务，采用分组弹性软管道承载。相比传统的 EoS 技术，分组管道的带宽统计复用功能可以提高传输效率，节省带宽资源 30% 以上。

1. 物理隔离的硬管道是生产业务网的必然趋势

物理隔离管道技术提供可靠的带宽，数据传输抖动、时延小；时分特性满足授时环境要求；同时提供了时钟传输方案，使全网生产网通信变得简单可靠。

在电力生产网络中，有大量生产业务相关的通信专线需求。生产网通信专线的特点是低速率的小颗粒业务较多（生产业务普遍带宽在 100Mb/s 以下），单生产设备的业务速率多为 2～100Mb/s；通信性能要求很高，需要低时延和低时延抖动的响应性能；同时需要确保极高级别的稳定性。比如，电力生产网的继电保护业务，2Mb/s 速率，10ms 以下时延要求，国家级安全标准。一直以来，传统电力生产专线普遍采用时分复用（TDM）的 SDH/MSTP 技术承载这种关键的生产网业务。

随着电力随云化、虚拟化、数字化技术的发展，全球电力行业都面临着生产与运营方式的转变与升级。通信承载网为了适应行业特点，需要具备以下能力。

- 速率：各行各业的生产业务都不应该被通信连接速率所影响，即通信连接速率不能制约生产力，速率范围为 2Mb/s～100Gb/s。
- 云化：大量的企业或组织都在以某种方式使用云，光纤通信的速度和带宽能力意味着更高效地访问存储在云端的数据和应用。随着越来越多的业务上云，光纤通信技术的时延与速率将需要保证交互没有延迟。
- 可靠：任何计划外的停机时间都会导致业务通信和生产力完全停止，不可靠的通信连接会给企业带来额外成本，如：电力生产停机将会给受灾地区生产生活秩序带来严重影响。除了光纤自身的物理抗干扰性，传输技术也需要有极高的抗外部攻击与自愈能力。
- 时延：生产自动化、安全操作、上云应用体验等，都需要极高的时延保障。

在技术上，传统的 SDH/MSTP 技术虽然一如既往地拥有网络韧性、带宽保证，以及对生产设备业务高效适配的优势,但是在通信速率的向上扩展以及网络运营的灵活性上,已经出现了瓶颈。在产业上,世界上许多时分复用和同步光纤网络(SONET)/同步数字体系(SDH)设备正在接近其生命周期的终点。而同为硬管道的 OTN 技术虽然天然有带宽演进优势,但是无法适配 1.25Gb/s 以下的业务速率,无法灵活适配数字化的高效需求。因此,从技术的演进与发展来看,需要下一代 TDM 光通信技术来继承 SDH 技术,承载这类高性能窄带宽的生产网业务,并能够适应灵活可视的大带宽干线数据传输的要求。

目前已出现使用 IP MPLS 和 MPLS-TP 代替 SDH 的方案。但是在国家干线和城域统一承载的广域生产网中,由于 IP 传输业务包的时序不确定性,可能影响业务及时可达性能。同时,由于 IP 技术的架构不是基于硬管道时分系统,所以此类改进只能基于私有协议,各个厂商最终很难形成统一的硬管道和时分技术标准,网络标准化对接成为难题。

光业务单元容器(Optical Service Unit,OSU),带宽可灵活定义到 2Mb/s,与传统 SDH 业务颗粒一致。支持 2Mb/s~100Gb/s(N×2Mb/s)带宽的连续无损调整,保证网络资源利用率最大化,支持差异化时延等级。OSU 解决方案,通过网络传输层扁平化,单站时延大幅降低。基于 OSU 技术的光传输解决方案可以为广泛的业务应用提供带宽和时延保障,并惠及多个垂直行业。同时,由于 OTN 设备天然的硬管道能力和业务时序稳定性,满足 sub1G 传输的 OTN 延伸标准 OSU,与传统的 OTN 保持了架构的继承性,形成标准化、可对接、统一的生产网络连接技术。

目前 SDH 和 OTN 仍然是全球网络基础设施的重要组成部分。作为下一代的技术演进,OSU 能帮助行业实现承载网络的价值最大化,简化复用层次。

2. 多维度保护,网络可靠承载

为确保电力业务的可靠传输,电力通信承载解决方案从设备级保护、网络级保护、业务级保护 3 个层面进行了全面的系统保护。对重要单板如主控板、交叉时钟板、电源板等都进行了 1+1 热备份配置,E1 单板采用 1:N 的 TPS 保护,从设备级的层面保证了系统的稳定可靠。网络级保护层面采用二/四纤复用段、子网连接保护、复用段保护等保证网络的可靠运行。业务级保护层面针对语音、数据、视频等不同业务实现最佳的保护。此外,通过 ASON 技术可以实现网络的抗多点失效功能,进一步提高网络的可靠性。

3. 电流差动保护

由于电流差动保护业务的特殊性,电力系统提出了有别于传统 ASON 网络的特殊需求:业务正反向路径严格一致;业务在路径变化时必须中断大于 100ms;单向线路传输延时小于 10ms。ASON 差动保护特性为电力行业量身定做,完美地满足了上述三大需求,保证了电网核心的电流差动保护业务的高可靠通信。

4. 超长距离传输特性

通过超长距光通信技术,增加光通信的站间传输跨距,减少新建光通信中继站数量,有利于控制工程造价,降低运营维护成本,并提高系统的可靠性。

1.1.7　小结

"数字电网"在发、输、变、配、用各生产环节遍布广泛,传统 SDH 通信方式已不能满足全业务通信需要,迫切需要一种具备"大带宽、全业务、高可靠、易运维"的通信网络。同时中国提出"新基建"国家战略,国家希望通过新基建促进经济增速、提质。2020 年年初新基建主要涉及信息网、交通网和能源网 3 个行业,包含 5G、工业互联网、数据中心、城际轨道交通、特高压等 7 个领域。2020 年 4 月,国家发改委文件进一步强调补充"加快推动 5G 网络部署,促进光纤宽带网络的优化升级"。其中由 ETSI 定义的第五代光纤宽带网络(F5G)与无线 5G,共同构成了智能时代的基础设施,支撑国家新基建战略。

1.2　电力通信高可靠承载方案

1.2.1　电力生产网关键业务介绍

电力生产网业务主要包含调度自动化(SCADA/EMS)、继电保护、调度电话、安全稳定控制等,其中继电保护(relay protection,简称继保)业务是电力生产网最核心的业务。

1. 继保业务介绍

电力系统是由众多发电厂、输电线路、变电站、配电系统及负荷组成的复杂网络，电网的安全可靠运行至关重要。但是由于电力设施分布广，设备难免不出故障，自然灾害也会对输电线路等造成损害，为了避免全网停电，必须对故障进行快速隔离。继电保护就是对电力系统中发生的故障或异常情况进行检测，从而发出报警信号，或直接将故障部分隔离、切除的一种重要措施。

继电保护的基本任务是：当电力系统发生故障或异常工况时，在可能实现的最短时间和最小区域内，自动将故障设备从系统中切除。继电保护装置必须具有正确区分被保护元件是处于正常运行状态还是发生了故障，是保护区内故障还是区外故障的功能。保护装置要实现这一功能，需要根据电力系统发生故障前后电气物理量变化的特征为基础来构成。继电保护装置为了完成它的任务，必须在技术上满足选择性、速动性、灵敏性和可靠性4个基本要求。

继电保护的种类很多，常用的输变电线路继电保护措施如下。其中纵联电流差动保护和纵联距离保护需要采用通信技术传输远程状态信息，对通信的主要要求如下。

（1）纵联电流差动保护：通过比较本端采集的电流值和远端送来的电流值，当电流差值超过设定值的时候触发保护动作。这就要求通过远程通信将电流值持续不断地送到对端变电站的保护装置。现在一般通过光纤通信技术承载。

（2）纵联距离保护：本地采集电压和电流值，通过计算线路阻抗确定保护范围，远程跳闸功能有远程通信需求，需要将开关量送到对端变电站的保护装置，通信信息量少，传输时延短。

（3）本地距离保护：通过测量被保护线路始端电压和线路电流的比值而动作的一种保护，又称作阻抗保护。通常作为后备保护方案。本地距离保护没有通信要求。

（4）本地过流保护：本地采集电流值，当超过额定电流是触发保护动作。本地过流保护没有通信要求，额定值和延时由调度设定。

2. 纵联距离保护介绍

输电线路的长度是一定的，单位长度的阻抗也是确定的。当发生故障时，通过测量故障点到距离保护装置安装点的阻抗，就可以知道故障点发生的距离，如果距离小于输电线路的长度,则可判断这条线路发生了故障,装置动作,将线路两端的断路器跳开,将故障线路隔离。距离保护的工作原理如图 1-3 所示。

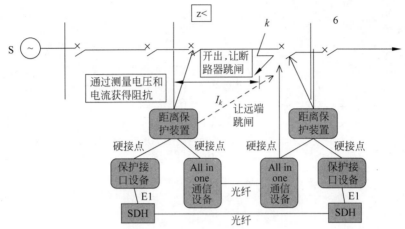

图 1-3　距离保护工作原理

3. 纵联电流差动保护介绍

电力线路的纵联电流差动保护是目前电力生产网中应用最广泛、对通信承载技术要求最苛刻的一种保护。

输电线路正常运行时,线路两端的电流值相同。当输电线路发生故障时,两端的电流就会不一致,称为差动电流。当差动电流大于纵联电流差动保护的整定值时,触发保护动作,将被保护设备的各侧断路器跳开,使故障设备断开电源。纵联电流差动保护的原理如图 1-4 所示。

纵联电流差动保护的正确动作有如下要求:

(1) 电流差值(即差流)正常情况下为 0;异常情况大于动作门限输出跳闸动作信号。这个要求由两端纵联电流差动保护的型号和性能一致性来保证。

(2) 采样同步,两端纵联电流差动保护要实现时间同步。时间同步的机制保证 ΔT_s 逼近 0,否则就会在纵联电流差动保护上产生额外的差流,如图 1-5 所示,极端情况会产生误动。

输电线路两端的纵联电流差动保护采用经典的"乒乓原理"算法实现双侧通信设备之间时间同步,如图 1-6 所示。

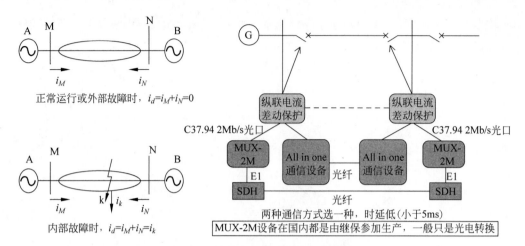

正常运行或外部故障时, $i_d = i_M + i_N = 0$

内部故障时, $i_d = i_M + i_N = i_k$

两种通信方式选一种, 时延低(小于5ms)

MUX-2M设备在国内都是由继保参加生产, 一般只是光电转换

图 1-4 纵联电流差动保护工作原理

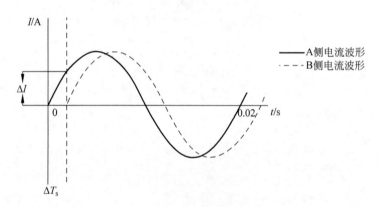

图 1-5 采样不同步产生差流

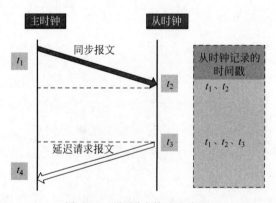

图 1-6 时间同步算法示意图

- t_1 时刻,主时钟向从时钟发出同步报文,并携带自身的时钟 t_1。
- t_2 时刻,从时钟接收到同步报文,从同步报文中获取时间戳 t_1,并标注上该时刻自己的时钟 t_2。
- t_3 时刻,从时钟发送延迟请求报文,并携带该时刻自身的时钟 t_3。
- t_4 时刻,主时钟接收到延迟请求报文,并注上该时刻自己的时钟 t_4。

假设从时钟和主时钟的时间差为偏移量 Offset,主时钟到从时钟的传输时延为 Delay_ms,从时钟到主时钟的传输时延为 Delay_sm,计算过程如下:

$$t_2 - t_1 = \text{Delay\_ms} + \text{Offset}$$

$$t_4 - t_3 = \text{Delay\_sm} - \text{Offset}$$

在上述算法中,假设双向传输时延相同(通信通道要求收发路径一致),即:

$$\text{Delay} = \text{Delay\_ms} = \text{Delay\_sm}$$

则可以通过时戳计算传输时延:

$$\text{Offset} = \left[(t_2 - t_1) - (t_4 - t_3) \right]/2$$

$$\text{Delay} = \left[(t_2 - t_1) + (t_4 - t_3) \right]/2$$

有了上述计算结果,然后就可以根据偏移量 Offset 来修正从时钟,从而实现主从时间同步。

纵联电流保护和纵联距离保护需要持续传输的电流测量值、时间同步报文、保护动作信令等信息,需要至少 2Mb/s 的传输带宽。

1.2.2　继保业务通信方案介绍

1. 继保业务通信要求

纵联电流保护和纵联距离保护需要传送远端保护信息,不同的继保设备提供的接口有差异,其基本通信要求如表 1-2 所示。

2. 光纤承载方案

光纤承载是当前业界的主流方案,支持承载纵联电流保护业务和纵联距离保护业务。大部分通信厂家支持数据 E1/64kb/s 同向 PCM 接口对接独立 TPS 接口装置。

TPS 装置为支持干接点距离保护接口的(+24～250V DC)接口装置,专业继电保护厂家都可提供独立 TPS 方案,如图 1-7 所示。

表 1-2 继电保护的通信基本要求

保护类型	可靠性	继保设备接口	通信方式
纵联电流差动保护	高	2Mb/s 或 4Mb/s 光接口	• 光纤直连 • 光电转换后为 2Mb/s 电接口对接 SDH/MSTP 设备传输
纵联距离保护	中	2Mb/s 接口	• 对接 SDH/MSTP 设备传输 • 对接微波设备后传输
		64kb/s 同向接口	通过 PCM 设备转换为 2Mb/s 接口 • 对接 SDH/MSTP 设备传输 • 对接微波设备传输 • 对接电力线载波通信（Power Line Communication，PLC)设备传输
		干接点接口	通过外置继保干接点转通信口设备转换为 64kb/s 同向接口或 X.21 接口，再通过 PCM 设备为 2Mb/s 接口 • 对接 SDH/MSTP 设备传输 • 对接微波设备后传输
			通过外置继保干接点转通信口设备转换为 64kb/s 同向接口或 X.21 接口，对接 PLC 设备传输
			直接对接内置干接点接口的 SDH 设备传输

图 1-7 外置 TPS 方案

极少数厂家提供内置 TPS 方案，如图 1-8 所示。

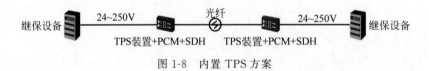

图 1-8 内置 TPS 方案

3. 微波承载方案

微波承载方案在电力通信历史上发挥了重要作用，如图 1-9 所示。微波技术由于工程实施和运维复杂难度大，当前已经不再作为电力继电保护承载主要承载技术，未来主要应用于灾难备份场景。

图 1-9　微波通信方案

4. PLC 承载方案

PLC 承载方案是最早投入使用的继保业务承载方案。PLC 最大能支持 64kb/s 的带宽,只能传输纵联距离保护业务。

海外少数发展中国家采用高压 PLC 技术作为纵联距离保护承载技术,通常是在无 OPGW 光缆或者投资非常受限的场景情况下才使用。

高压 PLC 技术能够提供的带宽非常有限,只有几百 kb/s 级别带宽,无法满足业界主流的光纤电流差动保护带宽诉求,通常仅能满足纵联距离保护带宽诉求。

PLC 运维和施工难度和 PLC 业务传输可靠性也有限,通常作为备用通道。

业界主流主要提供高压 PLC 载波机方案,如图 1-10 所示。

(a) TPS装置和PLC载波机分开部署

(b) TPS装置和PLC载波机载波一体机

图 1-10　典型 PLC 载波机方案

5. 继电保护高可靠配置要求

中国的主要继电保护建设主流采用光纤承载方案,基本配置要求如下:

(1) 220kV 及以下输电线路每套保护配置 1 个通道,采用主备保护,如图 1-11 所示。

(2) 500kV 及以上输电线路每套保护配置 2 个通道,采用主备保护,采用专用通道与复用通道结合互为备用,如图 1-12 所示。

(3) 500kV 及以上保护通道切换由继电保护硬压板投退或通过通信设备切换实现双通道同时在网运行的保护装置,各通道具有独立的判断逻辑。

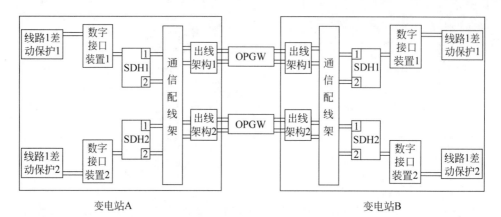

图 1-11　220kV 输电线路继电差动保护和通信典型配置

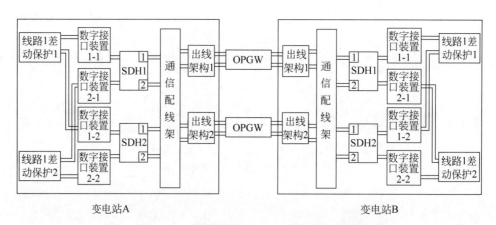

图 1-12　500kV 输电线路继电差动保护和通信典型配置

（4）业务通道采用无保护方式（按照中国电力行业标准，通道保护、SNCP 等禁止配置）。

说明：保护通道切换时间与通信设备倒换时间是不同的概念。

1.2.3　纵联电流差动保护业务的通信保护方案

纵联电流差动保护可靠性要求最高，普遍为多装置和多通道配置。对于通信通道，通常采用 1 个专用通道和 1 个复用通道。为进一步提高通信的可靠性，可以考虑对复用通道提供保护。由于纵联电流差动保护业务本身和特性，对通信保护方案存在特殊要求。

通过比对纵联电流差动保护业务的通信要求和通道保护方式的特点，可以得到结论：电流差动保护不能采用传统的通道保护技术对传输通道进行保护。

1. 纵联电流差动保护业务的通信要求

为满足保护的速动性和可靠性要求,纵联电流差动保护装备对于通信传输通道有如下要求:

(1) 保护业务收发路径一致,传输时延相同,以避免采样数据出现偏差,进而错误触发纵联电流差动保护。

(2) 业务传输延时可控,单向路径时延小于 12ms。如果通信通道发生切换,新的通信通道同样要满足该时延约束。

(3) 业务路径发生变化可以被感知。纵联电流差动保护检测通信故障需要一定的延时,如果业务路径切换时间过短,将可能导致纵联电流差动保护出现二次切换,影响电网运行。一般要求路径切换时,通信中断时间至少 100ms。

2. 传统通道保护方式分析

采用 SDH/MSTP 设备承载纵联电流差动保护业务时,通道双向路由一致,双向时延误差通常不超过 $200\mu s$,能够满足纵联电流差动保护对通道双向时延一致性的要求。但是,如果业务通道在 SDH/MSTP 设备上设置了通道保护,那么不论是子网连接保护(SubNetwork Connection Protection,SNCP),还是复用段保护(Multiplex Section Protection,MSP),都无法满足纵联电流差动保护的要求。

(1) SNCP 和 MSP 的保护倒换时间均小于 50ms,倒换前后业务路径不一致,传送时延也有差异。但是在 50ms 的倒换时间内,纵联电流差动保护无法检测到业务中断,不会触发纵联电流差动保护的重新对时,可能会产生相位误差,导致错误动作。

(2) SNCP 保护为单端倒换模式,单纤中断后,通道收发两个方向的路由会不一致,导致通道双向时延不一致,不能满足纵联电流差动保护对通道双向时延一致性的要求。

基于上述分析,南方电网在现网进行了模拟验证,表明传输设备的传统通道保护不适用于纵联电流差动保护业务,在没有专用保护方式的情况下,纵联电流差动保护业务最好采用独立的双通道,由纵联电流差动保护来进行通道判决和选择。

3. 纵联电流差动保护专用通信保护方案

为进一步提升继保业务的可靠性,诞生了纵联电流差动保护专用通信保护方案,即 2M ASON。

2M ASON 是自动交换光网络(Automatically Switched Optical Network,ASON)技术的新型应用,也称为电力继保 ASON,它严格匹配差动业务需求,是专门为纵联电流差

动保护业务定制的智能网络保护。2M ASON 特性如下:

(1) 有自愈保护,抗多次断纤。保护路径采用"先删后建"方式,通道重建时间为秒级,严格保证收发路径一致,满足纵联电流差动保护业务对路径切换时间和收发时延差的要求。

(2) 业务路由可控可管。通过"预置恢复路径 & 返回原始路由"功能保证重要业务重路由严格遵照客户规划,规避重路由后迂回路径过长导致的时延超标风险。

(3) 路由调整自动化。通过"业务优化"功能,一键式调整业务路由,简单高效。

当前,电力继保 ASON 首先在 SDH/MS-OTN 设备实现,通过 VC12 虚拟 TE 链路实现端到端业务保护。后续在 F5G 的 OSU 设备上会以 OSUflex 虚拟 TE 链路的方式实现 2M 业务的端到端业务保护,确保网络的平滑演进能力。

相比基于高阶通道的传统 SDH ASON 或 OTN ASON,2M ASON 的优势如下:

(1) 更可靠,实现了 2M 业务的告警检测和重路由,解决了高阶通道分段续接方案无法抗拼接点失效的问题。

(2) 更高效,重路由的颗粒度更小,节省宝贵链路资源。

(3) 新型 2M ASON 方案推出后,在国内电力企业得到广泛应用:

- 南方电网已将 2M ASON 纳入企业标准,作为光通信设备的强制准入条件。
- 国家电网多个省市已采用 2M ASON 技术实现纵联电流差动保护业务的多路径保护。

表 1-3 给出了通过 ASON 网络承载电力生产业务的规划建议。

表 1-3   电力 ASON 业务规划建议

ASON 类型	业务形态	业务类型	保护恢复方式	业务特点
传统 ASON	汇聚型业务	安稳业务、调度自动化(EMS,PMU 等)	钻石级 SNCP+路由保护	先建后删,优先保障重路由资源
		调度电话、调度数据网、综合数据网	银级 重路由保护	先建后删,优先保障重路由资源
继保 ASON	分散型业务	距离保护(或其他继电保护)业务	钻石级 SNCP+重路由保护	先建后删,优先保障重路由资源
		距离保护(或其他继电保护)业务	银级 重路由保护	先建后删,优先保障重路由资源
		纵联电流差动保护业务	银级 重路由保护	具备先删后建、延时重路由、光纤时延约束等定制特性,严格满足纵联电流差动保护设备对通信业务路径切换的感知要求

1.2.4 电力生产网下一代承载技术

电力光传送技术、架构和设备发展历程,一直与传输网的领先技术保持同步。从准同步数字体系(Plesiochronous Digital Hierarchy,PDH)技术开始,经过 PDH→SDH→OTN(Optical Transport Network)多代演进,当前电力生产网络到达 MS-OTN(Multi-Service Optical Transport Network)架构时代。

1. 电力生产网承载技术的业界研究

当前全球主流采用 SDH/SONET 传输技术用于继电保护等生产控制网络关键业务(Mission Critical Service)的承载。该技术成熟、稳定、安全、可靠,得到了大家的认可。

从 2015 年开始,OTN 技术作为新的承载技术也在全球范围电力行业受到关注。基于此,业界达成共识:OTN 技术是传统 SDH/SONET 技术的自然的延伸技术,后续前景广泛。IEC 为此发布了 TR 61850-90-12 全球专题报告(变电站广域网络工程设计指导)对全球电力广域(WAN)各种技术(SDH、以太网、MPLS-TP、IP 等)进行了详细分析。专题报告中提到的统计技术已经引起了全球电力客户的兴趣,中国电网从 2015 年开始已经陆续开始制定相关的行业标准,并在电力网络试点相关技术。

2. 下一代电力光传送技术:OSU

OTN 技术作为光传送领域的当前标准,应用于电力生产网通信时仍然存在一定的局限性:

(1) 当前 OTN 设备不能直接支持继电保护,安稳业务等小颗粒 E1/2M 光等小颗粒业务直接上下,需要通过 SDH/VC12 映射进行封装,再映射到 ODU1/OTN 上。迫切需要一个技术标准和设备能够满足电力小颗粒业务的 OTN 新技术出现。

(2) 电力行业迫切需求:支持 1Gb/s 速率以下生产业务信号高效承载,需要引入直接面向生产业务的灵活小容器光业务单元,并兼容现有的 OTN 架构体系。

电力光传输技术的演进趋势如图 1-13 所示,从 2019 年开始,华为联合电信运营商、国家电网、南方电网等全球合作伙伴共同研发推出下一代 OTN——OSU 技术标准,并共同推进这一中国自主研发的技术标准。OSU 技术在现有的 OTN 架构体系的基础上,增加可变容器单元技术,实现了兼容现有 WDM、MSTP 光传输网络的高效承载。

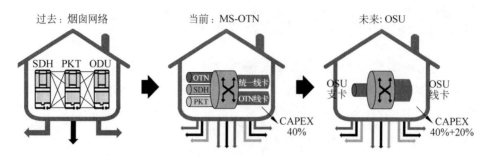

图 1-13　电力光传输技术演进趋势

　　OSU 技术已在 ITU-T、CCSA 等国际和国内通信行业组织中提交提案，即将成为新一代运营商 OTN 技术标准。

　　针对电力行业技术特点，OSU 也得到了全球行业客户和伙伴的热烈讨论并积极参与推动，相关标准工作组推进迅速。电力行业 IEEE（IEEE SA-P2893）、CSEE 组织已经过该标准立项（截至 2020 年 7 月），已开始研究新一代 OTN 技术如何适应电力行业全业务，全速率从 2Mb/s ～1Gb/s 的业务颗粒度接入方案。电力行业相关标准获 IEC TC57 WG20 国际电工组织也在准备讨论电力行业 OTN 相关标准的立项申请。

　　OSU 支持多项适配电力通信场景的价值特性，必将成为电力生产网的下一代承载技术，如图 1-14 所示。

定义全新OTN标准，全面提升用户体验

OSU：四大差异化价值特性

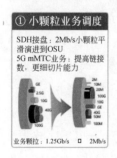

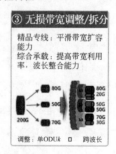

图 1-14　F5G OSU 标准

1.3　电力通信超长站距承载方案

1.3.1　为什么需要超长站距光传输

超长站距传输解决方案主要用于无法设置中继站点的长距离传输场景。

近年来,随着特高压交直流电网的建设,高压输电线路的传输距离越来越远,随线路架设的电力光缆单跨段距离也越来越长。光传输中一般通过设置光通信中继站以保障长距离光信号的传输质量;但是电力光通信站通常随线路设置在变电站内,很少独立建设,且电力线路经过的地区很可能交通不便,自然条件恶劣。所以,电力系统迫切希望在保证系统安全性、可靠性的前提下,提高光通信单跨段的传输距离,从技术上避免中继站的设置,使电力配套通信工程与特高压电网建设协调统一发展。

未来以特高压电网为骨干网架的全球能源互联网逐步构建,跨区域乃至跨国界的超长距离单跨段光传输系统将会越来越多。进行超长站距光传输系统的实用化研究和工程应用,对于更好地管理和运行全球能源互联网具有重要的现实意义。

光通信系统的传输距离主要受四大因素影响:衰耗、色散、信噪比、非线性。影响光通信系统传输距离的因素和对策如表 1-4 所示。

表 1-4　影响光通信系统传输距离的因素和对策

受限因素	说　　　明	解　决　对　策
衰耗	衰耗又叫衰减,表现在光纤中传输时光功率会随距离指数下降	使用 EDFA 光放大器和拉曼光放大器,提升光信号功率 使用高性能光纤或特种光纤,减小光纤的衰耗
色散	是指光信号在光纤中传输时,由于不同分量的传输速度不同,而造成彼此互相分离的过程。色散的效果造成光脉冲展宽,引起信号失真、码间串扰,导致误码 色散包括模间色散、色度色散和偏振模色散集中等类型	采用色散补偿光纤(DCF):与普通线路光纤相比,色散补偿光纤具有负的色散斜率 采用色散补偿光栅(DC-FBG):利用光纤布拉格光栅不同栅格对不同波长反射的特性补偿传输光纤的色散 采用相干光通信技术:相关光通信技术在接收机采用数字型号处理技术,可以容忍很大的色散值,可实现上千千米传送免色散补偿

受限因素	说　　　　明	解　决　对　策
信噪比	是光信号与噪声的比值,是衡量信号质量的主要指标。光信噪比低于一定值时,接收端无法正确还原出信号 信噪比主要受光放大器的影响,也会受到光纤非线性效应的影响	采用低噪声 EDFA 光放大器 采用等效噪声指数为负值的拉曼放大器 采用 FEC 编码提高 OSNR 容限
非线性	是指光纤的传输会受到光信号本身影响的现象。光信号功率越大,非线性效应越明显。非线性效应可分为与能量转移相关的受激散射和与光强相关的克尔效应	降低光功率密度 管理色散 采用新的调制码型,比如采用 RZ 码型和 QPSK 调制方式等

1.3.2　关键技术介绍

本节首先介绍了影响光通信系统传输距离的主要因素和基本对策,然后对提升传输距离的关键技术分别做了进一步说明。

1. 前向纠错码

前向纠错技术是在发送端的 FEC 编码器将待发送的数据信息按一定规则编码产生监督码元,从而形成具备一定纠错能力的码字。而接收端的 FEC 译码器将收到的码字序列按预先规定的规则译码,当检测到接收码组中的监督码元有错误时,译码器就对其差错进行定位并纠错,这样可以获得编码增益,从而使系统的传输距离得以提高。FEC 可以分为带内 FEC 和带外 FEC。

(1) 带内 FEC 使用了标准帧内空闲字节作纠错字节,信号速率没有变。带内 FEC 符合 ITU-T G.707 建议,兼容性好,可平滑升级过渡,不需对设备进行改动;但由于可用于 FEC 的开销有限,且受 SDH 帧格式限制,FEC 的纠错力有限,信噪比只能改善 3dB。

(2) 带外 FEC 是在原来帧结构外通过数字包封技术加入了纠错字节,信号的速率增大。它采用 RS 码进行编解码,符合 ITU-T G.975 建议或 ITU-T G.709 建议,纠错能力很强,在海底光缆等长距离通信方面得到了快速发展。由于该方案增加了线速率,因此不能实现无缝升级,需要对相应设备进行改动,投资相对较大。其优点是开销采用外加方式,不受 SDH 帧格式限制,可方便地插入 FEC 开销,具有很大的灵活性,纠错能力可做到很强。

光纤通信中的 FEC 应用可分为 3 代。

(1) 第一代 FEC:采用经典的硬判决码字,例如,汉明码、BCH 码、RS 码等。最典型的代表码字为 RS(255,239),开销 6.69%,当输入 BER_{in} 为 1.4×10^{-4} 时输出 BER 为 1×10^{-13}。净编码增益为 5.8dB。RS(255,239)已被 ITU-T G.709 推荐为大范围长距离通信系统的标准 FEC,可以很好地匹配 STM-16 帧格式,获得了广泛的应用。1996 年,RS(255,239)被成功用于跨太平洋、大西洋长达 7000km 的远洋通信系统中,数据传输速率达到 5Gb/s。

(2) 第二代 FEC:在经典的硬判决码字的基础上,采用级联的方式,并引入了交织、迭代、卷积的技术方法,大大提高了 FEC 方案的增益性能,可以支撑 10Gb/s,甚至 40Gb/s 系统的传输需求。许多方案性能均达 8dB 以上。ITU-T G.975 中推荐的 FEC 方案可以作为第二代 FEC 的代表。

(3) 第三代 FEC:相干接收技术在光通信中的应用使软判决 FEC 的应用成为可能。采用更大开销(20%或以上)的软判决 FEC 方案,因为软判决接收多比特量化的软信息,且采用较大的开销,并且应用了先进的迭代、概率译码算法,所以软判决译码可以获得非常优异的性能,如 Turbo 码、LDPC 码和 TPC 码,可以提供大于 11dB 的编码增益,有效支撑 40Gb/s、100Gb/s 甚至 400Gb/s 的长距离传输需求。

总的看来,光传输系统对 FEC 增益需求不断地增加,在即将到来的 100Gb/s 时代,具有更高增益性能的第三代 FEC 将获得更广泛的应用。

2. 掺铒光纤放大器

掺铒光纤放大器(Erbium-Doped Fiber Amplifier,EDFA)利用了掺铒光纤的受激辐射特性实现对光信号的放大。掺铒光纤和普通的单模光纤的区别在于它在光纤的芯部加入了微量的铒,使它能较好地吸收特定波长的光。铒离子在泵浦光(通常是 980nm 和 1480nm 波长)作用下激发到高能级上,并且很快衰变到亚稳态能级上,在入射信号光作用下回到基态的时候发射对应于信号光的光子,从而使光信号得到放大。

掺铒光纤放大器的出现打破了光纤通信系统传输距离受光纤损耗的限制,使全光通信距离大大提高。掺铒光纤放大器主要用于接收机前置放大、功率放大器、光中继放大器,其工作原理如图 1-15 所示。

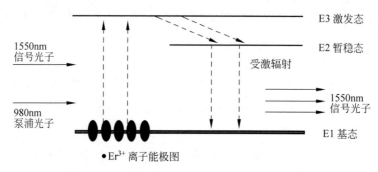

图 1-15　掺铒光纤放大器(EDFA)工作原理

3. 拉曼放大器

拉曼放大器基于受激拉曼散射(Stimulated Raman Scattering,SRS)效应,以传输光纤作为增益介质,将拉曼泵浦功率转移到 C 波段信号上进行放大。

(1) 拉曼放大器的特性在满足更长距离和更大复用速率传输中显现出明显的优势。

(2) 拉曼放大是非谐振过程,增益响应仅依赖于泵浦波长及其带宽,可以得到任意相应波长的拉曼放大。

(3) 其增益介质为线路光纤本身,可以对光信号进行分布式放大,实现长距离的无中继传输。

(4) 噪声系数低,与常规掺铒光纤放大器混合使用,可做成具有宽带宽、增益平坦、低噪声和高输出功率的混合放大系统。

(5) 饱和功率高,增益谱的调整方式直接、灵活。

说明: 受激拉曼散射效应在 1928 年由印度物理学家拉曼(Sir Chandrasekhara Venkata Raman)发现,拉曼凭此获得 1930 年的诺贝尔物理学奖。

受激拉曼散射原理如图 1-16 所示,如果一个弱信号光与一个强泵浦光同时在一根光纤中传输,并且弱信号光的波长在泵浦光的拉曼增益带宽内(大于泵浦光波长,约为 70~100nm),则强泵浦光的能量通过受激拉曼散射耦合到光纤硅材料的振荡模中,然后又以较长的波长发射,该波长就是信号光的波长,从而使弱信号光得到放大,获得拉曼增益。拉曼放大器适用波长范围非常宽,只要调节泵浦光的波长范围,拉曼放大器增益范围几乎可以覆盖所有波长。

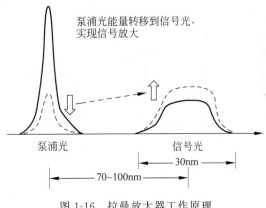

图 1-16　拉曼放大器工作原理

拉曼放大器是分布式放大器,拉曼放大的增益介质是传输光纤,在发送端(前向放大)和接收端(后向放大)都可以使用,如图 1-17 所示。

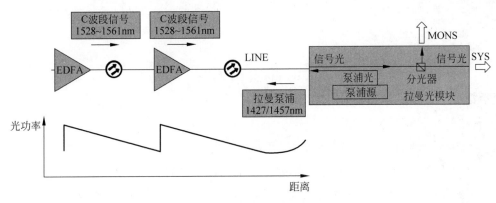

图 1-17　拉曼放大效果图

4. 增强型拉曼放大器

增强型拉曼放大器(ERPC)可以增强普通拉曼放大器对信号光的放大效果,增强型拉曼放大器也称为多阶拉曼放大器。多阶拉曼放大器采用更短波长的泵浦光来放大 1450nm 的泵浦功率,使 1450nm 的泵浦功率传得更远,其实现的方法是采用高功率的拉曼泵浦激光器,其工作原理如图 1-18 所示。

ERPC 的泵浦光并不直接对信号光进行放大,而是通过多次受激拉曼散射效应,将能量逐级转移到较长波长的普通拉曼泵浦光上,最终作用在信号光上实现放大。ERPC 能延长普通光放的作用距离,改善放大器噪声的积累(用于接收端时),减少非

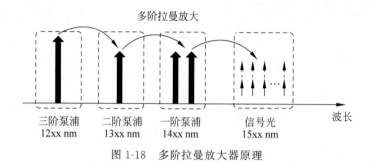

图 1-18　多阶拉曼放大器原理

线性效应的影响。

　　研究测试结果表明三阶拉曼性能略优于二阶拉曼,但是系统构成更复杂,三阶拉曼放大器能够额外提升 3dB 的增益。

　　在与 ROP 共同使用时,ERPC 还可以对 ROP 泵浦光进行放大,从而提高 ROP 泵浦光进入遥泵远端增益单元(RGU)时的泵浦功率,提高 RGU 对信号光的放大增益。

5. 遥泵放大器

　　遥泵放大器(Remote Optical Pumping Amplifier,ROPA)是一种远程光放大器系统,满足不具备中继供电条件地区的长距离光传送需求。它是超长距单跨段传输中的一种功率补偿解决方案。

　　遥泵子系统主要由 ROP 和 RGU 两部分组成。

　　(1) ROP 属于远端光泵浦单元,主要功能是产生泵浦光,ROP 安装在站点上。

　　(2) RGU 是远端增益单元,以掺铒光纤为增益介质,安装在光缆线路上。

　　ROP 的泵浦光经光纤传输到 RGU,为 RGU 的增益介质提供泵浦能量,在 RGU 上实现对信号光的放大。

　　遥泵与常规 EDFA 光放大器的不同之处在于泵浦激光器与增益介质放置于光纤链路的不同位置,而在常规 EDFA 光放大器中,泵浦激光器与增益介质集成在一个单板中,以光放大单板的方式对信号光实现放大。

　　遥泵系统的远端 RGU 和接收端的遥泵泵浦单元(RPU)两者之间通过传输光纤进行连接。根据泵浦光和信号光是否在一根光纤中传输,遥泵分为"随路"(两者通过同一光纤传输)和"旁路"(泵浦光和信号光经由不同光纤传输)两种形式。常用的随路遥泵系统如图 1-19 所示。

　　说明:泵浦光经过光缆线路传输后,能量损失比信号光更大,因此到达增益介质的

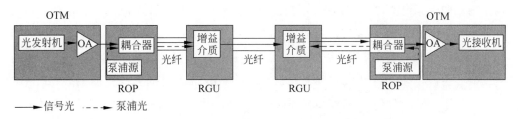

图 1-19　遥泵子系统的信号传送示意图

泵浦光能量通常没有常规放大器系统增益介质接收到的泵浦光能量高,在这个意义上遥泵子系统相当于一个小增益的光放大器。

6. 光纤光栅色散补偿

光纤光栅补偿技术因其具有色散补偿量大、非线性小、对偏振不敏感、与光纤兼容性好、插入损耗低、结构紧凑等独有的优势,成为目前最有应用前景的技术之一。

用于色散补偿的光纤光栅是一种啁啾光栅,是一种采用光敏光纤在选定波长光照射后形成的折射率呈固定周期性分布的无源光器件。

光纤光栅色散补偿的基本原理如图 1-20 所示,长波长的分量在光栅的前端耦合到反向传播模,而短波长的分量在光纤光栅的后端耦合到反向传输模。使之与光纤传输所产生的时延大小相等、方向相反,起到降低色散的作用。

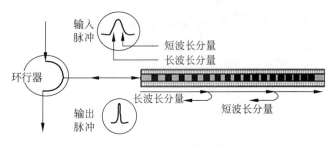

图 1-20　光纤光栅色散补偿原理

7. 高性能光纤和特种光纤

在超长站距光传输系统的工程设计中,新建光缆线路上宜采用 G.652D 光纤,改建、扩建已有的光缆线路的 G.655 光纤可继续使用。在进行技术经济、可靠性比较后可选用高性能光纤和特种光纤。

(1)主要应用场景:在需采用双向拉曼配置前,可采用超低损光纤构建系统;在需采用双向遥泵配置前,可考虑采用经过筛选具有更低损耗值的光纤构建系统。

（2）高性能光纤：G.652D 类的低损耗（LL）和超低损耗（ULL）光纤。目前,低损耗光纤国内已能规模化生产,并在电力系统超长站距中得到应用,超低损耗光纤国内也已能够生产,300km＋的特高压系统已经开始采用,后续将逐步推广应用。

（3）新型特种光纤：大有效面积超低损耗光纤（最新标准为陆地用的 G.654E 类）。

光纤接续的工程要求如下所述。

（1）高性能光纤主要是指低损耗或超低损耗类的光纤,具体是指衰减值及 PMD_Q 值较普通标准单模光纤更低或非线性阈值较高,衰减值可低至 $0.165 \sim 0.185dB/km$ 或以下,PMD_Q 值低至 $0.04 \sim 0.05ps/km^{1/2}$。一般称平均衰减不超过 $0.182dB/km$ 的光纤为低损耗光纤,标称平均衰减不超过 $0.168dB/km$ 的光纤为超低损耗光纤。在超长站距传输系统中宜采用高性能光纤。

（2）新型特种光纤是针对某些光纤品质因子做了特别优化的光纤。例如新的 G.654E 光纤,相对于 G.652D 光纤,其有效面积光纤更大,有更好的非线性抑制能力,能够承受更高的入纤功率。G.654E 光纤已经开始在通信行业和电力行业试点应用,后续可以跟踪实际效果考虑是否规模应用。

当采用分布式拉曼放大器、遥泵放大器的光路子系统,应尽量减少光纤活动连接器的数量,有效降低整个系统的累积反射。

在采用遥泵放大器的光路子系统,距遥泵入纤后 20km 之内不应有光纤活接头,经过 ODF 架时宜用光纤直熔方式,连接面反射系数不得大于 $-30dB$；$0 \sim 10km$ 内不能有大于 $0.1dB$ 的插损事件,$10 \sim 20km$ 内不能有大于 $0.2dB$ 的插损事件。遥泵远端增益单元（RGU）放置位置在 $\pm 50km$ 范围内严禁有光缆跳接点,如果存量线路存在光纤跳接点,则必须进行熔接改造处理。

1.3.3　超长站距方案介绍

1. 超长站距系统分类

根据系统制式的不同,电力行业超长站距系统分为超长站距 SDH 系统和单跨段超长站距 WDM 系统。

1）系统部件介绍

超长站距系统的关键部件如表 1-5 所示,实际部署时,根据站距需求可以组合使用各部件和技术。

表 1-5 超长站距系统的关键部件

部 件 名 称	描　　述
FEC/EFEC(SDH)	采用 FEC/EFEC 技术的 SDH 线路单元,以提高系统的 OSRN 容限
EFEC(OTU)	采用 EFEC 技术的 OTU 单元,以提高系统的 OSRN 容限
BA	功率放大器(Booster Amplifier),用于发送端,提高系统发送光功率的 EDFA 光放大器
HBA	高功率放大器(High Booster Amplifier),需采用受激布里渊散射(Stimulated Brillouin Scattering,SBS)抑制技术
PA	前置放大器(Pre-Amplifier),用在接收端,提高信号接收灵敏度的 EDFA 光放大器
RFA	拉曼光纤放大器(Raman Fiber Amplifier),优先在接收端使用后向泵浦的 RFA,必要时可同时在发送端部署前向泵浦的 RFA
ROPA	遥泵放大器,由安装在站点的遥泵泵浦单元(Remote Pump Unit,RPU)和安装在线路上的遥泵远端增益单元(Remote Gain Unit,RGU)组成

2)超长站距 SDH 系统

在 OPGW 光缆场景下,2.5Gb/s、10Gb/s 超长站距 SDH 系统如图 1-21 所示。一般使用 2.5Gb/s 或 10Gb/s 线路速率。

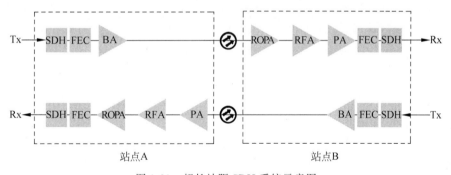

图 1-21 超长站距 SDH 系统示意图

3)超长站距 WDM 系统

单跨段超长站距 WDM 系统根据不同技术组成和应用需求的差异分为几种基本类型,如图 1-22 所示。

电力行业早期建设的通常是 40×10Gb/s 非相干传输系统,当前部分电网也在进

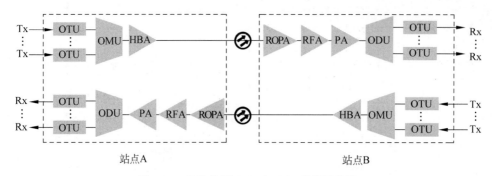

图 1-22 超长站距 OTN/WDM 系统示意图

行(40/80)×100Gb/s 的相干传输系统建设。100Gb/s 系统的光层配置和 10Gb/s 基本类似,OSNR 容限和非线性阈值略有差异。

2.超长站距光层系统配置原则

SDH、WDM 系统超长站距光路子系统配置方案的优先顺序如表 1-6 所示(摘自《DL/T 5734—2016 电力超长站距光传输设计技术规程》)。

表 1-6 SDH、WDM 系统超长站距光路子系统配置方案表

项 目	配 置 方 案
超长站距 SDH 系统放大器配置	BA(SBS[a])+PA+FEC/EFEC
	BA(SBS[a])+PA+FEC/EFEC+后向 RFA
	BA(SBS[a])+PA+FEC/EFEC+双向 RFA(后向+前向)
	BA(SBS[a])+PA+FEC/EFEC+前向拉曼+后向随路 ROPA
	BA(SBS[a])+PA+FEC/EFEC+双向旁路 ROPA(后向+前向)+双向 RFA
单跨段 40×10Gb/s 超长站距 WDM 系统放大器配置	HBA+PA+EFEC+后向 RFA
	HBA+PA+EFEC+双向 RFA
	HBA+PA+EFEC+双向 RFA+后向旁路/随路[b]ROPA
	HBA+PA+EFEC+双向旁路 ROPA+后向 RFA

注:a:采用高功率 BA 时,需采用 SBS 抑制技术

b:随路配置方案适用于 10 波以下 WDM 系统

说明:从设备可靠性维度,BA、HBA、PA、FEC、RFA、ROPA 等设备或者系统应采用双电源供电。

3. 超长站距 400km 无中继传输系统配置示例

华为公司的超长站距传送系统,通过集成多项领先技术,在增强型 FEC 计算、低噪声 EDFA 放大器,前向/后向拉曼放大器等领先技术的基础上,引入源于海缆场景的增强型拉曼放大器,并结合遥泵技术,在链路中间无法供电、没有中继器的情况下,进一步提升单跨超长传输距离,形成系列化华为超长跨距传输解决方案。

图 1-23 是一个 10Gb/s 单波超长站系统的配置示意图,系统功率预算可达 80dB,可满足 400km 无中继传输需求。表 1-7 列举了超长站距 400km 无中继传输系统配置示例。

表 1-7　超长站距 400km 无中继传输系统配置示例

项　　目	配　置　举　例
传输距离	400km 无中继传输
波长转换单板	10Gb/s NRZ
光功率放大器	TNG2DAP(TNG3OACE105)
前向拉曼放大器	TNG2RPC
增强型拉曼放大器(后向)	TNG2ERPC(三阶拉曼)
后向遥泵子系统	TNG2ROP+RGU
后向拉曼放大器	TNG3SRAPXF(TNG3OACE101)
前置光放大器	TNG2DAP(TNG3PA30)
色散补偿	DCM

1.3.4　超长站距光系统设计参考原则

1. 超长站距再生段能力计算

在超长站距光传输系统设计中,再生中继段的计算应同时满足系统所允许的衰减、色散、信噪比的要求。

超长站距光传输系统的简化系统框图如图 1-24 和图 1-25 所示。衰减主要由光缆线路产生,主要考虑 MPI-S 和 MPI-R 点之间的光参数。色散和信噪比需要满足接收机的要求,主要考虑 R 点的光参数要求。

1) 衰减受限再生段计算

衰减受限系统实际可达再生段距离可用下式计算:

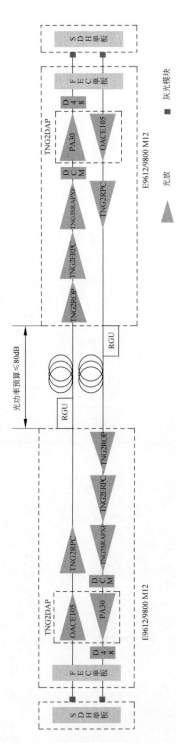

图 1-23　超长站距 400km 无中继传输系统配置示意图

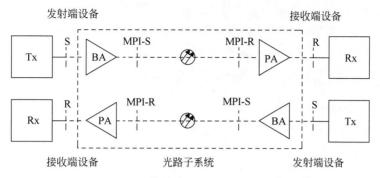

图 1-24　超长站距 SDH 系统参考点

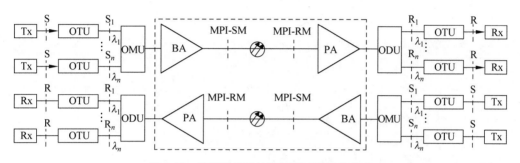

图 1-25　单跨段超长站距 WDM 系统参考点

$$L = (P_s + \sum G - P_r - P_p - \sum A_c)/(A_f + A_s + \alpha) \tag{1-1}$$

式中：

L——衰减受限再生段长度(km)；

P_s——MPI-S 点寿命终了时的光发送功率(dBm)；

$\sum G$——各项放大器对系统功率的贡献值；

P_r——MPI-R 点寿命终了时的光接收灵敏度(dBm)，BER$\leqslant 10^{-12}$；

P_p——最大光通道代价(dB)；

$\sum A_c$——MPI-S、MPI-R 点间活动连接器损耗之和(dB)，每个连接器取 0.5dB；

A_f——光纤平均衰减系数(dB/km)；

A_s——光纤固定熔接接头平均损耗(dB/km)；

α——光缆富裕度系数(dB/km)；当采用 EDFA 等常规放大技术时 $\alpha=0.020$dB/km，

采用拉曼放大技术后，$\alpha=0.018$dB/km，使用超低损耗光纤或采用遥泵放大技术时，$\alpha = 0.016 \text{dB/km}$。光缆富裕度 M_c 的定义为 $M_c = L \times \alpha$，但当 $L \times \alpha < 5$ 时，按 M_c 取值为 5dB 进行计算。

$P_s + \sum G - P_r = P_b$ 称为光路子系统总功率预算，在满足传输性能指标时也称为极限跨段损耗。

2）色散受限再生段计算

色度色散受限系统实际可达再生段距离可用下式计算：

$$L = D_{max} / |D| \tag{1-2}$$

式中：

L——色散受限再生段长度（km）；

D_{max}——MPI-S、MPI-R 间设备允许的最大总色散值（ps/nm）；

D——光纤色散系数（ps/(nm·km)）。对于 G.652 光纤，在 1550nm 波长的色散系数约为 17ps/(nm·km)。

对于超长站距光传输系统，如果采用非相干通信，需要采取色散补偿措施。如果采用相干通信，因为系统色散容限非常大，基本不受色散的影响。因此，超长站距光传输系统可以认为不是色散受限系统。

3）偏振模色散受限系统再生段距离计算

偏振模色散受限系统实际可达再生段距离可用下式计算：

$$L \leqslant 10^4 / \text{PMD}_Q^2 \cdot B^2 \tag{1-3}$$

式中：

L——传输距离（km）；

B——系统速率（Gb/s）；

PMD_Q——光纤偏振模色散系数（ps/km$^{1/2}$）。

传输距离对应的 PMD 和传输速率关系如表 1-8 所示。

表 1-8　传输距离对应的 PMD 和传输速率

PMD_Q/(ps/km$^{1/2}$)	2.5Gb/s 系统最大传输距离/km	10Gb/s 系统最大传输距离/km
3.0	180	11
1.0	160	100
0.5	6400	400
0.2	40 000	2500
0.1	160 000	10 000

G.652 及 G.655 光纤的 PMD_Q 参数都低于 0.5ps/km$^{1/2}$。

对于 10Gb/s 及以下 SDH 传输系统,光纤的 PMD$_Q$ 参数可以满足超长距离传输的技术要求。

对于波分系统,需考虑偏振模色散引起的差分群时延(DGD)对传输距离的限制。在大容量光通信系统中,对于 PMD 值的一般要求是 DGD 平均值大约为脉冲本身宽度的 1/10,如对于 10Gb/s NRZ WDM 系统,DGD 平均值要求一般要小于 10ps,DGD 最大值要小于 30ps。对于单跨段超长站距光纤线路而言,其 DGD 值均小于 10ps,设计中可不作详细计算。

4)光传输系统信噪比受限系统再生段距离计算

对于使用高功率放大器的超长站距再生段,还应进行信噪比的核算。光传输系统信噪比受限指标,可以参考如表 1-9。

表 1-9　信噪比受限指标表

系统速率/(b/s)	MPI-R 点 OSNR 容限值	MPI-R 点 OSNR 容限值	系统误码率(BER)
2.5G(NRZ)	17dB[a]	17dB-FEC 编码增益[e]	10^{-12}
10G(NRZ)	25dB[b]	25dB-FEC 编码增益[e]	10^{-12}
40×10G(NRZ)	—	17dB[c]	10^{-12}
40×10G(RZ)	—	15dB[d]	10^{-12}
40/80×100G(RZ, PDM-QPSK)	—	16.5dB[f]	10^{-12}

注:

a:该值对应于接收机 OSNR 容限(EOL)为 12dB,光通道 OSNR 代价与光通道 OSNR 富裕度之和为 5dB。

b:该值对应于接收机 OSNR 容限(EOL)为 20dB,光通道 OSNR 代价与光通道 OSNR 富裕度之和为 5dB。

c:该值对应于接收机 OSNR 容限(EOL)为 12dB,光通道 OSNR 代价与光通道 OSNR 富裕度之和为 5dB。

d:该值对应于接收机 OSNR 容限(EOL)为 10dB,光通道 OSNR 代价与光通道 OSNR 富裕度之和为 5dB。

e:FEC/EFEC 编码增益:3～9dB。

f:该值对应于接收机 OSNR 容限(EOL)为 11.5dB,光通道 OSNR 代价与光通道 OSNR 富裕度之和 5dB。

2.光信噪比 OSNR 的计算方法

1)单级光放的 OSNR 计算方法

信号光通过一个光放大器时,原信号光中的噪声同样会被放大,同时还会引入放大器的 ASE(Amplified Spontaneous Emission,放大器自激发射)噪声。光信号通过放大器前后,其 OSNR(Optical Signal-to-Noise Ratio,光信噪比)演化过程可用下面的公式描述:

$$\frac{1}{\text{OSNR}_{\text{out}}} = \frac{1}{\text{OSNR}_{\text{in}}} + \frac{h \cdot v \cdot \Delta v \cdot \left(\text{NF} - \frac{1}{G}\right)}{P_{\text{in}}} \tag{1-4}$$

其中：

（1）OSNR_{in} 和 OSNR_{out} 分别代表光信号在光放大器输入、输出端的 OSNR。

（2）h 为普朗克常数，$h = 6.626\,070\,15 \times 10^{-34}$ J·s；v 为光频率（Hz）；Δv 是放大器有效带宽（Hz）。

（3）对于特定波长的光来说，$h \cdot v \cdot \Delta v$ 是一个常量，对于波长为 1550nm 的光，其值为 -58dBm；对于波长为 1310nm 的光，其值为 -57.27dBm。

（4）NF 是光放大器的噪声指数，一般 $3\text{dB} < \text{NF} \leqslant 8\text{dB}$。

（5）G 是光放大器的增益系数，光放增益一般为 $20 \sim 30$dB 的量级，对应线性值约为数百到数千，可以认为 $G \gg 1$，$1/G \approx 0$。

（6）P_{in} 为光信号对光放大器的输入光功率。

说明： 上面的公式中所有量都采用线性单位，因此计算前需要把所有输入变量从 dB 或 dBm 变到线性单位，计算后再把 OSNR_{out} 变换到 dB 单位。

工程应用时，可以认为 $\text{NF} - 1/G \approx \text{NF}$，这样式（1-4）可以简化为式（1-5）。

$$\frac{1}{\text{OSNR}_{\text{out}}} = \frac{1}{\text{OSNR}_{\text{in}}} + \frac{h \cdot v \cdot \Delta v \cdot \text{NF}}{P_{\text{in}}} \tag{1-5}$$

可以看出，当输入 OSNR_{in} 很大（比如 $\text{OSNR}_{\text{in}} > 60\text{dB}$）的情况下，$1/\text{OSNR}_{\text{in}} \approx 0$。式（1-5）可以简化为

$$\frac{1}{\text{OSNR}_{\text{out}}} = \frac{h \cdot v \cdot \Delta v \cdot \text{NF}}{P_{\text{in}}}$$

两边取对数，可以得到经典的"58 公式"：

$$\text{OSNR(dB)} = 58 + P_{\text{in}}\text{(dB)} - \text{NF(dB)} \tag{1-6}$$

2）多级光放的 OSNR 计算方法

经过 N 个光放大器后，噪声是累加的，因此最终光信号的信噪比 OSNR_{out} 满足的

关系 $\dfrac{1}{\text{OSNR}_{\text{out}}} = \displaystyle\sum_{i=1}^{N} \dfrac{1}{\text{OSNR}_i}$ 代入式（1-6）可得

$$\text{OSNR}_{\text{total}} = -10\lg\left[\sum_{i=1}^{M} 10^{-\left(\frac{58 + P_{\text{in}}(i) - \text{NF}(i)}{10}\right)}\right] = -10\lg\left[10^{-5.8}\sum_{i=1}^{M} 10^{\left(\frac{\text{NF}(i) - P_{\text{in}}(i)}{10}\right)}\right]$$

$$\text{OSNR}_{\text{total}}\text{(dB)} = 58 - 10\lg\left[\sum_{i=1}^{N} 10^{\frac{\text{NF}(i) - P_{\text{in}}(i)}{10}}\right] \tag{1-7}$$

1.3.5　最大再生段距离计算示例

1. 系统参数取值

对于 1.3.3 节中超长站距系统分类中的超长站距系统,主要技术参数选择如下(典型信噪比受限指标如表 1-10 所示)。

表 1-10　典型信噪比受限指标表(实际各厂家模块略有差异)

系统速率/(b/s)	OSNR 受限值(无 FEC)	OSNR 容限值(带 FEC)	误　码　率
2.5G(NRZ)	17dB[a]	17dB-FEC 编码增益[e]	BER＝10^{-12}
10G(NRZ)	25dB[b]	25dB-FEC 编码增益[e]	BER＝10^{-12}
40×10G(NRZ)	—	17dB[c]	BER＝10^{-12}
40×10G(RZ)	—	15dB[d]	BER＝10^{-12}

注:

a:该值对应于接收机 OSNR 容限(EOL)为 12dB,光通道 OSNR 代价与光通道 OSNR 富裕度之和为 5dB。

b:该值对应于接收机 OSNR 容限(EOL)为 20dB,光通道 OSNR 代价与光通道 OSNR 富裕度之和为 5dB。

c:该值对应于接收机 OSNR 容限(EOL)为 12dB,光通道 OSNR 代价与光通道 OSNR 富裕度之和为 5dB。

d:该值对应于接收机 OSNR 容限(EOL)为 10dB,光通道 OSNR 代价与光通道 OSNR 富裕度之和为 5dB。

e:FEC/EFEC 编码增益:3～9dB。

1)光缆参数

(1) A_f——光纤衰耗系数。

(2) A_s——光纤熔接头每千米衰耗系数。

(3)光纤插损系数 $A_f＋A_s$:1550nm 波长处,采用常规 G.652D 光纤时,$A_f＋A_s$ 取 0.20dB/km;当采用高性能光纤时,$A_f＋A_s$ 取 0.18dB/km,同时由于其对非线性阈值门限较高,可提高系统功率预算约 2dB。

(4)富裕度系数 α:当采用 EDFA 等常规放大技术时取值 0.020dB/km,采用拉曼放大技术后,可取值 0.018dB/km,使用超低损耗光纤或采用遥泵放大技术时,可取值 0.016dB/km。

2)放大器参数取值

(1)功率放大器输出功率寿命终了值为 17dBm,噪声系数为 6dB。

(2)采用非线性抑制技术后功率放大器输出功率为 22dBm。

(3)前置放大器对应接收灵敏度寿命终了值为 −34dBm,噪声系数为 5dB。

(4)前向拉曼放大器对系统功率预算贡献为 2～3dB,噪声系数为 6dB。

（5）后向拉曼放大器对系统功率预算贡献为 8dB,噪声系数为−1dB。

（6）后向随路遥泵放大器对系统功率预算贡献为 16dB,噪声系数为 6dB。

3）编码调制

（1）采用增强型带外前向编码纠错（EFEC）时对系统功率预算贡献为 8dB。

（2）采用 SBS 抑制技术时对系统功率预算贡献为 5dB。

2. 再生段传输距离计算示例 1

根据各主要技术指标,按照上面的"58 公式"可计算出各种配置方案的传输距离;根据表 1-10,2.5Gb/s 系统的 OSNR 容限值为 17−FEC 编码增益为 17−8＝9(dB)。

计算案例 1：

对于如图 1-26 所示的 2.5Gb/s 单波超长站距系统,采用 G. 652D 光纤,配置 SBS 功率放大器和高灵敏度前置放大器。

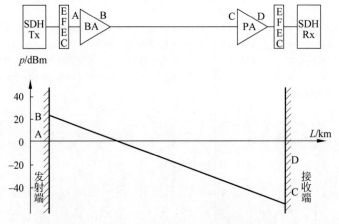

图 1-26 2.5Gb/s 单波纯 EDFA 光放超长站距系统

首先计算其衰减受限的最大再生段距离：

系统总增益：$\sum G = \mathrm{BA(SBS)} + \mathrm{PA} + \mathrm{FEC/EFEC} = 22\mathrm{dB} + 34\mathrm{dB} + 8\mathrm{dB} = 64\mathrm{dB}$,系统允许传输总损耗值为 64dB。

衰减受限的最大距离：$L = (P_s + \sum G - P_r - P_p - \sum A_c)/(A_f + A_s + \alpha) = (22 + 0 - (-34) - 2 - 1 + 8)/0.22 \approx 277(\mathrm{km})$。

然后计算系统信噪比是否满足要求。

计算接收机级信噪比容限：17−FEC 编码增益为 17−8＝9(dB)；

计算接收点的 OSNR 为

$$\mathrm{OSNR} = 58 - 10\lg\left[10^{\frac{6}{10}} + 10^{\frac{5-(-40)}{10}}\right] = 58 - 45 = 13$$

计算结果表明该系统满足 OSNR 要求，为衰减受限的系统。

3. 再生段传输距离计算示例 2

对于如图 1-27 所示的 2.5Gb/s 单波超长站距系统，采用 G.652D 光纤，配置 SBS 功率放大器、高灵敏度前置放大器、后向拉曼和前向拉曼。

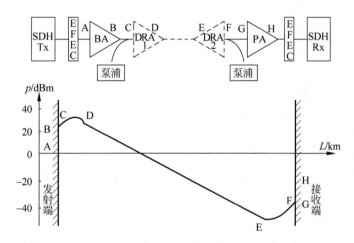

图 1-27　双向拉曼系统结构图与功率变化图

首先计算其衰减受限的最大再生段距离。

系统总增益：$\sum G = \mathrm{BA(SBS)} + \mathrm{PA} + \mathrm{FEC/EFEC} + \mathrm{BR} + \mathrm{FR} = 22\mathrm{dB} + 34\mathrm{dB} + 8\mathrm{dB} + 8\mathrm{dB} + 2\mathrm{dB} = 74\mathrm{dB}$，该系统允许传输总损耗值为 74dB。

衰减受限的最大距离：$L = \left(P_\mathrm{s} + \sum G - P_\mathrm{r} - P_\mathrm{p} - \sum A_\mathrm{c}\right)/(A_\mathrm{f} + A_\mathrm{s} + \alpha) = (74 - 2 - 1)/0.218 = 325(\mathrm{km})$。

然后计算系统信噪比是否满足要求。

计算接收机级信噪比容限为 17−FEC 编码增益为 $17 - 8 = 9(\mathrm{dB})$；

计算接收点的 OSNR 为

$$\mathrm{OSNR} = 58 - 10\lg\left[10^{\frac{6}{10}} + 10^{\frac{6-22}{10}} + 10^{\frac{-1-(24-325\times0.218)}{10}} + 10^{\frac{5-(24-325\times0.218+8)}{10}}\right]$$
$$= 58 - 47.97 = 10.03$$

计算结果表明该系统满足 OSNR 要求，为衰减受限的系统。

1.4　电力通信大带宽承载方案

1.4.1　电力承载网向大带宽相干通信演进

光纤复合架空地线(Optical Fiber Composite Overhead Ground Wire,简称为OPGW)兼具地线与通信双重功能,具有较高的可靠性、优越的机械性能、较低的成本等显著特点,正被广泛应用于电力系统。与此同时,准确、有效、可靠的相干光传输技术正成为实现电力大带宽通信的首选技术。因此采用相干光传输的电力OPGW承载是大势所趋,但同时也面临雷击导致SOP(State Of Polarization,偏振状态)跳变的挑战。本章重点从理论、模型上讲述电力通信大带宽采用OPGW承载面临的新挑战和技术要求。

1. 智能电网的快速发展带动光纤的全面部署

对于电网欠发达区域,面临电力不足、管理不善的挑战;对于电网发展中区域,面临提高可靠性和运营效率的挑战;对于电网发达区域,面临跨区输电、清洁能源的挑战。要解决这些挑战,就必须发展智能电网,因此发展智能电网是全球共识。

可靠、高速、双向、实时的通信系统是智能电网的高速发展的基础。但对于传统的电力线载波通信(Power Line Communication,PLC),面临产业链小、带宽不足的问题,当前正处于逐步退网阶段;对于卫星＋微波＋LTE(Long Term Evolution)的电力承载方式,面临卫星带宽小、成本高、微波LTE频谱难获取的问题。因此采用大带宽、高可靠、与OPGW光缆同步建设的光纤通信成为未来的发展趋势。

光纤是承载智能电网通信业务的最佳选择,智能电网的快速发展带动光纤的全面部署。

2. 基于光纤的带宽运营业务将成为电力公司新的增长点

全球带宽租赁业务快速增长导致全球带宽租赁市场规模爆炸式增长,然而电力带宽运营具有线路高可靠、光纤广覆盖、建设低成本的天然优势。带宽租赁或光纤租赁逐渐成为电力宽带运营典型的商业模式。

（1）带宽租赁：自建光纤＋通信设备＋机房/数据中心全套系统，提供多种专线和宽带业务。

（2）光纤租赁：提供光纤和机房资源租赁。

3. 相干光通信是光纤通信发展趋势

相干光通信也就是发送端采用外调制方式将信号调制到光载波上，改变光载波的频率、相位和振幅。接收端对光载波进行相干检测，可以检测出光的振幅、频率、相位、偏振态携带的所有信息。图 1-28 以 ePDM-QPSK 调制为例介绍相干光通信的调制过程。

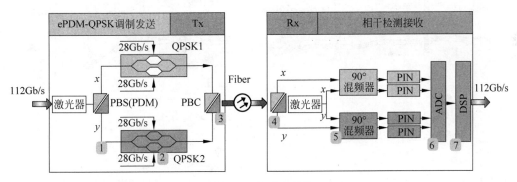

图 1-28　相干光通信

相干光通信具有以下优势，是光纤通信容量提升的首选，是大容量发展的趋势。

（1）传输距离远：传输距离可达 2000km 以上。

（2）通信容量大：相干光通信应用于 40Gb/s 及以上通信带宽，从 40Gb/s 逐渐演进到 100Gb/s、200Gb/s、400Gb/s。

（3）不需要进行色散补偿模块（Dispersion Compensation Module，DCM）补偿，也不需要关注偏振模色散（Polarization Mode Dispersion，PMD）。

（4）100Gb/s 相干系统传输性能可以和 10Gb/s 非相干系统传输性能达到相同级别。

1.4.2　SOP 是影响电力承载网相干光通信的关键因素

1. OPGW 和 ADSS 光缆在电网中的应用场景

OPGW 和全介质自承式架空光缆（All-Dielectric Self-Supporting Fiber Optical

Cable, ADSS)作为最常见的电力特种光缆,在电网中得到了广泛应用,为电力通信系统提供了丰富的光纤资源,详见图1-29。

(1) OPGW 多用于 110kV 以上电压等级线路上,配合 WDM(Wavelength Division Multiplexing)、OTN(Optical Transport Network)、SDH(Synchronous Digital Hierarchy)、MSTP(Multi-Service Transmission Platform)、路由器等设备组成输变电通信解决方案。

(2) ADSS 多用于 110kV 及以下的电压等级线路上,配合路由器、PON(Passive Optical Network)、微波等设备组成配电自动化解决方案。

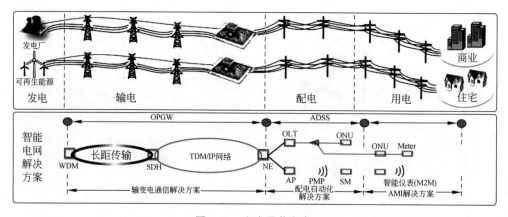

图 1-29　电力承载方案

ADSS 全介质自承式架空光缆,是一种全部由介质材料组成、自身可承载负荷、直接悬挂于电力杆塔的非金属光缆,主要用于架空高压输电系统的通信线路,如图 1-30 所示。

ADSS 具有以下特点:

(1) 光缆直径小,重量轻。

(2) 可带电操作,施工维护简单。

(3) 高模量芳纶,抗拉强度高。

(4) 无雷击,可用于多雷暴地区。

(5) 适用于旧电力线路的通信改造。

OPGW 光纤复合架空地线,是一种用于高压输电系统通信线路的新型结构的地线,具有传统架空地线和通信光缆的双重功能,如图 1-31 所示。

OPGW 具有以下特点:

(1) 保护相导线免遭雷击。

（2）兼具地线与光缆双重功能，避免重复施工。

（3）杆塔顶部架设，可靠性高。

（4）适应各种气象条件。

（5）电力线路同步建设通信线路的最佳选择。

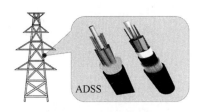

图 1-30　ADSS 光缆

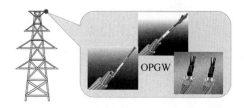

图 1-31　OPGW 光缆

2. 磁致旋光效应导致 SOP 变化

OPGW 兼具地线与通信的双重功能，因此具有电力架空线避雷和防雷功能。当 OPGW 遭受雷击时，有强大的电流流经 OPGW。强大的电流在光纤传输方向产生内部磁场，具有极强的磁致旋光效应，会对 SOP 造成巨大的影响。

3. 雷电对 OPGW 光缆的 SOP 影响的实测结果

为了验证不同光缆敷设方式受到的 SOP 影响，研究人员对各种类型的网络光缆进行了 SOP 的观测和测量。验证结果表明，雷电对 OPGW 光缆的 SOP 影响巨大。

（1）埋地光缆：光缆受外界环境影响较小。武汉某现网埋地光缆监测到的最大 SOP 变化速度为 5.1krad/s。

（2）普通架空光缆：光缆易受到风、温度等影响。俄罗斯某现网架空光缆监测到的最大 SOP 变化速度为 90.5krad/s。

（3）沿铁路线/高架桥铺设光缆：光缆易受到振动、温度等影响。日本某现网沿高架桥铺设光缆监测到的最大 SOP 变化速度为 985krad/s。

（4）OPGW 电力架空光缆：光缆易受到风、温度和雷电等影响。广东某现网 OPGW 电力架空光缆监测到的最大 SOP 变化速度达到 5.3Mrad/s 量级。

可以看到，埋地光缆环境稳定，一般 SOP 变化速度为数十 krad/s，相干码型在埋地光缆中一般不用考虑 SOP 变化影响。普通架空光缆、沿铁路线/高架桥铺设的光缆和 OPGW 电力架空光缆,易受风、温度和雷电等外界环境影响,监测到的 SOP 变化速度可从数百 krad/s 到数 Mrad/s,相干码型在此类链路中需特别关注 SOP 变化影响,其中雷电对 OPGW 光缆的 SOP 影响最大,OPGW 相干光通信面临抗雷击的巨大挑战。

4. 雷击对 OPGW 光缆 SOP 影响的量化计算

综合 OPGW 几何模型、SOP 模型、雷电模型、OPGW 的响应模型、雷击电磁物理模型,可推导得到雷电造成 OPGW 的 SOP 变化率为:

$$\frac{\mathrm{d}\varphi_{\mathrm{sop}}}{\mathrm{d}t} \approx 3.4 v (1 + x_{\mathrm{m}}) \mu_0 \cos(\alpha) NL \frac{I_0}{T_1 + n\tau}$$

式中:

v——费尔德常数,对 OPGW 光缆,$v = 5.031\,72$;

x_{m}——磁化率,对铝合金线取 $x_{\mathrm{m}} = 2.3 \times 10^{-5}$;

μ_0——真空中的磁导率,$\mu_0 = 4\pi \times 10^{-5}\mathrm{Wb/(m \cdot A)}$;

α——OPGW 单线的螺旋升角,对常规 OPGW 一般为 79.82°;

N——OPWG 单位长度的单线匝数;

L——OPGW 受雷击影响的等效长度;

I_0——雷电的峰值电流;

T_1——雷电的波头时间;

τ——OPGW 对雷电流的响应时间。

说明:对各参数详细介绍和公式推导感兴趣的读者,可以参考 1.4.4 节雷击影响光通信的 SOP 的理论分析。

由此可以计算出在雷击电流平均峰值为 30kA 的典型场景下,OPGW 的 SOP 变化如表 1-11 所示。可以看到,理论计算与线网实测结果是一致的。

表 1-11 雷击对 OPGW 光缆 SOP 影响的典型值

雷击电流参数		OPGW 响应参数		OPGW 光缆参数		SOP	
峰值电流 I_0/kA	波头时间 T_1/μs	响应时间 4τ/μs	电流变化率 $\mathrm{d}i/\mathrm{d}t$(kA/μs)	单跨距线缆长/m	有效长度 L/m	最大值	变化率
30	5	13.259	1.643	250	83.33	4.42E+01	2.42
30	30	32.478	0.480	250	83.33	4.42E+01	0.707
30	5	13.259	1.643	500	250.00	1.32E+02	7.26
30	30	32.478	0.480	500	250.00	1.32E+02	2.12

1.4.3 电力 OPGW 承载 SOP 技术要求

1. 相干光通信 SOP 指标要求

1）相干光通信 SOP 要求等级

根据现网调研、理论分析及雷暴天分布等,可以划分相干光通信 SOP 要求等级,如表 1-12 所示。

表 1-12 相干光通信 SOP 要求等级

等级	抗 SOP 变化能力	适 用 场 景
0 级	无特殊 SOP 要求	普通埋地光缆应用场景
1 级	≥1Mrad/s	受振动影响的光缆应用场景,包括但不限于 ADSS 架空光缆、沿铁路/公路等埋地光缆等应用场景
2 级	≥5Mrad/s	雷暴天不大于 40 天的普通雷区应用 OPGW 场景
3 级	≥8Mrad/s	雷暴天大于 40 天的多雷区和强雷区应用 OPGW 场景。此场景下,针对电力继保类高可靠性业务,还需要增加其他备份通信手段,保证继保业务可靠性

2）雷电分布及落雷密度

不同的区域应当采用合适的抗 SOP 变化能力等级,以在可靠性和部署成本方面取得平衡。可以从雷电分布及落雷密度进行区域划分,以评估雷电的影响。

雷电分布采用雷电总闪密度表示,单位为 $Flashes/km^2/year$。由于造成 OPGW SOP 变化的是云地闪,则采用地面落雷密度表示。其关系表达式为:

$$N_g = 0.04 T_d^{1.25}$$

式中:

T_d——雷暴日,该天发生雷暴的日子,即在一天内,只要听到雷声一次或一次以上就算一个雷暴日;

N_g——地面落雷密度,每个雷暴日每平方千米的平均落雷次数,又称闪电频数。

我国各地雷暴日的多少和纬度及距海洋的远近有关,海南岛及广东的雷州半岛雷电活动频繁而强烈,平均年雷暴日高达 100～133 天。北回归线以南一般在 80 天以上,北回归线到长江一带约为 40～80 天,长江以北大部分地区(包括东北)多在 20～40 天,西北多在 20 天以下。西藏沿雅鲁藏布江一带约为 50～80 天。我国把年平均雷暴日不超过 15 天的叫少雷区,超过 40 天的叫多雷区,超过 90 天的叫强雷区。

2．OPGW 承载相干通信的技术要求

根据当前 OPGW 光缆的技术参数，考虑预留约 10％的余量，OPGW 光缆技术要求如下：

（1）OPGW 缆绞入系数 $\beta \leqslant 1.12$。

（2）OPGW 缆绞合节距 $h \geqslant 190mm$。

绞入系数 β 也是指在一个节距中，展开的单线长度 L 与节距长度 h 之比。绞合节距 h 是指单线沿绞线轴线旋转一周所前进的距离。关于 OPWG 结构参数的详细描述，请参见 1.4.4 节介绍的 OPGW 几何参数模型。

1.4.4　雷击影响光通信的 SOP 的理论分析

闪电可分为 3 类，造成 OPGW SOP 变化的是云地闪。本章将介绍和分析云地闪类型的雷电模型和影响。

（1）云内闪：带电云层内部击穿放电。

（2）云际闪：一部分带电的云层与另一部分带异种电荷的云层之间的击穿放电。

（3）云地闪：带电的云层对大地之间的击穿放电。

1．SOP 基本概述及模型

光纤传输信号时，对于速率为 2.5Gb/s、10Gb/s 的信号，通常采用非相干光传输技术，对于速率为 40Gb/s、100Gb/s 及以上的信号，通常采用相干光传输技术。相干光通信主要是指采用相干检测的通信技术，就是利用一束本机振荡产生的激光与输入的信号光在光混频器中进行混频，得到与信号光的频率、位相和振幅按相同规律变化的中频信号。如图 1-32 所示，相干光通信通常采用偏振复用（Polarization Division Multiplexing，PDM），在垂直于光传输方向上分为两个正交的振动方向（偏振），这两个偏振方向上的电场强度的大小和相位差可以是独立变化的。偏振状态（SOP）是光的

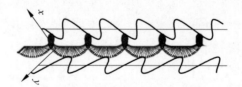

图 1-32　相干光信号的传播

一个本质属性。每个偏振的信号在经过光纤传输后,都会各自经历损耗、时延、色散、非线性等变化,如果每个偏振信号经历的损耗、光纤时延、色散、非线性不一样,则会改变各偏振信号之间的振幅比值和/或相位差,因此 SOP 会发生改变。

　　SOP 一般采用邦加球方法表示,光场的每个 SOP 状态均可对应在一个球面的某个点上,SOP 的变化则表现为光场的向量的指向在邦加球上的运动,如图 1-33 所示,SOP 默认在 Stokes(斯托克斯)空间进行计算,单位是 rad/s 或 Hz。

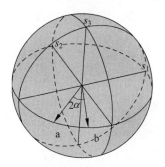

图 1-33　SOP 在邦加球上的变化

　　在采样时刻 t_1,计算偏振态 a 的归一化 Stokes 坐标为 S_a。

　　在采样时刻 t_2,计算偏振态 b 的归一化 Stokes 坐标为 S_b。

　　计算 S_a 和 S_b 的夹角,进而得到 SOP 变化速度为

$$\text{Rate}_{\text{stokes}} = \frac{\text{dSOP}}{\text{d}t} = \frac{\arccos(S_a^w \cdot S_b^w)}{t_2 - t_1} = \frac{2\alpha}{\Delta t}$$

2. OPGW 基本概述和模型

1) OPGW 基本介绍及主流应用

　　OPGW 外观如图 1-34 和图 1-35 所示,把光纤放置在架空高压输电线的地线中,用来构成输电线路上的光纤通信网,这种结构形式兼具地线与通信双重功能。

　　OPGW 由于有金属导线包裹,更为可靠、稳定、牢固,由于架空地线和光缆复合为一体,与使用其他方式的光缆相比,既缩短施工周期又节省施工费用。另外,如果采用铝包钢线或铝合金线绞制的 OPGW,相当于架设了一根良导体架空地线,可以获得减少输电线潜供电流、降低工频过电压、改善电力线对通信线的干扰及危险影响等多方面的效益。光纤具有抗电磁干扰、自重轻等特点,可以安装在输电线路杆塔顶部而不必考虑最佳架挂位置和电磁腐蚀等问题。这种技术在新敷设或更换现有地线时尤其合适和经济,正被广泛应用于电力系统中。

OPGW 结构主要有三大类：铝管型、铝骨架型和不锈钢管型，其中铝管型是趋势和主流。它的主流应用有两种：一种是铝包不锈钢管，一种是铝管层绞式。

铝包不锈钢管 OPGW 如图 1-34 所示，具有如下结构特点：

（1）全截面同种金属接触，具有优良的耐腐蚀性。无防腐油膏，环保清洁，寿命长。

（2）双层保护具有更好的抗径向渗水性能，保护光单元。

（3）单层绞线设计，直径小，重量轻，兼顾强度和短路电流容量。

（4）适用于 12 芯～48 芯。

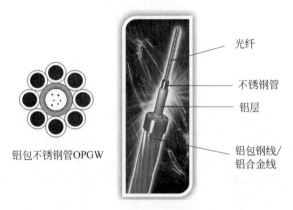

铝包不锈钢管OPGW

光纤
不锈钢管
铝层
铝包钢线/铝合金线

图 1-34　铝包不锈钢管 OPGW

铝管层绞式 OPGW 如图 1-35 所示，具有如下结构特点：

（1）全截面同种金属接触，具有优良的耐腐蚀性。

（2）短路产生高温时，隔热层保护 PBT 光单元。

（3）二次余长，适用于大跨距场景。

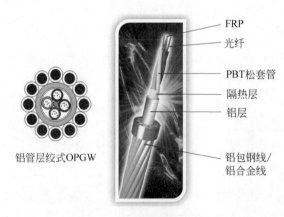

铝管层绞式OPGW

FRP
光纤
PBT松套管
隔热层
铝层
铝包钢线/铝合金线

图 1-35　铝管层绞式 OPGW

（4）适用于 72 芯～96 芯。

2）OPGW 几何参数模型

OPGW 光缆缆芯采用层绞式结构，多根光纤松套管成缆后包敷一层无缝铝管作为光纤金属保护管，金属保护管外再绞合一层或多层铝包钢或铝合金线，单层 OPGW 截面示意图如图 1-36 所示。

图 1-36 单层 OPGW 截面示意图

铝合金线或铝包钢线采用绞合结构，OPGW 的几何尺寸示意如图 1-37 和图 1-38 所示，其几何参数关系如下：

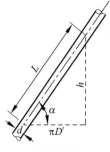
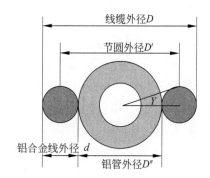

(a) 绞合导线外形   (b) 单根线展开

图 1-37 OPGW 缆的几何尺寸示意图（一）   图 1-38 OPGW 缆的几何尺寸示意图（二）

$$D = D'' + 2d = D' + d$$

$$\beta = L/h$$

$$\cos \alpha = \frac{\pi D'}{L}$$

$$\tan \gamma = \frac{d/2}{d/2 + D''/2}$$

$$M = \mathrm{ROUDDOWN} \left(\frac{360^\circ}{2\gamma} \right)$$

$$N = 1 \mathrm{m}/h$$

式中：

　　h——绞合节距，单线沿绞线轴线旋转一周所前进的距离；

　　L——展开的单线长度；

　　β——绞入系数，在一个节距中，展开的单线长度 L 与节距长度 h 之比，称为绞入系数，或叫绞入率；

　　α——绞入角，绞线中的单线与绞线径向之间的锐角夹角；

　　N——单位长度（m）的线圈匝数；

　　M——绞合的铝合金线或铝包钢线数量。

3．雷电基本概述及模型

1）雷电流波形及参数

雷电流是一个单极性非周期的脉冲波形，通常是在一段很短的时间内上升到峰值，然后再由峰值相对缓慢地下降。对于单极性脉冲的雷电流波形，主要用 3 个关键参数来表示，即雷电流的峰值、波头时间、半峰值时间。如图 1-39 所示为雷电流波形及参数，I_m 为雷电流峰值，T_1 为波头时间或波前时间，T_2 为半峰值时间或波长时间，波头时间和峰值所决定的雷电流上升变化率常称为雷电流的波头陡度，它与雷电过电压和电磁干扰水平有直接影响，雷电流波头陡度越大，对电气设备造成的危害也越大，同时造成的 SOP 变化也越大。T_1 决定 SOP 变化的最大值，T_2 决定 SOP 作用的持续时间。雷电流波头时间和雷电流一样，都服从对数正态分布。

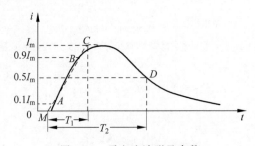

图 1-39　雷电流波形及参数

　　如图 1-40 所示为负雷云下行雷的过程，可以看出雷电流冲击波具有的特点：迅速上升，平缓下降。

2）雷电流的趋肤效应

趋肤效应（skin effect）指当导体中有交流电或者交变电磁场时，导体内部的电流分布不均匀，电流集中在导体的"皮肤"部分，也就是说，电流集中在导体外表的薄层，

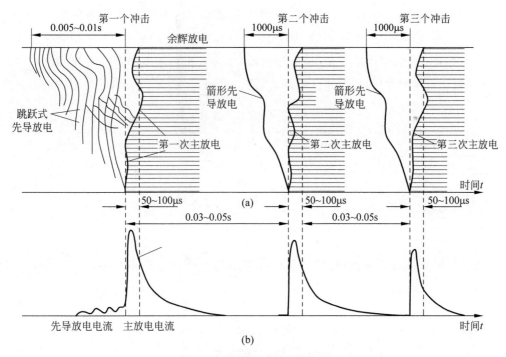

图 1-40　负雷云下行雷的过程

越靠近导体表面,电流密度越大,导体内部实际上电流较小。结果使导体的电阻增加,使它的损耗功率也增加。这一现象称为趋肤效应。高频电路中用空心导线来代替实心导线,以及用多股相互绝缘的细导线编织成束,来代替粗导线进行使用,能获得同样的使用效果。

趋肤深度 δ 的计算公式为

$$\delta = \sqrt{\frac{2}{\omega\mu\gamma}} = \sqrt{\frac{T_1 \cdot \rho}{\pi(1 + x_m)\mu_0}}$$

式中:

δ——穿透深度;

ω——角频率,$\omega = 2\pi f$,f 为磁场频率;

μ——磁导率;

γ——电导率,为电阻率 ρ 的倒数;

x_m——磁化率;

μ_0——真空中的磁导率;

T_1——波头时间。

雷电流波头陡度越大,对 SOP 影响越大。对于 OPGW 常用的铝包钢线,磁化率取 $x_m \approx 4, \mu_0 = 4\pi \times 10^{-7} \mathrm{Wb}/(\mathrm{m} \cdot \mathrm{A})$,计算不同雷电流波头时间对应的趋肤深度,如表 1-13 所示。从数据计算可知,对于 OPGW,雷电流波头电流大部分流经 OPGW 的铝线或铝包钢线的表层,其他部分基本无电流。

表 1-13　雷电流趋肤深度典型值

典型值序号	波头时间/μs	趋肤深度/mm
1	2.6	0.061
2	5	0.0847
3	8	0.1071
4	30	0.2074

4. 雷击对 OPGW 的影响

1) OPGW 雷击

雷击对 OPGW 有不同的影响,OPGW 雷击分为:

(1) 感应雷——也称为雷电感应或感应过电压,根据产生的原理不同,分为静电感应雷和电磁感应雷,雷电发生一般距 OPGW 垂直距离大于 65m。

(2) 直击雷——带电云层(雷云)与 OPGW 之间发生的迅猛放电现象,并由此伴随而产生的电效应、热效应或机械力等一系列的破坏作用,雷电发生一般距 OPGW 垂直距离小于 65m。

对于直击雷,雷电流服从对数正态分布,其概率密度函数为

$$f_1(I) = \left(\frac{1}{\sqrt{2\pi}\, \sigma_{\ln} I} \right) \mathrm{e}^{-\frac{\left(\frac{\ln I}{\bar{I}}\right)^2}{2\sigma_{\ln}^2}}$$

式中:

I——雷电流的峰值(kA);

$\bar{I}$——雷电流的均值(kA)。

概率累积函数为

$$P(I_\mathrm{f} > I) = \frac{1}{1 + \left(\dfrac{I}{\bar{I}_{\mathrm{first}}} \right)^{2.6}}$$

当 I 的分布范围为 2～200kA 时,对应 $\bar{I}_{\mathrm{first}} = 31\mathrm{kA}$,则概率累积函数简化为:

$$P(I_f > I) = \frac{1}{1 + \left(\dfrac{I}{31}\right)^{2.6}}$$

对于感应雷,最大感应电压满足如下公式:

$$V_{max} = 38.8\alpha \frac{I_0 h_a}{y}$$

式中:

I_0——雷电流峰值;

h_a——架空线离地的平均高度;

y——雷击点离架空线的最近距离,一般 $y > 65\mathrm{m}$;

α——线缆绝缘因子,一般取值 $0.6 \sim 0.9$。

对于 OPGW,由于架设于顶部,且充当避雷地线,无须考虑耦合系数,则简化为如下公式:

$$V_{max} = 25 \frac{I_0 h_a}{y}$$

通过感应雷和直击雷模型公式及地线阻抗可知,直击雷产生的雷电流比感应雷产生的雷电流一般大数倍。

2) OPGW 对雷电流的响应

OPGW 在雷击下,由于外层铝线或铝包钢线呈螺旋形,雷电流一定呈现螺旋的状态,如图 1-41 所示。

铝线或铝包钢线之间存在接触阻抗,虽然接触阻抗未知,但通过研究和测量发现,仅占约 15%,即约 85% 的电流呈螺旋形传输。

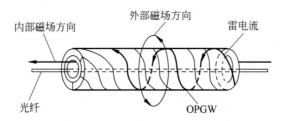

图 1-41　雷击 OPGW 的电流方向

由于雷电流是非恒定电流,是快速变化的,OPGW 的地线可等效为电阻和电感。

$$L' = \frac{\mu \pi D^2}{4h^2}$$

$$R = \frac{\rho}{\pi D \delta}$$

式中：

    L'——等效电感；

    R——等效电阻；

    D——OPGW 的直径；

    h——绞合节距；

    ρ——电阻率；

    δ——趋肤深度；

    μ——磁导率。

通过等效电路微分方程求解可得到其响应函数为

$$i_L = I_0 \left(1 - e^{-\frac{t}{\tau}}\right)$$

$$\tau = \frac{L'}{R} = \frac{D^3 \pi^{\frac{3}{2}} \sqrt{(1+x_m)\mu_0 T_1}}{4h^2 \sqrt{\rho}}$$

由响应函数可得到如下结论：

（1）τ 为 OPGW 固有特性，和 OPGW 长度无关。

（2）OPGW 不同，则 τ 不同，和 OPGW 直径的立方成正比，和绞合节距的平方成反比。

（3）τ 和趋肤深度相关，趋肤深度和电流波头时间相关。

（4）在工程计算中，t 一般取 τ 的 3～5 倍。

5. 雷击对 SOP 的影响

1）磁致旋光效应

物质的旋光性：线性偏振光射入某些物质后，其振动面发生旋转的性质，叫物质的旋光性，旋光性也叫"光活性"，如石英晶体、松节油、糖溶液等。但光纤纤芯主要成分为石英玻璃掺入稀有金属，物质的旋光性相对较弱，因此光纤的物质旋光性可忽略不计。

法拉第旋转效应（磁致旋光效应）：非旋光性物质，在外加磁场的影响下也可具有旋光性，如玻璃、二硫化碳等，这叫法拉第旋转效应，或叫磁致旋光效应，光纤纤芯主要成分为石英玻璃掺入稀有金属，因此光纤具有明显的磁致旋光效应。表现为直线极化波在磁化等离子体中沿磁场方向传播时,电磁波的极化面在磁化等离子体内以前进方向为轴不断旋转。

如图 1-42 所示,由于 OPGW 兼具地线与通信的双重功能,因此具有电力架空线避雷和防雷功能,当 OPGW 遭受雷击时,有强大的电流流经 OPGW,强大的电流在光纤传输方向产生内部磁场,具有极强的磁致旋光效应。

沿光纤方向磁感应强度为 $\boldsymbol{B}$,光在物质经过的路径长度为 L,则振动面转动角 φ 为:

$$\varphi = v\boldsymbol{B}L$$

式中:

v——费尔德常数,与物质的性质、温度以及光的频率(波长)有关。

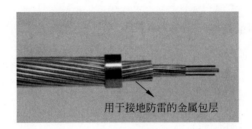

用于接地防雷的金属包层

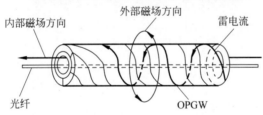

内部磁场方向　外部磁场方向　雷电流

光纤　OPGW

图 1-42　雷击造成 OPGW 的 SOP 影响

2) 雷击电磁物理模型

根据磁致旋光效应,有如下电磁物理模型。

(1) 磁场强度 $\boldsymbol{H}$:磁场强度描写磁场性质的物理量,用 $\boldsymbol{H}$ 表示,其定义式为

$$\boldsymbol{H} = \frac{\boldsymbol{B}'}{\mu_0} - \boldsymbol{M}$$

式中:

$\boldsymbol{B}'$——磁感应强度;

μ_0——真空中的磁导率,$\mu_0 = 4\pi \times 10^{-7}\,\text{Wb/(m·A)}$;

$\boldsymbol{M}$——磁化强度。

（2）磁化强度 $\boldsymbol{M}$：描述磁介质磁化状态的物理量，x_m 为磁化率，公式为

$$\boldsymbol{M} = x_m \boldsymbol{H}$$

（3）磁感应强度 $\boldsymbol{B}'$：描述磁场强弱和方向的物理量，指垂直穿过单位面积的磁力线的数量。磁感应强度是向量，沿光纤方向的磁感应分量为 $\boldsymbol{B}$：

$$\boldsymbol{B} = \boldsymbol{B}' \cos \alpha$$

式中，α 为绞入角，绞线中的单线与绞线径向之间的锐角夹角。

（4）励磁线圈磁场强度模型。

$$\boldsymbol{H} = \frac{N' \times I(t)}{L}$$

$$N' = N \times L$$

式中：

N'——励磁线圈的匝数；

$I(t)$——励磁电流（A）；

L——测试样品的有效磁路长度（m）；

N——单位长度（m）的线圈匝数。

综合上述模型，可以得到：

$$\boldsymbol{H} = \frac{\boldsymbol{B}'}{\mu_0} - \boldsymbol{M} = \frac{\boldsymbol{B}}{\mu_0 \cos \alpha} - x_m \cdot \boldsymbol{H} = N \cdot i_L$$

因此：

$$\boldsymbol{B} = \mu_0 \cos(\alpha) \cdot (N \cdot i_L + x_m \cdot \boldsymbol{H})$$

3）雷击对 SOP 的响应函数

综合 OPGW 几何模型、SOP 模型、雷电模型、OPGW 的响应模型、雷击电磁物理模型，可推导得到 SOP 旋转角为

$$\varphi_{sop} = 3.4 v (1 + x_m) \mu_0 \cos(\alpha) NLI(t)(1 - e^{-\frac{t}{\tau}})$$

SOP 最大旋转角为

$$\varphi_{sop_{max}} = 3.4 v (1 + x_m) \mu_0 \cos(\alpha) NLI_0$$

SOP 变化率为

$$\frac{d\varphi_{sop}}{dt} \approx 3.4 v (1 + x_m) \mu_0 \cos(\alpha) NL \frac{I_0}{T_1 + n\tau}$$

简化的推导过程如下：

由 1.4.4 节的 SOP 的基本概述及模型，$\varphi_{sop} = 2\alpha$；

由 1.4.4 节的 OPGW 对雷电流的响应，有效励磁电流 I_m 为 OPGW 雷电流 I_0 的 85%，即 $I_m = 0.85I_0$；

由 1.4.4 节的 OPGW 对雷电流的响应，$i_L = I(t)(1 - e^{-\frac{t}{\tau}})$；

由 1.4.4 节的雷击电磁物理模型，$\boldsymbol{B} = \mu_0 \cos\alpha \cdot (N \cdot \boldsymbol{i}_L + x_m \cdot \boldsymbol{H})$；

将上述公式代入磁致旋光效应公式 $\varphi = v\boldsymbol{B}L$，就可以得到

$$\varphi_{sop} = 3.4v(1 + x_m)\mu_0 \cos(\alpha)NLI(t)(1 - e^{-\frac{t}{\tau}})$$

1.5　电力通信广连接关键技术

1.5.1　电力接入网发展趋势和挑战

随着经济的发展，供电需要延展到方方面面，"十四五"规划也将数字经济列入核心经济指标，单独成篇，在数字经济牵引推动下，万物互联发展如火如荼，随着电力的延伸，伴随的信息点位也越来越多，如越来越多的充电桩的电力计量和状态监控，智慧园区里每栋楼宇的配电系统的数据监控与回传，电缆沿途的数字化信息回传和视频监控等，如神经末梢一般无处不在，末梢信息终端数量巨大，种类繁多，急需一种经济、高效、环保的接入方式，为各种各样的末梢感知终端提供网络接入能力。配电自动化的发展历程如图 1-43 所示。

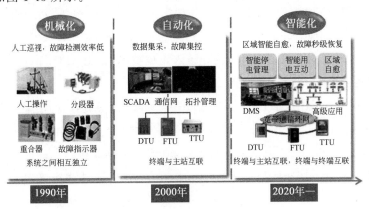

图 1-43　配电自动化发展历程

表 1-14 列举了配电通信网面临的严峻挑战。

表 1-14　配电通信网面临挑战

要　　求	挑　　　　战
可靠性要求高	线路长,节点多,故障风险大 要求通信设备全天候运行
强环境适应能力	雷击影响严重 电磁干扰强烈 长期工作环境恶劣
灵活部署	复杂分层网络拓扑 网架结构变化频繁 终端数量快速增加
便捷维护管理	维护流程复杂 运维出错率高 人员能力要求高

1.5.2　关键技术介绍

本章对接入层 PON 点对多点网络及其关键技术进行简要介绍。

1. 什么是 PON

PON(Passive Optical Network)是一种点到多点(P2MP)结构的无源光网络,主流的 PON 技术包括 BPON(Broadband Passive Optical Network)、EPON(Ethernet Passive Optical Network)和 GPON(Gigabit Passive Optical Network)等多种技术。BPON 由于采用 ATM 封装模式,主要用于 ATM 业务承载,但是随着 ATM 技术已经过时,BPON 技术也随之消失。EPON 是以太网无源光网络技术。GPON 是吉比特无源光网络技术,是目前应用范围最广的光接入主流技术,是由 ITU-T G.984.x 系列标准定义的千兆比特 PON。PON 网络结构如图 1-44 所示。

(1) OLT(Optical Line Terminal)是放置在局端中心机房内的汇聚设备。

(2) ONU(Optical Network Unit)是位于客户端的给用户提供各种接口的用户侧单元或终端,OLT 和 ONU 通过中间的无源光网络 ODN 连接起来进行互相通信。

(3) ODN(Optical Distribution Network)由光纤、一个或多个无源分光器等无源光器件组成,在 OLT 和 ONU 间提供光通道,起着连接 OLT 和 ONU 的作用,具有很高的可靠性。

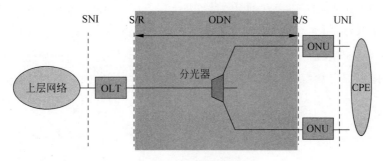

图 1-44　PON 网络结构

说明：无源意味着 ODN 中没有光放大器和再生器等器件，节省了室外有源设备维护成本。

PON 网络工作原理如图 1-45 所示。

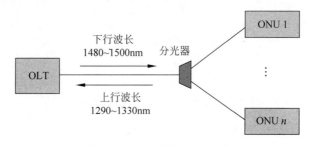

图 1-45　PON 网络工作原理

PON 网络采用单芯光纤将 OLT、分光器和 ONU 连接起来，上下行采用不同的波长进行数据承载。PON 的工作波长如图 1-46 所示，上行采用 1290～1330nm（GPON）/1260～1280nm（XGS PON）范围的波长，下行采用 1480～1500nm（GPON）/1575～1580nm（XGS PON）范围的波长。

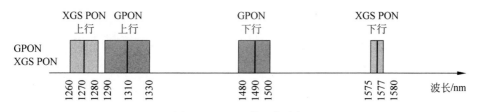

图 1-46　PON 的工作波长

PON 系统采用波分复用的原理通过上下行不同波长在同一个 ODN 网络上进行双向数据传输。

OLT 与 ONU 之间的通信是点对多点通信，一个 OLT 的光口对应多个 ONU（1∶n），光信号从 OLT 的光口发出，通过物理分光器（Splitter）将光分为多份，将光信号分发到每一个 ONU。根据代际不同，n 的理论最大值也不同。如图 1-47 所示，在 F4G GPON 下，n≤128；在 F5G XGS PON 下，n≤256；总体来说，越向后发展，理论分光比越大。

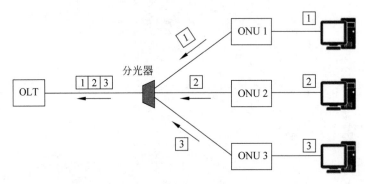

图 1-47　PON 的分光比

主要特征：

（1）OLT/ONU 为主从方式，OLT 为主，ONU 为从，受 OLT 完全控制。

（2）时分复用（Time Division Multiple Access）。

（3）数据在属于自己的时隙里传输。

（4）光信号在分光器处进行耦合/分光。

（5）OLT 通过测距实现 ONU 之间冲突检测与避免。

（6）OLT 与 ONU 之间，将用户数据切片后，封入 GEM 封装管道，以时分复用方式传输数据。

2. ONU 接入认证与用户鉴权

在 PON 系统中，新加入 ONU 必须首先以静默方式接入 PON 系统，等待 OLT 为新加入 ONU 打开注册时隙通道，新 ONU 注册流程如图 1-48 所示。OLT 会周期性地为新加入 ONU 留出注册时隙通道，供新加入 ONU 在指定的时隙通道进行注册上报申请。

在指定的管理时隙通道，OLT 与 ONU 之间通过 PLOAM（Physical Layer OAM）协议通信，可以进行 ONU 注册、鉴权、测距、激活、光路功率管理、加密密钥的协商与更新等。OLT 可以对 ONU 进行鉴权，ONU 也可以反向鉴权 OLT。这种双向鉴权机制,保证了 OLT 与 ONU 之间的互信,保证了每台接入的 ONU 都是可信的。

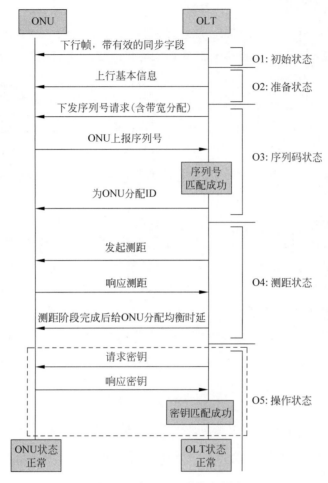

图 1-48　新 ONU 注册流程图

这种交互机制既不影响已有 ONU 的正常业务转发,又能够及时允许新入网 ONU 快速加入网络,自动完成 ONU 的鉴权、注册、激活、光链路层的配置等,在保证网络安全性的同时,极大地简化了业务发放的复杂度。

ONU 自动鉴权机制,保证了每一台 ONU 都是可信的。PON 系统也可以对末端接入 PON 系统的用户设备进行鉴权,支持 ETH 口的 802.1x 认证、WiFi 口的 802.1x 认证,也可以对哑终端执行 802.1x MAB(MAC Bypass)认证,MAC 地址黑白名单认证等,全方位守护接入用户终端的安全,防止非法用户设备接入。

3．ONU 即插即用免软调

在 PON 系统中，OLT 对 ONU 的管理，是通过光层管理的，协议上分为物理层和业务层两层。物理光路的管理协议称为 PLOAM 协议，用于 OLT 管理 ONU 的新入网、鉴权、测距、光链路功率管理等，ONU 接入认证与用户鉴权即是通过 PLOAM 协议完成。

在 PLOAM 协议协商完毕之后，OLT 将使用 OMCI（Optical Management Control Interface）协议对 ONU 进行业务发放和配置同步。OMCI 协议与 PLOAM 协议一样，都是带外管理协议，每一台 ONU 都有自己专有的 PLOAM 协议/OMCI 协议时隙通道，由 OLT 自动在 GTC 帧内分配。PLOAM/OMCI 通道属于 GTC 帧层的带外管理通道，只要 OLT 与 ONU 之间存在光信号，就可以进行 ONU 管理和业务发放，无须考虑 IP/ETH 等参数，且不受业务流量的冲击影响，带外管理通道十分稳定可靠。

正是通过可以永不脱管的 PLOAM/OMCI 机制和 OLT/ONU 主从机制，PON 系统的业务发放架构采用了集中式业务配置架构。将所有 ONU 的配置都放在 OLT 上，ONU 本地并不保存业务配置信息。ONU 每次上电上线后，OLT 会实时将该 ONU 的业务配置经 PLOAM/OMCI 管理通道推送给指定 ONU，ONU 接收到配置后自动实时生效。这一套机制天然达到了"ONU 即插即用免软调，上电即走"的效果。

4．FEC 前向纠错

关于 FEC 的详细技术描述，请参见 1.3.2 节的前向纠错码。

应用 FEC 后，可以将 OLT 与 ONU 之间的光层误码率降低至 10^{-12}，极大地提升了光层的传输可靠性。

1.5.3　PON 电力配网解决方案

在智能电网建设中，配电系统直接关系广大用户的用电可靠性和用电质量，是建设坚强电网及泛在电力物联网的重要组成部分。据统计，90％的停电故障发生在配网，70％的线路损耗发生在配网，通信系统中断将直接影响配网智能化运行。电力配网全光接入解决方案提供配电自动化、电表集抄子解决方案，满足电力行业的多场景需求，如图 1-49 所示。

全光电力配网解决方案主要包括如下两个方案。

（1）配电自动化解决方案：OLT 放置在 35kV/110kV 变电站，ONU 汇集子站开

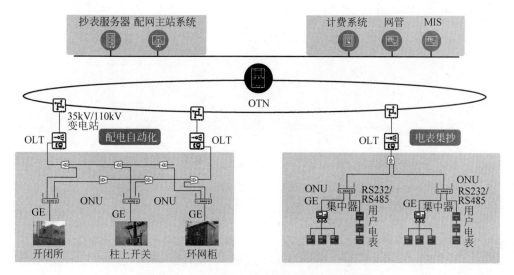

图 1-49 PON 电力配网解决方案网络组网图

闭所、环网柜、柱上开关数据，采用手拉手保护，满足可靠性要求。

（2）电表集抄解决方案：ONU 汇集信息上传至 OLT，采用树形组网，光纤利用率高。

1. PON 网络架构

PON 采用扁平二层架构，OLT 与 ONU 之间直接相连，无其他有源节点（分光器为无源节点，可以视作一种特殊棱镜），如图 1-50 所示。所有 ONU 都直接连接到 OLT。无论网络规模大小，ONU 都直接与 OLT 相连，无须进行有源汇聚。

全光网络扁平二层架构，在确定性时延、网络简洁度、易维护、节能减排等方面都有巨大好处。

（1）全光架构，光纤从中心机房直达末端，光纤到末梢，摆脱铜制网线的信号有效距离≤100m 的限制，E2E 通信距离可达 40km（极限场景下可达 60km）。

（2）中间层无源，免去中间 40km 跨距内的取电、弱电机房配套土建、空调投入等投资。

（3）网络扁平化，架构简单，数据流向清晰，易于维护和定位。

光纤从 OLT 拉出，经分光器分光后，连接多台 ONU，光纤形成了类似总线结构的 ONU 共享通信介质。PON 系统类似主从架构，OLT 处于主（Master）地位，ONU 处于从（Slave）地位。ONU 要想接入 PON 系统，需要经过 OLT 的鉴权；ONU 要想发

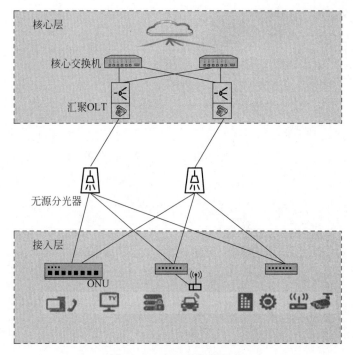

图 1-50　PON 的网络架构

送/接收任何数据,都需要经过 OLT 的授权。OLT 对 ONU 的控制精度达到纳秒级别。ONU 需要以纳秒级别的精度,在 OLT 授予的特定时隙发光传输数据,在 OLT 指定的时间(纳秒级)停止发光传输数据。

正是如此精细的时隙控制能力,赋予了 PON 系统丰富的业务管道创建与精细控制能力,在提供 E2E 隔离管道的基础上,能够保证关键业务管道的网络 SLA 指标。

2.全光电力配网解决方案价值

全光电力配网解决方案具备专用 ONU、高可靠、易运维等特点,确保配网安全稳定运行。

1) 电力级专用 ONU,环境强适应

专用 ONU 可以满足户外恶劣环境的工作要求。

(1) $-40\sim+70℃$ 宽温域。

(2) 6kV 高防雷能力,较 2kV 时强 20~30 倍。

(3) 防尘/防腐蚀/强电磁干扰能力。

（4）工业级无风扇冷却。

（5）符合严格工业标准 IEC 61850-3/IEEE1613。

2）安全可靠

（1）支持安全启动防篡改、802.1x 认证，提升系统安全性。

（2）手拉手主备倒换及 OLT 上行链路冗余，提高配网可靠性，支持如图 1-51 和图 1-52 所示的两种方式。

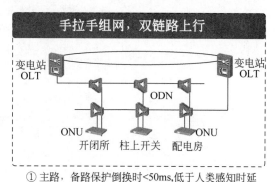

① 主路，备路保护倒换时<50ms，低于人类感知时延

图 1-51　冷备份：主备倒换，主路工作，备路等待

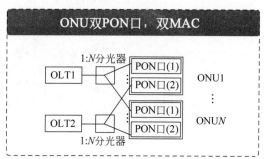

② 无源分光环网链路，具备抗多点失效，避免大面积故障

图 1-52　热备份：两路均工作，双向选收，无主备区分

3）易运维

完善 OAM 设计，快速定位故障，提高业务的稳定性。

（1）长发光 ONU 实时检测和隔离：实时检测排查，自动隔离：1s 之内检测和定位到流氓 ONU，并自动隔离。

（2）PON 光路智能诊断，提升运维效率，如图 1-53 所示。

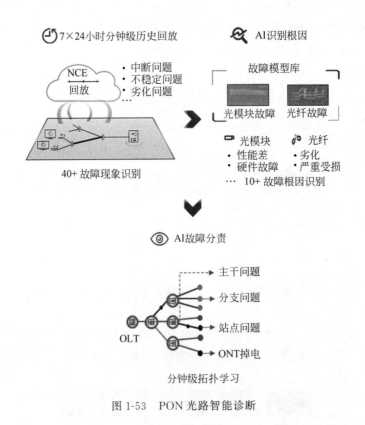

图 1-53　PON 光路智能诊断

1.6　电力下一代通信承载技术

1.6.1　电力通信网架构发展趋势

1. 数据云化驱动干线带宽增长

随着数据集中化的趋势加剧,大数据、人工智能等技术的逐步成熟,数据中心不仅只做灾备;数据中心云化之后,可以提供各种云服务,支撑智能电网、智慧铁路等智能化的信息服务。网络架构从简单的通信连接,向云服务架构转变。对干线通信网,需要更大的带宽、更低的时延、灵活的调度、云网协同等。

2．同步传输序列（SDH）设备退网及无线 5G 新基建驱动网络技术变革

在 ITU-T 国际标准中，SDH 接口标准 G.707 在 2007 年之后，就停止演进了。由于产业原因，最大端口速率 40Gb/s（STM-256）在市场上基本没有应用，因此在整个产业，主流应用的最大速率 10Gb/s（STM-64）不能满足通信行业对带宽的诉求。因此，需要下一代通信技术，承接传统 SDH 承载业务；同时还需要满足未来新业务的承载。当前无线 5G 技术已经在电信运营商商用，面向行业的 5G 2B 业务也逐步成熟。在电力行业，5G 的业务逐步与配网巡线等物联业务匹配。因此，在电力通信网向下一代演进时，需要考虑承载 5G 业务，包括 5G 的前传/回传等网络等。

3．工业网物联驱动感知革命

电力行业对万物互联的需求越来越迫切，基于光感知的技术逐步趋向成熟。光纤抗电磁辐射、带宽平滑扩展等有益的性能，驱动光纤通信初步从干线、汇聚层向工业终端、传感延伸。

1.6.2　电力 F5G 通信网络架构

在新的形势下，以 5G、云数据中心为基础架构的新基建深入到各行各业。电力在新的形势下的通信网，融合 F5G 通信技术构建 F5G 全新的网络架构，如图 1-54 所示。

1．云化数据大带宽干线

采用业界最先进的 OXC 全光交叉调度架构，构建 100Gb/s 速率的 DWDM 网络大带宽，实现 OTN 高速入云专线，数据中心光层低时延互联，构建面向未来的全新架构的骨干网。

2．全业务承载融合传输网

采用第二代 MS-OTN（OSU）极简融合架构物理隔离专网，实现 2Mb/s～100Gb/s 全业务高品质业务承载。

3．全光物联感知

网络融合光接入技术，将光延伸到感知领域，如机器视觉、继保稳控、光纤传感等。

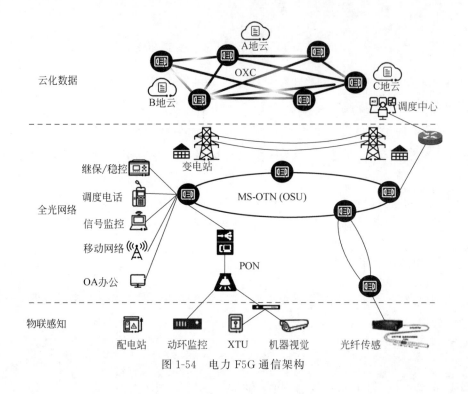

图 1-54　电力 F5G 通信架构

1.6.3　电力 F5G 技术简介

第五代固定网络技术(F5G)是欧洲电信标准组织(ETSI)主导定义的固定网络代际划分标准,它参考了移动通信的代际划分理念,将固定网络划分成 5 代,从 F1G 到 F5G。ETSI 在 2019 年 12 月首次定义光产业代际,立足构筑无处不在的光连接,并在 2020 年 2 月成立 F5G 产业工作组,定义 F5G 总体特征,并探索家庭、企业和多个垂直行业的相关方案和相关应用场景,如图 1-55 所示。

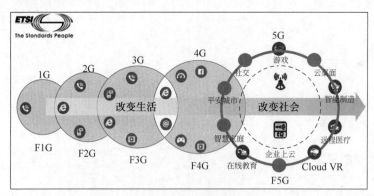

图 1-55　F5G 演进示意图

（1）F1G 以 POTS 和 PDH 为代表，接入速率低于 2Mb/s，主要用于普通窄带电话业务，对于数据业务仅能提供 128kb/s 的 ISDN 接入。

（2）F2G 以 ADSL 和 SDH 为代表，接入速率为 10Mb/s，在用于电话接入的同时，开始有宽带数据业务接入。

（3）F3G 以 VDSL 和 MSTP 为代表，在 SDH 的基础上增加了数据传输功能，并将接入速率提升到 30Mb/s。

（4）F4G 以 PON 和 OTN 为代表，将铜线接入演进到光纤接入，接入速率提升到 100Mb/s，传送层采用 OTN 提升带宽能力，将 SDH 的电层调度、支线路分离技术和 DWDM 的光层技术相融合，既支持形成可扩展的多波长传输能力，又能通过设备进行电层调度。

（5）F5G 是在前面四代固定网络技术的基础上，适应业务 IP 化、分组化的发展需求，适配无线 5G 的发展方向而发展出的固定网络制式。它包括新一代 OTN、10G PON、WiFi 6 等新技术，实现有线和无线的全连接。

当前国内外各主要电信运营、设备商、行业协会、研究机构纷纷加入 F5G 产业联盟，共同探讨 F5G 的技术与应用。例如国内多地的电信运营商均发布了 F5G 品质专线方案与实施计划，国家发改委在"新基建"的部署里面也明确提出"加快推动 5G 网络部署，促进光纤宽带网络的优化升级，加快全国一体化大数据中心建设"的要求，F5G 已经成为国家的信息化战略之一。

在电力行业中 F5G 技术主要包含如下两方面。

（1）F5G 干线通信技术：基于更大带宽、灵活调度的干线技术，包括 120 波 100Gb/s 大带宽技术、高集成度智能波长调度的全光交叉连接（Optical Cross-Connect，OXC）调度技术。

（2）F5G 生产业务通信技术：基于新一代物理隔离硬管、全业务承载技术，包括 OSU 承载技术、MS-OTN 融合型架构。

1.6.4　电力 F5G 干线通信技术

1．光接口技术的发展

在光口速率方面，从 PDH 的 2Mb/s、34Mb/s、144Mb/s 发展到 SDH 的 155Mb/s、622Mb/s、2.5Gb/s、10Gb/s，以及 OTN 的 2.5Gb/s、10Gb/s；在传统的光直调技术方面，10Gb/s 速率已经达到速率瓶颈，若超过 10Gb/s，则光的非线性会影响光的长距离传送；因此，对于超 10Gb/s 的单波长端口速率，仍然作为承载技术的主流应用速率。

在超 10Gb/s 的端口数量发展中，短暂地出现 40Gb/s 端口速率。由于当时的芯片集成能力不够，oDSP(optical Digital Signal Processing)技术不够成熟；偏振复用＋相干检测技术不成熟，采用硬判技术取代光直调，成本高，性能低，相对于 10Gb/s 直调技术没有建立优势。直到 2012 年以后，大规模集成电路芯片技术、算法技术得到全面的发展，oDSP 技术得以成熟。以 PDM-QPSK 相干光系统以快速发展，单波光口速率从 10Gb/s 直接跳过 40Gb/s，达到 100Gb/s。

从 2013 年开始，运营商已经开始海量应用相干 100Gb/s 波分系统建设骨干网络，当前相干 200Gb/s 也已经在运营商网络海量应用，400Gb/s、800Gb/s 也陆续走出实验室，进行商用试点。相干 100Gb/s 波分系统对于整个产业已经非常成熟，性价比很高，而 10Gb/s 波分系统逐渐退出市场。因此，当前电力大带宽网络，从 10Gb/s 到 100Gb/s，无论从产业成熟度、网络性价比，还是在应对未来带宽增长方面，时机非常合适。

对于电力通信网络而言，在光纤复合架空地线（Optical Fiber Composite Overhead Ground Wire，简称为 OPGW）光缆中，使用相干 100Gb/s 波分系统，在雷暴天气下，对 PDM-QPSK 100Gb/s 相干系统的偏振产生影响。在 oDSP 跟踪偏振光的时候，需要更高的偏振态（State Of Polarization，SOP）性能。目前国内主流设备制造商，均可支持 SOP 8Mrad/s 的高性能光波分系统，可在电力通信中推广商用。

2．光频宽技术的发展

在电力传统的 OTN 波分系统中，当前只使用了 32nm 的频宽，采用 100GHz 的波道间隔，只能使用 40 波，频谱资源没有得到有效的利用。当前最新的波分技术，在 C 波段，可以扩展到 48nm 的频宽，同时采用 50GHz 的波道间隔，可以做到 120 波；频谱带宽利用效率是原来的波分系统的 3 倍。同时采用最新的 Flexgrid 技术，可匹配光口带宽，灵活划分波道间隔，实现频宽使用效率的最大化。

在电力 F5G 承载的波分系统中，采用 48nm 频宽，50GHz 间隔 120 波 100Gb/s 波分系统，相对于传统 40 波 10Gb/s 波分系统，单纤带宽容量提升 30 倍，可以适配未来 10 年的带宽增长。

3．光交换技术的发展

如图 1-56 所示是波分干线光层技术的历史发展阶段。

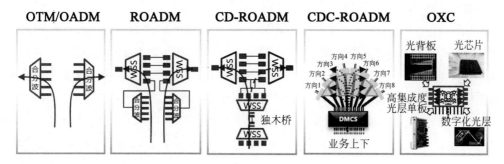

图 1-56　波分干线光层技术的发展

（1）从运维角度发展方向看：从手动、半自动、自动到自治发展。

（2）从组网的角度发展方向看：从光终端复用（Optical Terminal Multiplexer，OTM）、光分叉复用（Optical Add/Drop Multiplexer，OADM）、动态光分叉复用（Reconfigurable Optical Add/Drop Multiplexer，ROADM）、波长方向无关动态光分叉复用（Colorless Directionless Reconfigurable Optical Add/Drop Multiplexer，CD-ROADM）到波长方向波长冲突无关动态光分叉复用（Colorless Directionless Contentionless Reconfigurable Optical Add/Drop Multiplexer，CDC-ROADM），最终发展成为全光交叉连接（Optical Cross-Connect，OXC）设备形态。

① OTM/OADM：在密集波分复用（Dense Wavelength Division Multiplexing，DWDM）系统中，OTM 只作为点到点的波长复用，在本地波长全部上下给电层调度设备，无波长调度能力。光层在 DWDM 系统中仅作为亮点间的长距拉远及增加单纤容量的功能。适用于长途干线一跳直达的网络架构。从 OTM 发展而来的 OADM 系统，可实现部分波长穿通、部分波长上下的能力。但由于结构简单，穿通的波长必须解复用跳纤穿通，连纤数量大；并且波长调度灵活性极差，其中上下波道频率与端口强绑定、上下波道与光方向强绑定、波长冲突等问题，需要对规划工具强依赖。因此 OADM 仅适用于两个光方向的波长调度，超过两个光方向，连纤极其复杂且无法灵活调度，很难在实际组网中推广商用。

② ROADM：在 OADM 的技术上，穿通波长不需要解复用后连纤，可通过在多个光方向上通过合波后的彩光互联，大大减少了连纤的数量；在多光方向调度的波长成为可能。通过 1∶4/1∶9/1∶20 的波长选择开关（Wavelength Selective Switching，WSS）规模商用，实现 4 个光方向、9 个光方向、20 个光方向的光调度组网能力。OARDM 技术推动波分在核心干线广泛应用，并将波分系统推进到城域。但 ROADM

仍然没有解决调度灵活性的问题。

③ CD-ROADM：为了解决 ROADM 的波长调度灵活性的问题，支路 WSS 的商用，实现波长无关、方向无关 CD-ROADM 波分系统。但 CD-ROADM 仍然没有解决波长冲突的问题。

④ CDC-ROADM：在支路 OADM 单板上，进一步提升集成度，在 CD-ROADM 的基础上解决了波长冲突的问题。

⑤ OXC：OXC 系统是集光层技术大成的艺术精品，真正实现了全系统无光纤连接，板卡式扩容能力。实现一块线路板卡即一个光方向，一块单板替代光子架。让光交叉系统变得如同电交叉系统那样灵活。

4．OXC 在电力行业的应用价值

当前电力通信干线建网较早，采用了 40 波 10Gb/s OTM DWDM 技术建网；由于电力干线带宽增长缓慢，干线通信网没有跟随业界光技术的发展对通信网络升级换代。随着云化网络的到来，以 10Gb/s 为主的干线波分带宽已经无法满足业务的发展；在 100Gb/s 为主的波分干线中，如果仍然以 OTM 光层组网，则需要大幅度增加电层调度容量和 100Gb/s 光模块应用；在性价比、组网灵活性、时延性能等方面均无法满足未来云化网络的业务应用。因此，电力 F5G 干线通信技术采用 120 波 100Gb/s OXC DWDM 网络架构，可适配未来 10 年的带宽增长。

OXC 建设干线骨干网相对传统 ROADM，极简化网络，具备如下优势。

(1)"0"连纤实现 32 维无阻塞交换：32 维无阻塞调度"0"连纤，使能网络从平面向立体化的演进，站点连纤减少 90％以上；扩容周期从 3～5 年提升至 8～10 年。

(2) 90％以上光层场景 1 柜解决：光层集成度是传统 ROADM 方案的 9 倍以上；单柜可支持 8 维节点 100％上下波，20 维节点 385 波上下，满足绝大多数光层场景部署。

(3) 简化调测，数字运维：开局、扩容光层调测时间缩短 80％以上，1 方向 1 单板，免规划，免连纤，即插即用；波长级网络资源与性能可视化，实现分钟级故障快速定位。OXC 可实现"天"级网络，"小时"级扩容。

基于全光交换 OXC 设备，采用集业界高精尖光技术，主要有如下技术特点。

(1) 全光背板：采用全光互联、免连接光纤、低插损；创新的多级房产技术与光口对准技术，实现连接高可靠。

(2) 高维度 WSS：实现 32 维无阻塞任意调度；免光放，高可靠，上下波效率较传统单板提升 300%。

（3）数字化光层：利用光频分复用（Optical Frequency Division Multiplexing, OFDM）技术调顶，高精度波长监控，实现 OXC 系统的光纤质量、波长资源和性能可视化，实现数字化运维。

全光交叉的 OXC 四级防护设计技术，实现设备的高可靠。

（1）器件集可靠性：硅基液晶（Liquid Crystal On Silicon, LCOS）产业链成熟，单个像素失效对波长交换无影响。

（2）光背板可靠性：纳米聚合材料结合自动光路印刷技术，光背板低插损、高可靠，20 年稳定运行；光接口防尘和对准技术，插拔次数远超业界。

（3）子架级可靠性：子架电源 1+1、主控 1+1、风扇 1+1 备份；MON 单元实时监控运行状态，隐患提前预警，故障分钟级定位。

（4）网络级可靠性：小型化 OXC 子架支持东西向分离部署；链路、波长和子波长的 1+1 网络保护，光层 ASON 重路由保护，提升业务可靠性。

1.6.5　电力 F5G 生产业务光通信技术

1. 生产业务光通信技术的发展

如图 1-57 所示，电力生产业务光通信承载技术，历史上经历了 PDH、SDH、MSTP（Multi-Service Transmission Platform），并向 MS-OTN 演进。MS-OTN 演进过程中存在两代技术：第一代 MS-OTN 集成了 SDH、PTN（Packet Transport Network）、OTN；第二代 MS-OTN 集成了全新的 OSU 技术。OSU 在 OTN 架构基础上增加了 2Mb/s～1.25Gb/s 硬管道，作为 SDH 技术的演进技术，承载高品质窄带宽的生产业务。

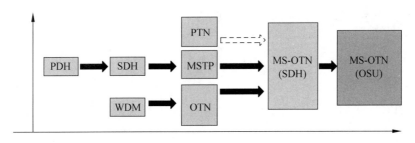

图 1-57　干线通信光交换技术的发展

2. MS-OTN 系统架构

MS-OTN 不是一种承载技术,而是一种综合承载的设备架构,是对当前主流业务承载技术的集成。当前的承载技术 OTN、PTN、SDH 各有优劣,各自适应于不同的业务承载。历史上不同的业务需要不同的设备独立承载,而随着电子工业的高速发展,芯片集成度越来越高,将 OTN/PTN/SDH 技术与交换平面集成到一款设备成为可能。利用 OTN 时隙复用物理隔离的技术特点,可将 SDH、PTN、OTN 承载的业务按时隙复用到一个物理端口,可灵活配置分配带宽,构成智能化的线路板卡。

MS-OTN 整体架构由全业务支路板卡、OTN(ODUk)、PTN(PKT)、SDH(VC) 3 种技术交换平面及智能化线卡组成,如图 1-58 所示。

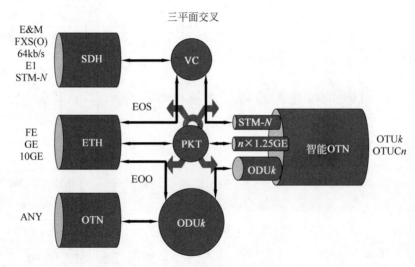

图 1-58　MS-OTN 系统架构

(1) 全业务接入:集成了传统 SDH 设备、PTN 设备、OTN 设备承载的软硬管道全部业务。其中,SDH 设备承载的 1Gb/s 以下的硬管道业务包括脉冲编码调制(Pulse Code Modulation,PCM)业务(E&M、FXS、FXO、64kb/s 等)、PDH(E1)、SDH(STM-N)、ETH(FE、GE)业务。OTN 承载的 1Gb/s 以上的硬管道 ANY 业务包括ETH(GE、10GE 等)、SDH(STM-N)、视频(DVB-ASI、SDI、SD-SDI、HD-SDI 等)、存储(FC16、FC32 等)等;PTN 承载的弹性管道统计复用的业务包括 ETH(FE、GE、10GE 等)。

(2) 独立三平面交换:MS-OTN 仅对传统 SDH、PTN、OTN3 种技术以及 VC、

PKT(分组)、ODUk 3 个交换平面进行物理集成,模块和总线设计均保持原技术的物理隔离。

(3) 智能线卡:如图 1-59 所示,智能线卡实现 3 个交换平面的业务承载在一条大的 ODUk 管道统一承载,实现一对光纤、一张网络承载 3 个平面的全业务。

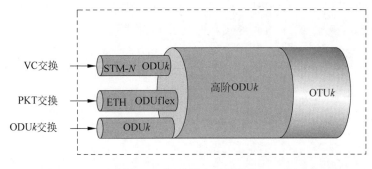

图 1-59　智能线卡系统架构

① SDH 业务经过 VC 平面交换后,进入智能线卡的 SDH 模块独立处理后,封装到 STM-N 的端口;STM-N 映射到低阶 ODUk 后,统一封装到高阶 ODUk,通过端口 OTUk 输出。

② PKT(分组)业务经过 PKT 包交换后,进入智能线卡的 PTN 模块处理后,封装到通道化的 ETH 接口($n×1.25$GE);ETH 接口映射到低阶 ODUflex 后,统一封装到高阶 ODUk,通过端口 OTUk 输出。

③ OTN 业务经过 ODUk 交换后,直接封装到高阶 ODUk,通过端口 OTUk 输出。通过低阶 ODUk 时隙复用及物理隔离特性,实现 SDH、PTN、OTN 管道的物理隔离;同时通过选择映射低阶 ODUk 的带宽,实现 SDH、PTN、OTN 的带宽灵活调整。

3. OSU 系统架构

第一代 MS-OTN 承载 1Gb/s 以下颗粒的硬管道业务时,集成了 SDH 技术承载。由于 SDH 技术在 2007 年后,标准不再演进,商业芯片厂商也不再生产新的 SDH 芯片,所以芯片的业务总线仅停留在 622Mb/s、2.5Gb/s 速率水平,芯片工业停留在十几年前,随时可能因为更换产线导致无法供应。持续使用 SDH 的技术,有两种技术路线:一是华为自研芯片路线,采用融合的技术路线,在 OTN 芯片中集成 SDH;二是采用通用的逻辑编程芯片。但是在电力等行业市场,仍然需要大量 1Gb/s 以下颗粒的业务,需要支持低时延、硬管道隔离、高可靠、高安全特性,因此需要一种新的硬管道隔离技术来承接 1Gb/s 以下的业务。而 OSU 应运而生,在当前主流的 OTN 技术架构基础上,业务颗粒延展到 1Gb/s 以下,实现窄带宽的硬管道承载。

如图 1-60 所示,OSU 技术的交换颗粒是 OSUflex,支持 $n \times 2$Mb/s 带宽,实现 1Gb/s 以下的硬管道承载。OSU 与 OTN 的 ODU 调度是一个调度平面,仅增加新的调度颗粒。类似传统 SDH 的调度颗粒分为高阶颗粒 VC4 和低阶颗粒 VC12、VC3。在下一代的 MS-OTN 系统架构中,仍然保留了 SDH 调度平面,主要是在电力行业市场,现网存在大量的 SDH 设备,需要与现网的 SDH 设备混合组网,支持 SDH 网络向 MS-OTN(SDH)演进,再一次平滑演进到第二代 MS-OTN(OSU 网络)。第二代 MS-OTN 系统架构兼容两代生产业务承载技术,实现了新老技术的平滑更替。

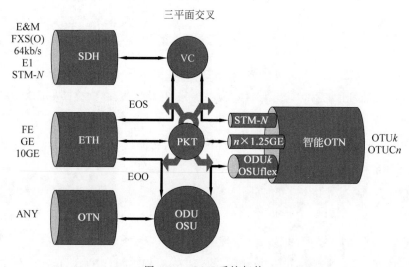

图 1-60 OSU 系统架构

4. OSU 在电力行业应用价值

OTN 的帧结构是固定帧长度,通过调整帧速率来匹配客户侧业务带宽,实现任意业务的透明传送的。OTN 的帧结构如图 1-61 所示。OTN 帧包括 4 行 4080 列,其中前 16 列为帧标识、OTUk/ODUk/OPUk 各级开销,后 256 列为 OTUk FEC 误码纠错字节,净荷空间占 3808 列。

OTN 的高低阶 ODUk 的封装映射如图 1-62 所示,低阶 ODUk 按照时隙间插后,封装到高阶 ODUk 的净荷区域;比如,低阶 ODU1 映射到高阶 ODUk,低阶 ODU1 的

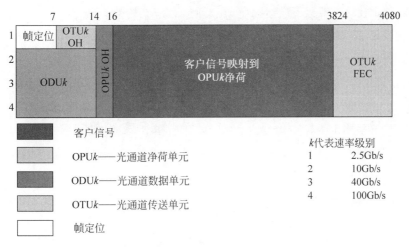

图 1-61　OTN 帧结构

帧 4 行 2324 列 OTN 的帧,按照 4 帧时隙间插后,映射到高阶 ODU2 的 4 行 3808 列的净荷区域。OTN 的整映射和复用关系与 SDH 同步映射存在区别。在制定 OTN 的标准时,OTN 主要承载 SDH 业务,因此初期的 OTN 帧速率是根据 SDH 的 STM-N 的速率来调整的。ODU1、ODU2、ODU3 分别对应 STM-16、STM-64、STM-256,ODU1 为最小的承载单元,而一级低阶 ODUk 向高阶 ODUk 映射时,都需要携带 16 列的开销,因此 ODUk 码速调整换算关系为:ODUk 比特率 $239/(239-k)\times$ STM-N;OTUk 还包含 256 列的 FEC,因此 OTUk 比特率 $255/(239-k)\times$ STM-N。

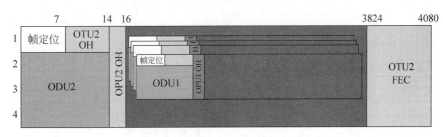

图 1-62　OTN 的高低阶 ODUk 映射

随着业务的发展,OTN 承载 ETH 业务,因此 ODUk 又扩展速率 ODU0、ODU2e、ODU4、ODUflex,分别对 GE、10GE、100GE、$n\times 1.25$GE 的 ETH 业务透明传送。

由于 OTN 的标准定义最低速率是 ODU0,在灵活带宽承载的 ODUflex 速率是以最低速率 ODU0 的倍速来扩展,因此承载业务的数量为 $n\times 1.25$Gb/s。对于低于 1Gb/s 的业务承载,使用 MS-OTN 融合的架构,借用 SDH 的 VC 颗粒来承载。

OSU 技术在这个背景下应运而生,在 OTN 系统架构的基础上,定义 1Gb/s 以下颗粒的硬管道承载单元 OSU,最小颗粒对齐 VC12,速率为 2.6Mb/s;灵活调整的 OSUflex,数量为 $n \times 2.6$Mb/s。帧结构定义如图 1-63 所示,ODU 和 OTU 开销与传统 OTN 方式一样,主要区别为 OPUk 净荷区域被划分为了多个净荷块 PB(Payload Block),每个净荷块对应通道号标识 TPN(Tributary Port Number)和 OSUflex 开销。每个 OSUflex 采用定长帧结构(帧长度为 192B),净荷区域中为承载的实际业务信号。当多个 OSUflex 复接到 OPUk 时,每个 OSUflex 通过 TPN 作为服务层中的唯一通道标识。OSUflex 采用了定长帧、灵活时隙复接,划分成更小的带宽颗粒,从而实现满足城域复杂业务的承载要求。

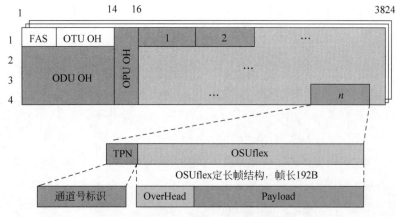

图 1-63　OSUflex 的帧定义

OSUflex 在 ODUk 中的映射有两种模式:一种为高阶映射,即 OSUflex 直接映射到 OTUk 中的高阶 ODUk;另一种模式为低阶 ODUflex,即 OSUflex 先映射到低阶的 ODUflex,再由 ODUflex 映射到高阶 ODUk,实现 OSU/ODU 两级映射,如图 1-64 所示。

客户侧的业务映射到 OSUflex 也有两种方式:一种是 CBR(Constant Bit Rate)映射,客户业务固定,在解封装后,需要恢复业务时钟,这类业务典型的为 TDM 业务,包括 PDH E1、SDH VC 等;另一种是

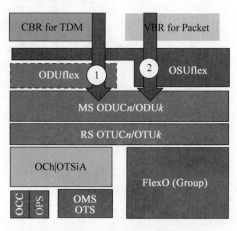

图 1-64　OSUflex 映射模式

VBR(Variable Bit Rate)映射,这类业务无固定速率,典型为 Packet 承载的 ETH 业务。

OSUflex 管道与 SDH 的 VC 管道,均为时隙复用的硬管道物理隔离,业务承载覆盖范围均为 1Gb/s 为主的窄带宽业务;由于 OSU 基于 OTN 架构的扩展,在 MS-OTN 系统架构上承载业务存在如下优势。

(1)架构极简:OSUflex 调度管道是在 OTN 架构上的延伸。OSU 与 ODU 两种管道颗粒同属于一个交换平面的两种带宽的管道,如同 SDH 的 VC4 与 VC12;因此在第二代的 MS-OTN 架构中,若未来 SDH 全部退市或在新建网络中,只需要 OTN 一种交换平面即可覆盖全业务的硬管道承载。

(2)物理隔离:OSUflex 管道基于 2Mb/s 颗粒,延续了 SDH、OTN 时分复用技术,实现了带宽保证、物理硬隔离、确定性低时延等特性。

(3)超低时延:在 MS-OTN(SDH)架构中承载 ETH 业务,需要 5 步映射,映射路径 ETH→VC12→VC4(STM-N)→低阶 $ODUk$→高阶 $ODUk$($OTUk$);而在第二代 MS-OTN(OSU)中,OSUflex 可以一步映射到高阶 $ODUk$,极大地简化了业务板卡的映射路径,大幅度降低了时延,将映射时延降低到微秒级。业务每经过一次封装时延都会增加,封装层级越多则时延越大,传统 OTN 技术通常提供 5 层逐级映射封装,OSUflex 简化了封装映射,无论业务颗粒是大还是小,都统一采用 OSU 封装,可以直接映射封装到高阶 $ODUk$ 通道,大幅降低了业务封装时延。

以 2Mb/s 业务为例:

① 传统 OTN 经过 5 层封装复用,VC12→VC4→ODU0→ODU4→$OTUCn$。

② 通过 OSU 经过 3 层封装复用,OSU→ODU4→$OTUCn$,极大地简化了封装映射路径。

另外,传统 OTN 技术在集中交叉处理时,严格按开销先后顺序转发,交叉处理也在一定程度上增大了时延,OSU 在集中交叉处理时,开销转发按序先到先走,无须严格按序等待,大幅降低了交叉处理时延。

(4)极简承载:OSUflex 管道承载业务,相对于 SDH VC12 管道承载,大幅度地简化了业务。

以 ETH 业务为例,在 MS-OTN(SDH)架构下,采用 VC12 承载 ETH 业务,需要进行 4 步操作:

① 配置低阶 $ODUk$ 服务层路径,用于承载 SDH STM-N 业务。

② 再配置 VC4 服务层路径,用于承载 VC12 业务。

③ 再配置 VC12 业务。

④ 绑定 $n \times$ VC12 管道,将 ETH 业务映射到 VC12 管道中。

在 OSU 架构下,采用 OSUflex 承载 ETH 业务,只需要两步:

首先配置 OSUflex 管道。

然后配置 ETH 映射到 OSUflex 管道,即可完成配置。

采用 SDH 承载时,要匹配 ETH 业务带宽,需要绑定多个 VC12 管道;而 OSUflex 的带宽灵活,客户界面仅呈现一条 OSUflex 管道,直接指定业务带宽即可。应用 OSU 技术,实现"一业务一管道"极简承载。

（5）灵活高效,高可靠:OSUflex 采用定长帧,灵活时隙复接将 ODUk 划分成更小的带宽颗粒。在业务带宽分配上,相同 TPN 通过所占用的 PB 数量来确定业务带宽。由于 OSUflex 数据与时钟功能完全分离,所以仅需调整承载周期内的 PB 数量就可以调整带宽,然后在接收端通过预置实现带宽无损调整。

对电力继保/稳控等高可靠业务,OSU 管道采用创新编码技术,实现无损承载、无损保护,可靠性提升 1~2 个数量级。OSU 的价值如图 1-65 所示。

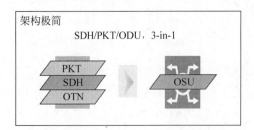
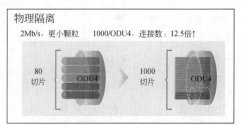
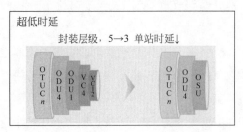
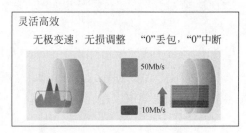

图 1-65　OSU 价值

OSU 技术继承了 SDH 的时隙物理隔离、确定性低时延等技术特点,并融入无损承载、无损保护创新技术,更加适配电力生产业务承载,接替 SDH 成为下一代生产业务承载技术。

第 2 章

铁路传输网

2.1 铁路的发展历程

1825 年 9 月 27 日,世界上第一条行驶蒸汽机车的永久性公用运输设施——英国斯托克顿—达灵顿的铁路正式通车了。在盛况空前的通车典礼上,由机车、煤水车、32 辆货车和 1 辆客车组成的载重量约 90t 的"旅行"号列车,由设计者斯蒂芬森亲自驾驶,上午 9 点从伊库拉因车站出发,下午 3 点 47 分到达斯托克顿,共运行了 31.8km。

斯托克顿—达灵顿铁路的正式开业运营,标志了近代铁路运输业的开端,此后,在长达一百多年的时间里,西方国家掀起了铁路工业的大革命。目前,全世界 148 个国家和地区拥有铁路里程超过 1 200 000km。

铁路作为陆上运输的主力军,在长达一个多世纪的时间里居于统治地位。但是自 20 世纪 40 年代以来,随着汽车、航空和管道运输的迅速发展,铁路不断受到新的冲击,一度被认为是"夕阳产业"。为了适应社会和经济发展的需要,适应货主和旅客对铁路运输安全、准确、快速、方便、舒适的要求,20 世纪 60 年代以后,各国铁路纷纷进行大规模的现代化技术改造,在重载、高速运输和信息技术方面取得了新的突破,为铁路增添了新的活力,在现代化运输方式中占据着重要的地位。

1964 年,日本建成东京—大阪东海道新干线,专门用于行驶动车组列车,最高时速达到 210km/h,标志着世界铁路进入了高速铁路时代。此后,法国巴黎到里昂的高速铁路于 1983 年投入使用,最高时速 270km/h;德国、意大利、西班牙等国家也相继开通了高速铁路,其中法国 TGV 在 2007 年 4 月 3 日创下了 574.8km/h 的轮轨高速动车组最快行驶纪录。目前世界上有多个国家和地区建成了运营高速铁路,在未来的铁路发展中,大城市快速运输系统将同全国铁路网连接并紧密配合,形成统一的客运网。

1840 年鸦片战争前后,铁路的信息和知识开始传入中国。1865 年英国商人想在北京宣武门外修建一条长 500 多米的铁路进行展览,但遭到了当时清政府的拒绝。1876 年上海英商怡和洋行修建了淞沪铁路,成为中国铁路建设的开端,但该铁路在建成之后不久即被清政府赎回并拆除。1881 年河北省唐山开平矿务局为了运输煤炭,修建了唐山到胥各庄的唐胥铁路,这条铁路长度虽然只有 9.7km,但它却成为中国大规模修建铁路的开端。但由于清政府的昏庸愚昧和闭关锁国的政策,早期修建铁路的阻力很大,到 1894 年中日甲午战争时期,中国铁路总长度仅为 500km,而同期的美国轨道长度已达 280 000km。

甲午战争的失利终于激发了中国的铁路兴建热潮,这一时期清政府先后修建了芦汉铁路、关外铁路、苏杭甬铁路、津浦铁路等,这里以京张铁路最为典型。1905 年,清政府决定修建自北京丰台到张家口的京张铁路,线路全长 201.2km,是我国自行筹款、自行勘测、设计、施工的第一条铁路,其中关沟段穿越军都山,线路最大坡度达到 33‰,最小曲线半径 182.5m,隧道 4 座,计长 1644m,修建难度相当高。

清政府任命詹天佑担任京张铁路局会办兼总工程师。在詹天佑的带领下,施工技术人员克服资金不足、设备缺乏、经验欠缺等困难,通过大量的实地走访和反复勘测,成功修建了居庸关隧道,在青龙桥车站设置“人”字形展线让列车在此折返运行,并通过长隧道穿越八达岭。这样既减小了过大的坡度,又减少了八达岭隧道的长度,降低了施工难度,体现了极高的设计和施工水准,成为中国铁路建设史上的丰碑。1909 年,京张铁路全线通车。

1911 年爆发的辛亥革命推翻了清政府的统治。在北洋政府执政时期(1912—1927年),中国共修建了约 3900km 铁路。1928 年南京国民政府执政之后,先后修建了陇海铁路、浙赣铁路、湘桂铁路等干线铁路,共计 4500 多千米;并在工程条件十分艰巨的情况下,由凌鸿勋主持修建了粤汉铁路株洲至韶关段,成为继京张铁路之后中国铁路建设史上又一座丰碑。但在一系列战争的影响下,铁路的扩张速度减缓,到中华人民共和国成立前,中国可使用轨道总长仍停留在 22 500km。

1949 年后,中国铁路建设有了长足的发展。在政府的统一规划下,铁路建设投资力度加大,现有线路得到修缮,新建线路延伸至地形复杂的山区地带。1949—1981 年共修建了 38 条铁路干线和 67 条铁路支线。以成渝铁路、宝成铁路、成昆铁路、兰新铁路、南疆铁路、青藏铁路(西宁—格尔木段)、阳安铁路为代表的一系列干线铁路,使中国内地除拉萨外的所有省会城市均有铁路同北京相连。

在这些铁路中,以成昆铁路的修筑过程最为典型。成昆铁路连接四川成都和云南昆明,全长 1090.9km,纵向贯穿被高山峡谷大江大河封闭着的四川西南部和滇北地区,穿越地质大断裂带,设计难度之大和工程之艰巨,前所未有。沿线山势陡峭,奇峰耸立,深涧密布,沟壑纵横,地形和地质情况极为复杂,素有"地质博物馆"之称,形成了许多波澜壮阔、陡峭险峻的峡谷,这些峡谷动辄数千米深,泥石流等地质灾害密布,自然环境凶险,曾被视为筑路禁区。

以对成昆铁路威胁最大的泥石流为例,成昆铁路全线的泥石流沟数量就占到全国铁路泥石流沟总数的 1/5,1985 年原西昌铁路分局曾利用航测遥感技术,探明到成昆铁路在该分局管内的泥石流沟多达 219 条,平均每 3km 就有一处。此外,西昌分局管内沿线还有滑坡多达 91 处,落石危岩区段 153 处,河岸冲刷 87 处。在成昆铁路上,平均每 1.4km 就有一处各式各样的地质灾害隐患,它所面临的地质灾害可以说是"十面埋伏,一触即发,不发则已,一发惊人,处处设防,防不胜防"。

成昆铁路沿线不仅地形复杂,地势险峻,还存在着山坡崩坍、落石、滑坡、泥石流等各种不良物理地质现象,全线有 500 多千米位于烈度 7~9 度的地震区。成昆铁路全线共 4 次越岭,为克服高差设立了 7 处展线,修筑了 427 座隧道(平均每 2.5km 一座隧道),991 座桥梁,桥隧长度占全线总长的超过 40%,122 个车站中有 1/3 的站内设有桥隧。成昆铁路 13 次跨越牛日河,8 次跨越安宁河,49 次跨越龙川江,开创了 18 项中国铁路之最,13 项世界铁路之最;全线修筑过程中共动用了 35 万筑路大军,牺牲 2100余人。1985 年,成昆铁路荣获"国家科学技术进步特等奖"。

1970 年 7 月 1 日成昆铁路完工通车,为人类在复杂山区建设高标准铁路创造了成功范例,堪称世界筑路史上的奇迹。1974 年中国政府赠送给联合国的第一件礼物即是象牙雕塑《成昆铁路》,如图 2-1 所示。这件礼物使世界各国了解到新中国的伟大建设成就,感受到中国人民战天斗地的英雄气概。1984 年 12 月 8 日,联合国宣布将中国

图 2-1 中国赠送给联合国的象牙雕塑《成昆铁路》

成昆铁路、阿波罗宇宙飞船登月、第一颗人造地球卫星上天,并称象征 20 世纪人类征服自然的三大奇迹。

改革开放后,中国的铁路建设迎来了快速发展的新时期,先后修建了大秦、京九、侯月、宝中、青藏(格尔木—拉萨段)、太中银、瓦日、浩吉等干线铁路,并对兰新、京广、

京沪、沪昆等一大批铁路实施了复线改造或电气化改造。以大秦、朔黄为代表的重载铁路相继投产,标志着我国重载铁路逐步迈向世界先进水平,其中全长 653km 的大秦铁路被称为"中国重载第一路",自 1988 年开通运营以来,年运量已由原设计的 1 亿吨提高至 4.5 亿吨,30 年累计完成运量超过 60 亿吨,创造并保持着世界单条铁路重载列车密度最高、运输能力最大、增运幅度最快、运输效率最高等多项纪录。

改革开放后,中国的经济快速发展使人口流动日趋频繁,令铁路的运输压力日益增加。到 20 世纪 90 年代中期,中国的铁路运输,特别是客运运输已经严重超负荷运行,"乘车难"是当时突出的社会问题。1997 年以后,原铁道部先后组织了 6 次大提速,将京广、京沪、京哈、陇海、沪昆、襄渝等主要干线铁路的旅客列车技术速度从 80km/h 提升到 120~160km/h。1998 年 6 月 24 日,由 SS8 0001 机车牵引的试验列车在京广铁路许昌至小商桥区段的试验中达到 240km/h 的速度纪录,创下了当时的"中国铁路第一速"。

在既有铁路提速的同时,国内也加快了铁路新线的建设。2003 年 10 月 11 日,中国第一条铁路客运专线——秦沈客运专线竣工运营,该铁路南起秦皇岛站,北至沈阳北站,线路全长 404km,共设 13 座车站,设计速度 250km/h,列车最高运营速度 210km/h,成为中国客运专线建设的开端。同时,原铁道部组织各厂家先后研发了蓝箭号、先锋号、中原之星、中华之星等多款动车组,其中"先锋号"动车组和"中华之星"动车组设计速度分别为 250km/h 和 270km/h,"先锋号"在秦沈客运专线创造了 292km/h 的试验速度纪录,"中华之星"于 2002 年 11 月 27 日在秦沈客运专线创下了 321.5km/h 的最高试验速度纪录。

2004 年 1 月,国务院通过了《中长期铁路网规划》,并在 2008 年调整后确定了"四横四纵"的客运通道建设规划,之后又在"十三五"规划中升级为"八横八纵"中长期路网规划。原铁道部也从 2004 年开始,先后引进了德国、法国、日本等发达国家的高速铁路建造技术,结合自身积累的经验开启了大规模高速铁路建设。2008 年,中国拥有了第一条时速超过 300km/h 的高速铁路——京津城际铁路,此后相继修建了武广高铁、京沪高铁、沪昆高铁等时速 300km/h 以上的高速铁路。截至 2020 年,中国铁路运营里程超过 14 万千米,仅次于美国,居世界第二位;高铁运营里程超过 36 000km,占全球高铁运营里程的 66% 以上。按照 2020 年 8 月发布的《新时代交通强国铁路先行规划纲要》的规划,预计到 2035 年,中国铁路总里程将超过 200 000km,高速铁路将覆盖人口数量超过 50 万的城市。

与此同时,原铁道部也从西门子、阿尔斯通、庞巴迪、川崎等厂家引进了高速动车组成套技术,并制造出了 CRH"和谐号"系列动车组。例如,从加拿大庞巴迪引进

Regina C2008 型动车组,并在其基础上发展出 CRH1 系列动车组,还从庞巴迪引进了 ZEFIRO 型动车组,在其基础上发展出 CRH380D 型动车组;从日本川崎引进 E2-1000 型动车组,并在其基础上发展出 CRH2 系列及 CRH380A 系列动车组;从德国西门子引进 ICE-3 型动车组,并在其基础上发展出 CRH3 系列及 CRH380B/C 系列动车组;从法国阿尔斯通引进 Pendolino 型动车组,并在其基础上发展出 CRH5 系列动车组。其中 CRH380A 于 2010 年 12 月 3 日在京沪高铁枣庄至蚌埠间先导段创造了 486.1km/h 的试验速度纪录。"和谐号"动车组在武广高铁、京沪高铁开通初期按照 350km/h 的速度运营,后来在运行成本、车辆检修以及行车安全等多方面考虑下降速到 310km/h 运营。

2012 年后,中国铁路在引进"和谐号"系列动车组的基础上,通过借鉴国外的标准和设计理念并结合中国铁路实际情况,对各类设备配置进行了标准化定义,研制了中国标准动车组,即"复兴号"CR 系列动车组。2016 年 7 月 15 日,"复兴号"动车组在郑徐高铁创造了时速 420km/h 交会和重联运行的世界纪录。从 2017 年 9 月开始,"复兴号"动车组先后在京沪高铁、京津城际、京张高铁、成渝城际高铁实现了 350km/h 商业运营,未来将有更多的高铁实现 350km/h 商业运营。

当前,基于"复兴号"动车组技术平台研发的时速 350km/h 动力分散动车组、时速 250km/h 动力分散动车组以及时速 160km/h 动力集中动车组已陆续投入运营,中国铁路已初步形成涵盖不同速度等级、适应不同运营环境的"复兴号"系列产品体系,包括 CR400AF/BF 系列动车组(运营速度 350km/h)、CR300AF/BF 系列动车组(运营速度 250km/h)、CR200J 动力集中动车组(运营速度 160km/h)等,此外还为京张高铁研发了智能动车组。2021 年 1 月,国铁集团宣布组织实施复兴号"CR450 科技创新工程",用于未来沪渝蓉高铁重庆至成都段(即成渝中线高铁)400km/h 高铁技术验证及运营。此次组织实施研发的 CR450 系列动车组,将推进关键技术指标和顶层指标体系编制,开展系统集成、轮轴驱动、制动控制、减振降噪等核心技术攻关,成为全球高铁技术的集大成者。

2019 年 7 月 8 日,世界银行发布《中国的高速铁路发展》报告,用大量翔实的数据向世界展示中国高铁:营业里程超过世界其他国家高铁营业里程总和,相比全球各国,中国高铁票价最低;建设成本约为其他国家建设成本的 2/3。中国用不到 20 年的时间建成了世界最大的高铁网,对国民经济的发展起到了重要的作用。截至 2020 年年底,全国铁路配备"复兴号"动车组 1036 组,已累计安全运行 8.36 亿千米,运送旅客 8.27 亿人次。

在货物运输方面,集中化、单元化和大宗货物运输重载化是各国铁路发展的共同趋势。重载铁路是货运专线铁路,专门运输大型货物,按照国际重载协会 2005 年修订标准的定义,重载铁路为满足牵引质量 8000t 及以上、轴重为 27t 及以上,在至少 150km 线路区段上年运量大于 4000×10^4 t 3 项条件中两项的铁路,具有轴重大、牵引质量大、运量大的特点,2001 年 6 月 21 日,澳大利亚西部的 BHP 铁矿集团公司在纽曼山—海德兰重载铁路上创造了重载列车牵引总重 99 734t 的世界纪录。

重载铁路列车主要有 3 种模式。

(1) 重载单元列车:列车固定编组,车辆类型相同,货物品种单一,运量大而集中,在装卸地之间循环往返运行,主要用于煤炭、矿石等大宗原材料货物运输,对提高运能,减少燃油消耗,节省运营车、会让站、乘务人员等都有显著效果,经济效益明显,如美国铁路货运量有 60% 是由单元式重载列车完成的。这种列车以北美铁路为代表,我国在国家能源集团所属铁路采用这种重载列车。

(2) 重载组合列车:两列或两列以上列车连挂合并,使列车的运行时间间隔压缩为零。这种列车以中国大秦铁路为代表,我国大秦线开行的 $2 \times 10\,000$t 列车为这种重载列车。大秦铁路 2 万吨编组重载列车前部由一台 HX_D1 或 HX_D2 机车牵引,其与中部 HX_D1 从控机车之间,以及从控机车后部各编挂 105 辆轴重 25t 的 C_{80} 系列货车。

(3) 重载混编列车:单机或多机重联牵引,由不同型式的载重货车混合编组而成。我国京沪、京广、京哈等大干线开行的 5000t 货物列车为这种重载列车。

面向未来,中国政府已于 2020 年 9 月决定全线开工建设川藏铁路,这是继青藏铁路之后的第二条"天路",也将是世界铁路建设史上难度最大、风险最高、最具挑战性的工程,川藏铁路沿线地形地势如图 2-2 所示。川藏铁路从成都出发,经雅安、甘孜、昌都、林芝,最后到达拉萨。其中难度最高的雅安—林芝段新建正线 1011km,共设 26 座车站,设计等级为双线 I 级干线,设计速度为 120~200km/h,最小曲线半径为一般地段 3500 米(困难地段 2800 米),最大坡度为 30‰。

川藏铁路雅林段项目估算总投资约 3198 亿元,桥隧比达 90% 以上,从海拔 500m 的二级台阶跃升到 4000 多米的一级台阶,曾被中外专家称为修建铁路的"禁区"。和青藏高原"缓坡式"上升不同,川藏铁路是"台阶式"的,总体地势表现为北高南低、西高东低、七下八上,犹如过山车。从成都到拉萨线路需"穿七江过八山",即依次经过大渡河、雅砻江、金沙江、澜沧江、怒江、易贡藏布江、雅鲁藏布江 7 条大江河,穿越二郎山、折多山、高尔寺山、沙鲁里山、芒康山、他念他翁山、伯舒拉岭、色季拉山 8 座高山,累计爬升高度达到 1.4 万米,地貌条件非常复杂,对于线路、车辆、信号、通信的设计都提出了非常高的要求。此外,川藏铁路横穿青藏高原东部地形急变带,板块碰撞和构造活动强烈,地震活跃,这些复杂的地质地貌条件使得铁路工程规划建设面临巨大挑战。

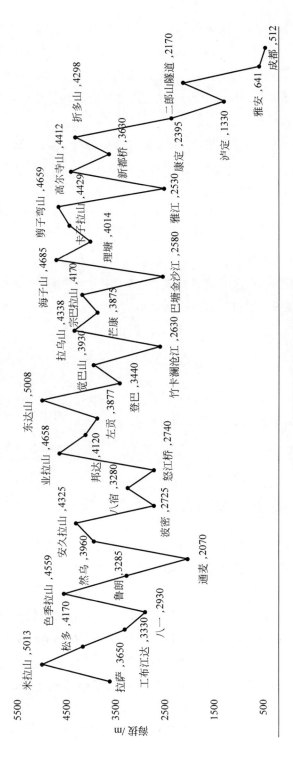

图 2-2　川藏铁路沿线地形地势图

从气候及地质灾害角度看,川藏铁路沿线气候变化剧烈,水系分布复杂,内外动力地质作用强烈,地震板块活动仍在继续,地震活动高发,不良地质和特殊岩土发育,工程地质条件极其复杂,自然灾害频发,昼夜最大温差可达 35℃。川藏铁路沿线有超过 1000 个地质灾害点,要在崇山峻岭中为川藏铁路选出危险性最小、建设和运营安全度最高的铁路线路难度超乎想象。

川藏铁路雅林段共设 72 座隧道,其中有多座长度超过 30km 的特长隧道,最长的为 42 510m 的易贡隧道,另外还有色季拉山隧道(38 310m)、多木格隧道(36 079m)、折多山隧道(32 766m)等多座超长隧道,建设工期预计超过 10 年。经过科学调研与评估,目前川藏铁路线路布局已经规避了 98% 的滑坡灾害区和 97% 的泥石流灾害区,最大限度地规避了地表的地质灾害,为铁路今后的安全运行打下了基础。

未来,中国将以川藏铁路建设为重点,深化现代超级工程建造技术创新,加快攻克艰险复杂、极端条件下的铁路勘察设计难关、工程建造、生态保护、运营维护等重大关键技术难题,在基于我国现有建设运营成熟可靠的重大技术装备基础上,聚焦国产化、自主化,开展创新提升工程,全面提升现代化工程建造运营水平,保持中国铁路建造技术世界领跑优势。

2.2 铁路传输网介绍

2.2.1 铁路传输网发展历程

有线通信是一种利用金属导线、光纤等有形介质传送信息的通信方式。铁路有线通信伴随着通信技术的发展,走过了架空明线和电缆时代,20 世纪 80 年代正式跨入光缆数字通信时代。

作为铁路运输的重要基础设施,有线通信发挥着越来越关键的作用。而传输网作为最典型的有线通信网络和通信系统的基础骨干网络,在铁路通信中起到了连接各业务系统,实现各业务部门信息无阻塞传递的重要作用。传输网的好坏直接决定了铁路干线信息是否通畅,在铁路的运输和运营中起到了举足轻重的作用,如何确保传输网能够适应铁路的需求,成为铁路通信界备受关注的问题。

自电报、电话诞生之日起,通信就和铁路的行车运营结下了不解之缘。从 1839 年英国在大西方铁路上首次使用车站间的电报通信算起,铁路专用通信已经走过了 180 多年的历史。

1876 年,中国大地上出现了第一条铁路——吴淞铁路,从那时开始,铁路通信就一直伴随着中国铁路的发展。早期铁路运行速度慢,铁路通信线路十分简陋,主要提供行车闭塞电报业务和行车指挥联络服务。1896 年,京奉铁路开始在电报线上开通风拿波式电话;1899 年,开始采用磁石电话作为各车站的电话;1903 年,开始在铁路上装设磁石式人工电话交换机。20 世纪初,一些铁路增设了行车管理和调度用的铜电话线,逐步从以电报通信为主转为电话、电报并用,并以音频电话通信为主。

在 20 世纪前半叶,铁路通信方式和通信设备都比较简单,主要有:用于办理站间行车路签、路牌的闭塞电话;用于列车调度的脉冲选号式电话;用于站间联络、养路、扳道房的磁石式共线电话。长途传输信道采用架空明线开通三路载波电话,传输介质以架空明线为主。架空明线是通信线路的一种,由电线杆支持架于地面上的裸导线电信线路,通常用于电话、电报、传真和数据传送等电信业务。

中华人民共和国成立后,铁道部迅速建成了全国统一的铁路通信系统,实现了铁道部、铁路局、铁路分局、站段之间的相互通话通报。1949 年末,铁道部、铁路局开始使用会议电话;20 世纪 50 年代中期,各铁路局装设了明线电子管 12 路载波机。

对称电缆是由两根线质、线径及对地绝缘电阻相同,而又相互绝缘的导线组成的一对传输回路,由多对这样的导线绞合而成的通信电缆称为对称电缆。对称电缆的芯线比明线细,直径为 0.4～1.4mm,损耗比明线大,但是性能更加稳定,抗干扰能力强。20 世纪 50 年代后期,铁道部为解决宝成铁路宝鸡—凤州段山区交流电气化铁路接触网对邻近铁道的通信线路产生严重干扰的问题,于 1960 年建成了我国第一条自己设计施工的,由邮电、铁道、军委三家共用的,高屏蔽、高低频混合对称长度电缆线路,开通 12 路载波电话,为铁路通信建设由架空明线转向电缆迈出了关键性的一步,是我国铁路通信建设史上的第一个里程碑。

20 世纪 60 年代中期,中央决定加快西南三线及成昆铁路的建设。成昆铁路地处崇山峻岭,运量大、线路长,并要预留电气化条件。西南铁路工地指挥部决定,铁路通信采用当时国际上较为先进的小同轴电缆 300 路载波系统,纵横制长途及地区交换系统等新技术,并成立了 5 个通信新技术战斗组,从设备和电缆的研制生产,到设计、施工技术进行了系统攻关。于 20 世纪 60 年代末研制成功了小同轴综合电缆,300 路、12 路、3 路晶体管电缆载波系统,纵横制长途、地区交换机等一系列产品,并开发出一整套设计施工技术,在成昆铁路成都—燕岗段进行了使用。20 世纪 70 年代初,部分铁路开始采用音频调度电话,并采用小同轴电缆开通300路载波通信。

20世纪70年代末,全路均安装了长途电话自动拨号装置,实现了铁道部对铁路局,以及铁路局对铁路分局的长途自动拨号;20世纪80年代初,全路开始使用200~3000门铁路专用纵横制电话交换机。出于行车安全的考虑,全路从20世纪80年代开始逐步装备了无线列车调度电话,采用450MHz模拟调频制式,完成大三角(行车调度员—车站值班员—司机)和小三角(车站值班员—司机—运转车长)双工无线通信。

长途电缆载波是利用频率分割方法,在一条电缆线路上同时传输多路电话信号,例如,1970年成昆铁路采用载波电缆实现2Mb/s PDH传输。为了增加传输距离,长途电缆载波会设置增音机,和载波电话终端机配合使用,当通信距离较近时,也可用两部终端机实现直接通信。载波电话终端机是载波电话通信的主要设备,通常由音频终端、变频、载频供给和电源等设备组成,有的终端机还包括遥测、遥信、远供和业务通信等装置。其主要工作原理是:在发送端,各用户的音频电话信号(通常为300~3400Hz)经一次或多次变频后,被搬移到线路传输频谱的各个不同位置,经过放大、滤波,再通过线路和增音设备传输到接收端;在接收端,由各相应的滤波器选出所需要的信号,经过一次或多次反变频,把这些不同频率的信号转换回原来的话音频带,放大后,送至各相应用户。在铁路上,载波电缆通常有960路、300路、12路等多种规格。

在传输线路相同的情况下,通路越多,频率越高,则增音段越短。如架空明线3路载波电话系统的每个增音段长度为260km,12路的每个增音段长度为120km;小同轴电缆300路系统每个无人增音段的长度为8.1km;1800路的无人增音段的长度为6.2km;3600路的无人增音段的长度为2km。

用于载波电话通信的线缆有架空明线、对称电缆和同轴电缆等。在有线长途通信中,用一对导线传输两个方向不同的频带称为二线制;在两对导线上传输两个方向相同的频带称为四线制。架空明线、海底电缆载波电话系统多采用二线制,长途电缆载波电话系统多采用四线制。架空明线载波电话终端机的容量一般为3路和12路;对称电缆载波电话终端机的容量为12路、24路、60路和120路;同轴电缆载波电话终端机的容量为300路、960路、1800路、2700路、3600路、7200路、10 800路和13 200路。

采用电缆进行传输通信有诸多不便:电缆的电气损耗大,传输距离短,传输话路较少;电缆主要成分是铜,成本高,重量大,易被盗割;电缆需要采用专门的充气设备维持电缆内部的气压(即充气电缆),以减少外部水分侵入腐蚀的风险(所以铁路的通信机房通常叫作"通信机械室",就是因为早期的通信机房必须要有充气机械设备,故此得名)。

光纤光缆的出现为这些问题提出了非常好的解决方案。光通信是以光波为载波的通信方式,也就是运用光的全反射原理,把光的全反射限制在光纤内部,用光信号取代传统通信方式中的电信号,从而实现信息的传递。1983 年,铁道部试验开通了 12km 光纤通信;1988 年,大秦铁路开通全路首条 34Mb/s/8Mb/s PDH 光传输网,这是中国铁路第一条长途干线光缆通信系统,也是当时国内最长的一条长途光缆线路,具有示范意义。

在此之后,铁路逐渐采用 SDH 技术作为铁路光通信的首选。1993 年,京九铁路首次采用 622Mb/s SDH 承载通信业务,形成了长达 2500km 的光通信大通道;1996 年,合九铁路、兰新铁路、陇海铁路(郑徐段)相继开通 SDH 系统;2000 年,基本形成了覆盖全路的铁路骨干数字通信网。迄今为止,中国铁路沿线光传输网已经历了 PDH、SDH/MSTP、WDM/OTN 3 个阶段(20 世纪 90 年代,部分铁路局也曾装备过微波传输系统,如 1994 年广深准高速铁路就设立了 34Mb/s 数字微波系统,用于和沿线 140Mb/s PDH 传输系统形成备份,但由于微波没有成为铁路传输网的主流制式,故不在此进行详细介绍)。

在高速铁路中,光传输网更是采用多层次组网和多方位保护来确保业务的可靠性。2009 年开通的武广高铁采用 10Gb/s＋622Mb/s MSTP 构建线路传输网;2011 年开通的京沪高铁在武广高铁的基础上,增加了 2.5Gb/s 汇聚层,形成了 10Gb/s＋2.5Gb/s＋622Mb/s MSTP 线路传输网,基本奠定了当前高速铁路传输网的基本组网模式。

随着中国铁路的发展,各路局之间列车开行量越来越大,铁道部到各路局,以及各路局之间的通信量愈发增加,为此铁道部启动了铁路国家干线网的建设。2001—2006 年,铁道部先后建成了京沪穗环、东南环、东北环、西北环和西南环,均采用传统 DWDM 建设。其中京沪穗环覆盖 7 个铁路局,光层采用 40×10Gb/s DWDM 系统,电层采用 6 个 SDH 10Gb/s 环;东南环覆盖 3 个铁路局,光层采用 40×10Gb/s DWDM 系统,电层采用 1 个 10Gb/s SDH 环;东北环覆盖 3 个铁路局,光层采用 16×2.5Gb/s DWDM 系统,电层采用 16 个 2.5Gb/s SDH 环(链);西南环覆盖 7 个铁路局,光层采用 32×2.5Gb/s DWDM 系统,电层采用 17 个 2.5Gb/s SDH 环;西北环覆盖 8 个铁路局,分两期建设:一期光层采用 32×2.5Gb/s＋16×2.5Gb/s DWDM 系统,电层采用 16 个 2.5Gb/s SDH 环(链),二期光层采用 40×2.5Gb/s DWDM 系统,电层采用 4 个 2.5Gb/s SDH 环(链)。

铁道部于 2013 年改组为中国铁路总公司,并于 2019 年更名为中国国家铁路集团有限公司(以下简称国铁集团)。2014 年,原中国铁路总公司启动了国干网的大修改造,将原 DWDM 系统升级为 OTN 系统,光层统一采用 40 波 DWDM,电层采用 10Gb/s 或 100Gb/s OTN 构建,并将五大国干环重新命名为 1~6 号环,即京沪穗环命名为 1 号环,东南环命名为 4 号环,西北环拆分为 2 号环和 6 号环,西南环命名为 3 号环,东北环命名为 5 号环,至此,覆盖全国铁路的国干环基本建成。

与此同时,随着中国铁路"八纵八横"的规划逐步实施,各铁路局路网逐渐加密,铁路数据业务逐渐增多,各路局也陆续启动了局干 OTN 环的建设。截至 2020 年年底,全路除个别路局外均已建成局干 OTN 传输网。

2.2.2　铁路传输网现网组网架构

当前中国铁路传输网按照国家干网、路局干网及铁路干线网三层组网架构来构建,如图 2-3 所示。国干网连接国铁集团与各铁路局(铁路公司),用于国家铁路网的调度,并连接国铁集团数据中心,实现路局到数据中心互联,未来还可作为各数据中心的互联通道。局干网连接铁路局调度所和辖区内主要车站(通信站),用于各枢纽节点业务汇聚与业务调度。铁路干线网用于铁路线上各车站和区间基站、信号中继站、变电所的互联,用于铁路沿线各类业务的接入,并将业务汇聚到路局调度所。

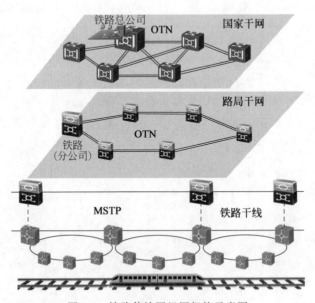

图 2-3　铁路传输网组网架构示意图

1．国家干网

当前中国铁路国家干网和路局干网均采用 OTN 构建，其中国干 OTN 传输网主要用于国铁集团到各路局的调度命令传递、各路局交界口的调度信息传递、跨局 TMIS 数据传递、12306 电子客票数据传递等。同时，各类专业检测数据，如 6A（机务）、6C（供电）、8M（工务）等，经各路局本地分析后，如果要上传到国铁集团数据中心也需要通过国干 OTN 来传输。除此之外，部分地区的国干 OTN 也兼作路局局干 OTN 的迂回路径，对路局业务起到迂回保护的作用。国干 OTN 一般会沿国家铁路干线铺设，主要连接各个路局的枢纽节点，在主要区段站设 OADM 节点，并选取条件较好的车站设 OLA 节点。图 2-4 以某国干环为例，展示了国干环的组网拓扑。

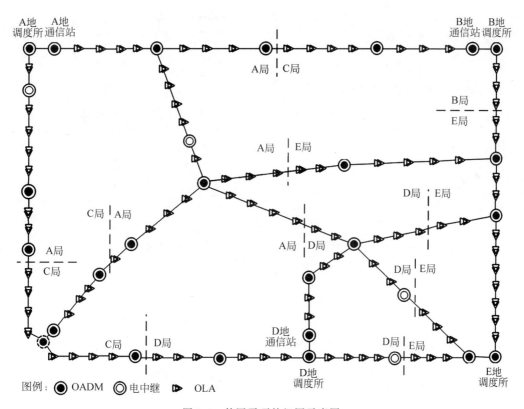

图 2-4　某国干环的组网示意图

当前国干 OTN 光层均采用 40 波 DWDM 系统，电层采用 10Gb/s /100Gb/s OTN 混传或 100Gb/s OTN 纯相干传输，可实现业务的远距离可靠传输。

2. 路局干网

各路局局干 OTN 也采用类似的组网方式,通常光层采用 40 波 DWDM 系统,电层采用 10Gb/s OTN,或者 10Gb/s 与 100Gb/s OTN 混传,覆盖路局各主要线路和主要车站。主要用于路局内 SDH 业务与数据业务的汇聚与传递,实现各线路到路局调度所的业务汇聚。图 2-5 为某铁路局局干环的组网示意图。

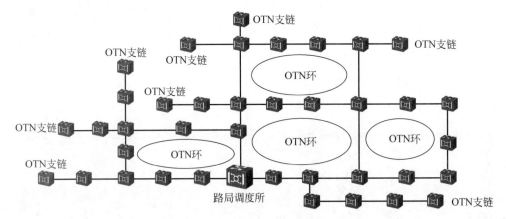

图 2-5　铁路局局干环组网示意图

3. 铁路干线

当前铁路干线传输网基本采用 MSTP 技术。高速铁路速度超过 200km/h,对通信网的可靠性和安全性要求更高。在实际应用中,光传输网承载了 CTC、调度电话、GSM-R、CTCS-3 无线列控、防灾监控信息等业务。目前我国的高速铁路光传输网都采用了基于 SDH 的 MSTP 制式,它采用成熟可靠的时分复用(Time Division Multiplexing,TDM)传输与物理隔离技术,能够保证重要业务的传输质量,确保调度、列控等业务的低时延、低抖动传输;并能做到各子系统的物理隔离,确保各类业务互不干扰。

高速铁路干线传输网采用汇聚层+接入层两层方案,接入层和汇聚层在每个车站相连(部分小站隔站相连)。该方案已经在全国各条高速铁路普遍采用,如图 2-6 所示。

(1)汇聚层:主要职责是完成各主要车站节点间的各类业务连接和调度,同时作为整个网络与既有系统的互联层。汇聚层为链形网络,采用 MSP 1+1 保护方式,设

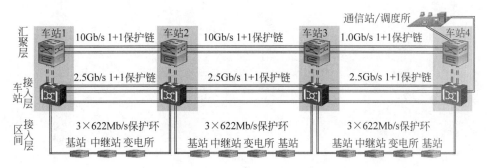

图 2-6　高速铁路 MSTP 组网示意图

置 STM-64 设备,每个车站设一个节点,利用 4 芯光纤构成 STM-64 1＋1 传输系统。当前在高铁上已经基本实现每个车站均设置汇聚层传输设备。

（2）接入层:接入层分为车站接入层和区间接入层。主要职责是完成对接入节点业务的接入、汇聚和转换,将来自区间接入层的业务汇聚到汇聚层。

① 车站接入层:节点设置 STM-16 设备,同样采用 MSP 1＋1 保护方式,每个车站设一个节点,利用 4 芯光纤构成 STM-16 1＋1 传输系统。汇聚层与车站接入层间通过在车站的 2 个 STM-4/STM-16 光接口互联。本地(车站)和区间及站场内接入层通常也采用 STM-4 ADM 设备组建 MSTP 传输网络,完成各基站等站点的业务接入。

② 区间接入层:主要部署在沿线各区间基站、信号中继站、线路所、牵引变电所、AT 所、分区所、开闭所、电力配电所、综合维修工区、综合维修车间等信息接入点,设置 STM-4 ADM 设备。接入层传输系统提供 2Mb/s 通道、10Mb/s 或 100Mb/s 宽带数据的接入,同时兼顾区间应急通信接入条件,并按节点类型不同组成不同的保护环,实现对接入业务的保护。

根据高速铁路速度等级和信号模式的不同,GSM-R 的组网方式也会有所区别。通常设计时速大于 250km/h 的高铁,信号采用 CTCS-3 模式,此时 GSM-R 需要承载语音、无线列控和调度数据,因此 GSM-R 需要按照交织冗余覆盖的模式建设,相邻基站间隔 3km 左右,满足无线场强交织覆盖条件。采用交织冗余覆盖方案,排序为奇数（1,3,5,…）或偶数（2,4,6,…）的基站达到的覆盖都能够满足系统规定的 QoS 指标,如图 2-7 所示。这种覆盖结构在单点(单个基站或单个直放站远端机)故障的情况下仍然能够满足系统规定的 QoS 指标。此时在一个基站或传输网络整体故障的情况下,两边相邻基站的无线信号仍然能够无缝覆盖该基站应覆盖的区域,因此这种组网方式需要将相邻基站设置在不同的传输环上。

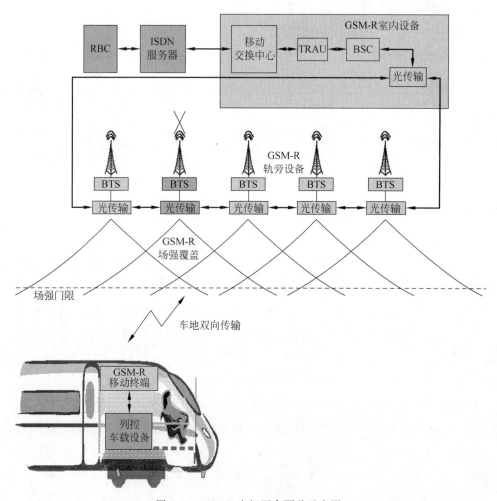

图 2-7　GSM-R 交织冗余覆盖示意图

区间接入层会在两个车站之间利用铁路两侧的 6 芯光纤组成 3 个二纤复用段保护环(信号电牵环、奇数基站环、偶数基站环),将相邻基站分别承载在奇数基站环和偶数基站环上,实现各接入层站点的业务保护。图 2-8 是设计时速为 350km/h 的高速铁路的典型组网。

对于设计时速在 200～250km/h 的高铁,信号采用 CTCS-2 模式,此时 GSM-R 需要承载语音和调度数据,列控信号通过轨道电路和应答器进行传递,因此 GSM-R 只需要按照单织组网的模式建设,相邻基站间隔 5km 左右。此时如果区间内出现一个基站或传输网络整体故障,那么列车经过该区域时将没有无线网络覆盖,但是并不会影

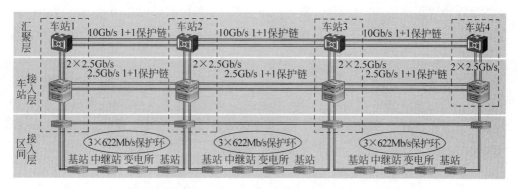

图 2-8　某时速 350km/h 高速铁路 MSTP 组网示意图

响行车,因此相邻基站可以设置在同一个传输环上。在这种模式下,区间接入层会在两个车站之间利用铁路两侧的 4 芯光纤组成 2 个二纤复用段保护环(信号电牵环、基站环),此时可以将所有基站放在同一个环上,也可以将相邻基站分别承载在奇数基站环和偶数基站环上,并将中继站和变电所分布在两个基站环上,实现各接入层站点的业务保护。图 2-9 是设计时速为 250km/h 的高速铁路的典型组网。

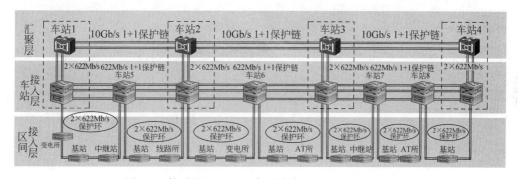

图 2-9　某时速 250km/h 高速铁路 MSTP 组网示意图

　　MSTP 传输网主要使用 SDH 的 VC(虚容器)进行业务封装,FAS、GSM-R 等业务采用 VC-12 封装 E1 颗粒的业务,CTC、SCADA 等业务采用 VC-12 封装以太网业务,视频监控、办公等业务采用 VC-4 或级联 VC-4 封装以太网业务。

　　对于 FAS、GSM-R、CTC 等关键业务,除了通过传输方式实现保护之外,还采用了业务自身成环的组网方式,组网时 E1 通道从始端站至末端站按上下行逐站串接,末端站又从另一层传输网中的 E1 返回至主系统,从而构成一个 E1 数字环。逐站串接的 E1 为主用,末端站迂回的 E1 为备用。当区段通信线路在某一点中断,从断点至末端站可由迂回的 E1 接通主系统,所以称之为业务自身成环。

尽管传输网络具有自愈功能,但是从重要业务的可靠性考虑,业务自身成环为安全可靠运行提供了更多的保护,即使传输通道自愈保护失效,备用成环业务仍能实现业务的保护,仍能保证 GSM-R 的正常使用。

对于普速铁路,由于设计时速在 160km/h 以下,且站间距比较近,很多线路仍然采用 450MHz 模拟列车调度,因此区间基站较少。因此普速铁路一般也会采用汇聚层+接入层的组网模式,在沿途每隔 4~6 个车站部署 STM-64 ADM 设备,组建 1+1 线性复用段,其余小车站部署 STM-16 ADM 设备,每 4~6 个车站组建环形二纤复用段,区间一般不部署传输设备。图 2-10 是普速铁路 MSTP 典型组网图。

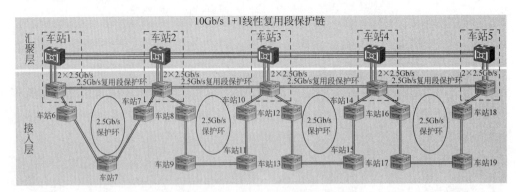

图 2-10　某普速铁路 MSTP 组网示意图

对于已经覆盖了局干 OTN 的普速铁路,汇聚层可以通过大车站间用 MSTP 互联,并利用 OTN 波道组成 10Gb/s 二纤复用段保护环。图 2-11 是普速铁路 MSTP+OTN 典型组网图,可以看出,汇聚层采用 MSTP 和 OTN 波道组二纤环形复用段,实现了汇聚层 STM-64 业务保护。

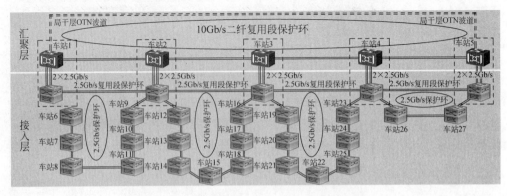

图 2-11　某普速铁路 MSTP+OTN 组网示意图 1

此外,还有部分普速铁路直接采用 OTN 波道实现汇聚层 STM-64 1+1 保护。此时汇聚层各节点不会通过光纤直连,而是通过局干 OTN 实现互联。图 2-12 是普速铁路 MSTP+OTN 典型组网图。

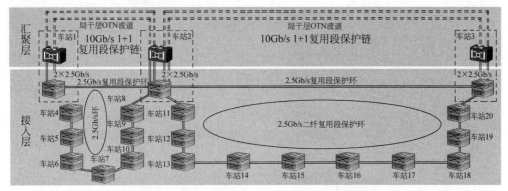

图 2-12　某普速铁路 MSTP+OTN 组网示意图 2

2.2.3　铁路传输网承载业务分析

基于铁路传输网的现状,本章对铁路传输网承载的主要通信业务进行简要分析。

1. 铁路业务的类型与特点

早期的铁路通信业务主要是铁路专用电话和电报业务,用于行车调度及大三角、小三角通信。后来逐渐增加了运输、办公、客货运等信息数据业务。表 2-1 列举了当前铁路主要通信业务的描述、接口类型、指标要求和组网方式。

表 2-1　当前铁路主要通信业务的类型与特点

业务类型	简要描述	重要程度	接口类型	指标要求	组网方式
GSM-R	承载车地语音、列车控制(CTCS-3)、列车调度命令等业务	极高	E1	误码率<10^{-6} 时延<500ms	每 4～7 个 BTS 设备至 BSC 设备组建一个基站环,占用 2×2Mb/s;每个 BSC 至核心网机房的 TRAU 设备互联通道根据连接 BTS 设备数量确定,一般按 20×2Mb/s 考虑
FAS	通过语音呼唤应答,用于调度所和车站通信的固定电话系统,同样也用于运营和维护的通信	高	E1 或以太网(绑定 VC-12)	误码率<10^{-6} 时延<150ms	一般按 5～7 个车站至调度所组建一个调度环 2×2Mb/s;相邻铁路局调度所间设备互联 2×2Mb/s

业务类型	简要描述	重要程度	接口类型	指标要求	组网方式
CTC	分散自律式调度集中系统，调度所主机通过传输网与车站自律分机相连	高	E1 或以太网（绑定 VC-12）	误码率<10^{-6} 时延<150ms	车站至 CTC 中心 2×2Mb/s 环（一般每隔 5～7 个车站），并增加部分中间节点至 CTC 中心 2×2Mb/s
信号集中监测	监测信号设备状态，发现信号设备隐患，分析信号设备故障原因，辅助故障处理，指导现场维修，反映设备运用质量	高	E1 或以太网	无	车站和中继站及线路所至电务段 1×2Mb/s 环（一般每隔 6～10 个车站），并增加部分中间节点至电务段 1×2Mb/s
RBC	信号 RBC 设备至 GSM-R 核心网交换机	高	E1	误码率<10^{-6} 时延<150ms	每个 RBC 设备需要 4×2Mb/s
应急通信	平时为铁路抢险救灾、应对突发事件提供通信保障，战时为铁路的抢修（建）提供指挥联络	较高	E1	无	按铁路局管辖范围提供共享通道，铁路沿线传输设备节点提供 2×2Mb/s 带宽共享通道环至调度所应急中心
智能牵引供电（SCADA）系统	SCADA 系统用来执行关键的安全指令，控制供电系统向接触网供电	较高	E1 或以太网	无	铁路沿线区间节点至车站采用传输系统传送，车站以上通过数据网传递，一般相邻车站间的区间节点每 15～20 个 RTU 设备串接需要 1×2Mb/s
电子客票	也称"无纸化"车票，是以电子数据形式体现的铁路旅客运输合同，与普通车票具有同等法律效力	高	E1 或以太网	无	可靠性要求高，在车站需要做到传输网双上行
动力环境监控	对机房内的电源、蓄电池组、UPS、发电机、空调等设备以及温湿度、烟雾、地水、门禁等环境量实现遥测、遥信、遥控、遥调等功能	中	E1 或以太网	无	车站至监控中心采用数据网传送，监控分中心至监控中心各占用 2×2Mb/s，远程监控终端至监控分中心每个终端各占用 1×2Mb/s

续表

业务类型	简要描述	重要程度	接口类型	指标要求	组网方式
高清视频监控	区间不少于1km一台摄像机，覆盖路基、桥梁、隧道、机房等位置，分辨率不小于1080P	中	以太网	无	每台摄像机按4～8Mb/s计算，多采用数据网上传，三层交换机下沉到区间基站
TMIS	普速铁路运输、客运、货运、机务、工务、电务、车辆、局办等70多种专业的信息业务	中	以太网	无	两网融合之后，TMIS通过数据网承载
软交换	应用于解决铁路用户的公用电话VOIP通信，实现用户的综合接入	较高	以太网	丢包率<10^{-3} 时延<100ms	通过数据网承载
会议电视	在远程异地以电视方式召开实时、双向、交互式的可视会议的一种多媒体通信方式	较高	以太网	无	通过数据网承载，每路会议电视占用8Mb/s带宽
车辆5T	包含TFDS、THDS、TADS、TPDS、TCDS	较高	以太网	无	通过数据网承载
旅服	旅客服务信息	中	以太网	无	通过数据网承载
办公OA	办公信息管理系统	中	以太网	无	通过数据网承载
监测与网管	各类监测及通信网管系统	中	以太网	无	通过数据网承载
管理信息系统	各专业管理信息系统	中	以太网	无	通过数据网承载

　　从表 2-1 可以看出，当前传输网承载的业务基本上都是和行车安全及行车效率直接相关的业务，这些业务对通信丢包率、时延有较高的要求，更接近电信级通信业务，部分业务对安全的要求甚至高于电信业务(如 CTCS-3/4 列控、智能牵引供电等)。

　　下面对铁路的典型业务及其对传输网的要求进行分析。

2 列车控制与智能牵引供电

CTCS 全称中国列车控制系统(China Train Control System)，它是在借鉴欧洲列车控制系统(Europe Train Control System)建设经验的基础上,结合我国铁路运输特点和既有信号制式,考虑未来发展制定的信号技术标准,共分为 CTCS-0、CTCS-1、CTCS-2、CTCS-3、CTCS-4 级。它们的技术对比如表 2-2 所示。

表 2-2　CTCS 技术对比表

技术内容	CTCS-0	CTCS-1	CTCS-2	CTCS-3	CTCS-4
轨道电路	有	有	有	有	无
速度范围/(km/h)	≤160	160~200	200~250	250~350	≥350
适用线路	既有线	既有提速线	客运专线	客运专线	客运专线特殊线路
闭塞方式	固定	固定	准移动	准移动	虚拟或移动
完整性检查	轨道电路		轨道电路＋列车		列车
自动闭塞	车载感应接收				—
列车定位	轨道电路	轨道电路＋应答器			卫星＋应答器
线路、限速、过分相	—	应答器		应答器＋RBC	RBC
移动授权计算	—		联锁＋列控中心	联锁＋列控中心＋RBC	联锁RBC一体化
通信方向	地-车	地-车	地-车	地-车 车-地	地-车 车-地
传输通道	轨道电路	轨道电路＋应答器	轨道电路＋应答器	轨道电路＋应答器＋GSM-R/5G-R	应答器＋5G-R
速度控制	分级式	分级式	目标速度-距离	目标速度-距离	目标速度-距离
制动模式	阶梯式	阶梯式	一次连续	一次连续	一次连续

从表 2-2 可以看出,CTCS-0~CTCS-2 均采用轨道电路传递信息;但是 CTCS-3 和 CTCS-4 则需要通过通信系统来进行承载。这是因为随着列车运行速度的提高,列车制动距离越来越长,而中国铁路普遍采用的 ZPW-2000A 型移频轨道电路只有 18 个信息码(源自法国 UM71 型轨道电路),除了表示进路的信息之外,最多能显示运行前方 7 个闭塞分区的占用情况(绿 5、绿 4、绿 3、绿 2、绿、绿黄、黄)。一旦列车运行速度超过 250km/h,那么在最极端的情况下(例如 30‰长大下坡区段),列车将不能保证在 7 个闭塞分区之内停下来,因此必须引入无线列控(通过 GSM-R 承载),这样就能显示列车运行前方 20~30km 的占用信息,满足 350km/h 列车运行的要求,为高速运行的列车提供一次连续制动曲线。

CTCS-3 源于 ETCS-2,地面 RBC 通过 GSM-R 向列车 ATP 传递移动许可、闭塞分区占用信息、坡度、曲线半径、进路信息、临时限速信息、过分相信息等,CTCS-3 功能框架如图 2-13 所示。在 ETCS-2 原始设计中,ATP 与 GSM-R 终端采用 RS-422 连接,数据链路层采用高级数据链路控制(High-level Data Link Control,HDLC)协议。HDLC 协议是典型的 TDM 协议,通过独占时隙的形式封装到 E1 里面,通过电路域电路交换数据(Circuit Switched Data,CSD)通道进行承载。

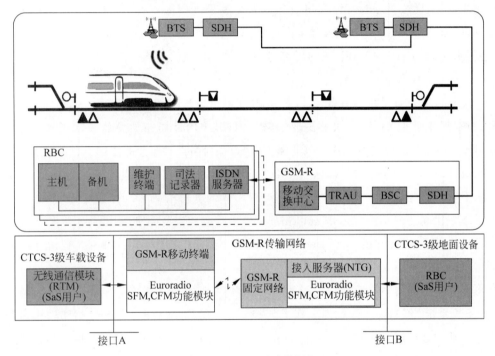

图 2-13　CTCS-3 功能框架

CTCS-3 的最小追踪间隔是 3min,地面还是通过轨道电路分割成固定长度的闭塞分区(一般一个闭塞分区 800~1400m),需要轨道电路等一系列地面信号设备,本质上它还是以地面设备为主的信号模式,因此它不是完全的移动闭塞,只能叫准移动闭塞。假如高速铁路需要进一步提升运输效率,缩小行车间隔,或者在一些特殊地段(如高原无人区)尽量减少地面设备和轨旁设备,减少列控系统现场维护工作,CTCS-4 由此应运而生。CTCS-4 以列车信号作为主体,通过列车自主定位以及列车之间的车-车通信来实现移动闭塞。此时列车通过卫星定位或者其他定位手段获取自己的位置信息,并通过自身的完整性检测保证信息的完整性;列车通过无线通信及传输网将自己的位置信息、速度信息、运行状态实时发送给后面的列车,后车根据这些信息调整自己的运行速度,实时调整与前车的追踪间隔,确保两车不会相撞。

在高速运行的列车中,要保证车-地双向通信的稳定,对通信指标的要求也越来越高,如时延、抖动等。例如在 350km/h 的速度条件下,CTCS-3 的端到端时延要求小于 150ms,虽然没有明确分配传输网的时延,但普遍认为传输网的时延应不高于 10ms,抖动不高于 4ms,丢包率不高于 0.001%,一旦超时就有可能导致列车降级运行;在重载铁路中,机车无线重联和可控列尾业务也需要满足该指标要求,否则就有可能造成列车冲动,影响行车安全。因此,对于高速铁路来说,传输网最重要的业务就是 GSM-R(包括未来的 5G-R),传输系统的可靠性直接决定了无线系统的可靠性,也就决定了 CTCS-3/4 无线列控的可靠性。

更高速度一直是世界铁路在机车车辆技术领域长期关注的重点,当前中国和欧洲、日本都在研究和试验更快的高速铁路。例如,中国计划在沪渝蓉高铁成渝段试验 400km/h 的高铁成套技术,并计划研制 CR450 系列高铁动车组;法国 AGV 高速列车最高设计时速为 360km/h;韩国 HEMU-430X 型高速列车最高设计速度为 430km/h,最高运营速度为 370km/h;意大利红箭 1000 型高速列车最高设计速度为 360km/h;德国下一代高速列车的目标是 400km/h;日本计划将新干线最高运营速度从目前的 320km/h 提升到 360km/h,新造时速 400km/h 新干线试验列车 ALFA-X 已经下线并开展试验。

高铁速度的提升,必将引入新的信号系统和新的通信方式,如采用移动闭塞的 CTCS-4 系统。CTCS-4 要求列车除了与控制中心之间通信外,还要与相邻列车进行通信。移动通信网络采用 GSM-R 或 5G-R 建立列车与轨旁的基站之间的连接。除了高速铁路,地铁基于通信的列车自动控制(Communications-Based Train Control,CBTC)系统也已经实现了移动闭塞,未来还将继续向车-车通信演进。下一代 CBTC 要求列车与控制中心之间保持实时通信,简化轨旁信号设备布置,通过移动通信网络 LTE-M 建立列车与轨旁的基站之间的连接。这些业务对通信连接提出了很高的要求,如 CTCS 系统和 CBTC 系统均要求 SIL-4 级别的安全性;同时未来面向车-车通信,有可能会在通信系统中解析部分信号报文,对业务安全性和隔离性要求更高。铁路及地铁对网络的要求如图 2-14 所示。

城际铁路、市域铁路的兴起,为铁路自动运营(ATO)提出了新的要求。ATO 的主要目的是模拟司机驾驶,实现正常情况下高质量的自动驾驶,降低司乘人员的劳动强度,并为乘客提供最舒适的乘坐感受,提高列车运行效率,降低能耗。除此之外,

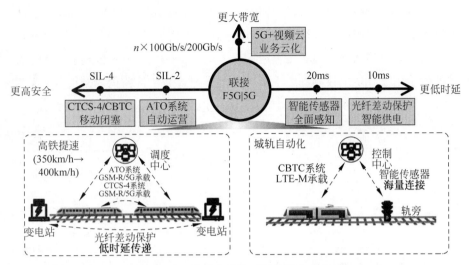

图 2-14　铁路及地铁对网络要求提升

ATO 还能和地面设备联动,提升设备工作效率,减少人为干预带来的问题隐患。当前部分城际铁路已经实现了 CTCS-2＋ATO 运行,在京张高铁上也实现了 CTCS-3＋ATO 运行。

　　ATO 的运行和通信息息相关。以列车与站台屏蔽门联动为例,在城际铁路的无配线站正线会直接靠站台,因此会在站台设置屏蔽门,一旦有列车在本站停靠,就需要列车车门与站台屏蔽门实现同步开启与同步关闭。当列车停靠站台后,车载 ATO 首先会判断列车是否停稳,并通过应答器定位判断列车是否停到位。符合这些条件之后,ATO 会通过 GSM-R 的 GPRS 通道将停稳信息和开车门的指令发送给 RBC,RBC再通过有线通信网将开门指令发送给站台屏蔽门,并将屏蔽门的状态反馈给列车ATO,实现屏蔽门和列车车门的同步开启;关门的时候也会做类似的操作。地铁无人驾驶与自动运营(UTO)也会带来大量智能传感器的应用,如进行障碍物监测、屏蔽门监测等,要求不高于 20ms 的时延。

　　另外,国铁集团还提出了智能牵引供电的需求。它的核心就是在变电站之间采用光纤差动保护,提升电网的安全性。这是因为铁路牵引供电当前采用本地继电保护,它根据本所检测到的故障情况进行判决实施保护,各所之间独立判断。这种方式通常采用本地阻抗监测的方式,但是检测准确度比较低,检测时间长,容易引起误动作。

　　当前电网在 110kV 以上的高压输变电网普遍采用光纤差动式的继电保护(简称光纤差动保护),两端根据各自检测的电流变化情况进行相互通信,基于基尔霍夫定律来进行故障定位,然后通过通信手段进行保护控制。按照 GB/T 14285—2006《继电保护和安全自动装置技术规程》要求,"传输线路纵联保护信息的数字式通道传输时间应不大于 12ms,点对点的数字式通道传输时间应不大于 5ms"。这一指标的来源是电网要求从故障发生到故障切除控制在 100ms 左右,分配给通信链路的时延为 5ms,考虑到工程实际情况通常会按照 10ms 设计。光纤差动保护时延分配如图 2-15 所示。

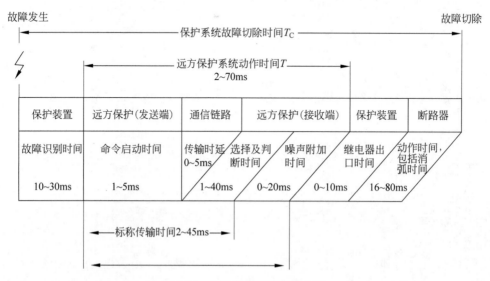

图 2-15　光纤差动保护时延分配

智能牵引供电又称广域测控,具有"系统可控、状态可视、运维可循"的优点,能有效提升牵引供电系统运行的安全可靠性,降低故障发生率,缩短停电时间,保障正常运输秩序,提高劳动效率,增加经济效益,因而成为铁路牵引供电系统的必然发展趋势。

智能牵引供电系统由智能牵引供电设施、智能牵引供电调度系统、智能牵引供电运行检修管理系统及通信网络组成,如图 2-16 所示。其中智能牵引供电设施是由智能设备组成的变电设施、接触网等,以全站信息数字化、通信平台网络化、信息共享标准化为基本要求,是整个铁路智能牵引供电系统的基石。智能供电调度系统在完成传统供电调度作业的基础上,提供智能应急处置、供电调度决策等高级功能,以实现最小停电范围、最短停电时间等目标。

和高压输变电网通常采用点对点继电保护不同,铁路的智能牵引供电采用的是多点组网结构,如图 2-16 所示。这是由于铁路沿线供电区间包含多个所亭(含变电所、分区所、开闭所、AT 所等),因此要求通信系统将供电区间内所有的所亭全部连接起来,并实现任意两个所亭之间的通信要求,且时延必须小于 10ms。在实际工程中,为了节

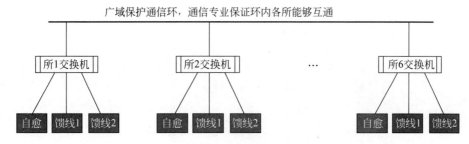

图 2-16　智能牵引供电(广域测控)组网示意图

省带宽通常会采用一条通信链路逐站连接的方式实现每个所亭之间的通信,这就对传输系统的低时延有了更高的要求。

3. 高清视频监控

铁路视频监控由视频区域节点设备、Ⅰ类视频接入节点设备、Ⅱ类视频接入节点设备、视频采集点前端设备、用户终端等构成。沿线车站为Ⅱ类视频接入节点,在通信段设置Ⅰ类视频接入节点,在路局调度所设置区域节点。《铁路综合视频系统技术规范》中确定的综合视频系统架构要求各类区间视频采集点接入节点,存储功能在视频接入节点中实现。

区域节点用于视频信息的调用、分发、转发、系统管理、用户管理以及与其他系统互联等,并可对节点内的告警信息、重要视频信息进行存储。Ⅰ类视频节点用于实现视频的接入、分发、转发,可实现与其他系统的互联等,并对重要视频信息和告警信息进行存储。Ⅱ类视频接入节点实现对相对分散的采集点的视频接入、汇聚上传,并对其接入的所有视频信息进行存储。

高速铁路车站和区间对视频监控的要求越来越高。2016 年年初,原中国铁路总公司发布 18 号文,要求在时速 200km/h 以上的高速铁路的建设中全面采用全高清视频监控系统,推广应用 1080P Full HD 摄像机。按照发文要求,高速铁路沿线通信信号机房内,沿线基站、中继站、线路所外,沿线电牵节点室内室外,沿线隧道口,车站咽喉区,沿线公跨铁立交桥,沿线桥梁救援疏散通道,路基及路桥结合部,沿线 6km 以上桥梁均需部署高清球机或枪机,平均每千米部署至少一台摄像机。但在实际工程中,部署的密度比要求还要高,最密的区域甚至达到了沿线每 200m 部署一台摄像机。铁路视频监控系统的构成如图 2-17 所示。

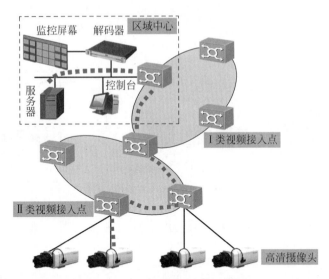

图 2-17　铁路视频监控系统的构成

高清视频监控主要采用 H.264：AVC 编码标准,1080P 摄像头按此标准编码的码率为 4~8Mb/s,在监控系统传输带宽计算时平均码率通常可按 6Mb/s 考虑,是普通 720P 摄像头带宽的 3 倍(2Mb/s)。

根据《高速铁路设计规范》中高铁车站的设站原则,车站距离宜为 30~60km。由于区间摄像头数量和站间距呈线性关系,按照规范要求,30~60km 区间高清摄像机数量为 70~160 台,每千米平均 2.4~2.6 台,视频传输带宽为 400~1000Mb/s。实际项目中还需要考虑车站的视频摄像机数量,这样算下来每千米平均需要 3~6 个摄像头,视频传输带宽约为 1~2.4Gb/s。高铁沿线高清视频部署情况如表 2-3 所示。

表 2-3　高铁沿线高清视频部署情况

典型带宽需求/(b/s)	1G(站间距 30km)	1.6G(站间距 45km)	2.4G(站间距 60km)
摄像头总数/个	95~155	153~228	202~322
每千米平均摄像头数/个	3~6		

面向未来 IT 架构向云化发展的趋势,高清视频监控系统作为大数据分析和图像智能识别的基础,在高速铁路迈向智能化的发展过程中起到越来越重要的作用。业务云化的趋势不可避免,铁路视频监控也逐渐会上云,这就对传输带宽提出了更高的要求,这也是未来铁路传输网最消耗带宽资源的业务。关于业务云化的内容将在 2.3.2 节进行详细介绍。

4．电子客票

电子客票的概念最初是在航空领域提出的。1993 年，美国一家航空公司推出了世界上第 1 张电子客票；2007 年，我国航空业在全球范围内率先实现了全面电子客票；自 2017 年以来，部分机场相继推出了二维码和"刷脸"自助登机服务。从国内外交通行业发展趋势来看，电子客票的应用大幅提升了旅客出行体验，并有效节省了运营成本，目前正在基于实名电子客票向更为便捷的通行方式和精准营销服务方向发展。

中国铁路在 2018 年启动了客票电子化工作，并于 2019 年基本覆盖全国高速铁路，2020 年基本覆盖全国普速铁路，全面实施电子客票应用已经成为更好地服务旅客、推动铁路客运智能化发展的重要载体。实施电子客票应用给客运业务带来了极大的变化，主要体现在以下几方面：

（1）旅客出行无纸化。电子客票对原有纸质车票所承载的功能进行了优化分离，实现乘车凭证由硬板票、软纸票、磁介质票等实体到无纸化、电子化、智能化的转变。电子客票应用显著提升了旅客出行体验，有效降低了票纸使用，成为推动铁路智能化出行的新举措。

（2）客票业务全面自助化。电子客票的实施，在近年来互联网售票、闸机检票实现旅客购票和检票自助化的基础上，进一步提高了便利性和工作效率，同时实现了退票、改签、变更到站等业务的自助化办理。

（3）线上线下功能一体化。电子客票的实施，取消了互联网购票后的换取票环节，在方便旅客的同时，减轻了车站压力，同时还实现了线上和线下功能的一致性，克服了纸质车票退票、改签需要到线下窗口办理的弊端，后续互联网订餐、约车等延伸服务也可随电子客票应用的推广，为旅客提供更为便捷的服务体验。

（4）有效解决了纸质车票丢失、伪造和倒卖等问题。由于购票信息以电子数据形式保存，车票丢失、伪造和倒卖实体车票的问题将得到有效解决，避免了旅客因车票丢失产生诸多麻烦，极大地降低了旅客出行的经济成本。

（5）建立旅客全行程信息档案。以旅客购票电子记录为基础，构建旅客实名验证、进站检票、乘车、出站检票及订餐、约车等出行过程中完整的消费和服务档案，为铁路开展精准信息推送和差异化服务奠定了坚实的基础。

电子客票采用基于"双中心双活"的系统架构，这种架构提高了电子客票处理能力，系统可靠性及业务处理的连续性，实现高并发条件下的海量数据处理；基于消费习惯的旅客用户画像,复杂环境下的人脸智能识别等关键应用。电子客票系统架构如图 2-18 所示。

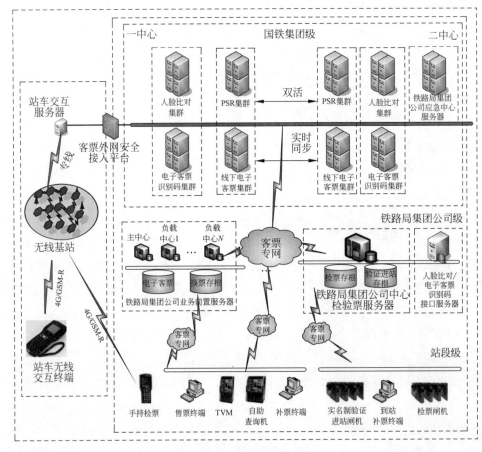

图 2-18 电子客票系统架构

电子客票在带来便利的同时,对通信系统也提出了更高的要求。相对于传统纸质票,电子客票可采用身份证直接检票,这就使乘客的所有信息全部通过身份证识别来完成。一旦系统通信出现故障,持传统纸质票还可以通过人工检票进站乘车,但是电子客票检票闸机一旦无法正常运行,车站工作人员就无法通过查验身份证来判定该乘客是否能乘车,乘客将无法进站。

为此,国铁集团要求电子客票系统必须要做到传输双上行,即电子客票系统必须要在车站连到两台不同的传输设备上,实现通信路由的冗余备份,避免因为某一台设备故障导致售检票系统整体故障,影响车站旅客乘降效率。

2.3　铁路传输网面临的新挑战

基于以上的业务需求,铁路传输网面临着如下新挑战,对铁路传输网提出了大带宽、低时延、多业务、长距传输、高可靠、统一规划的新需求,同时在网络演进中新老业务的延续和新旧网络的兼容对铁路传输网提出了新需求。

2.3.1　5G-R 对铁路传输网大带宽、多业务、高可靠、低时延的新需求

GSM-R 于 1999 年由 UIC 第一次提出,迄今为止已经有超过 20 年的历史。由于电信运营商已经逐步淘汰 GSM,因此整个 GSM 产业链处于衰落期;同时 GSM 在频谱、产业链、业务承载上也存在诸多不足,当前铁路 GSM-R 仅有 4 MHz 频谱,只能传递语音和少量基于 GPRS 的数据业务,无法满足铁路未来发展的要求。2020 年 4 月,中国国家铁路集团有限公司明确了 5G-R 成为铁路专用无线网的演进方向,计划到 2030 年将 5G-R 覆盖全国 20 万千米铁路,并在部分高密区域(如车站、货场、物流园)部署 5G-R,以实现更大容量的数据交互与设备自动控制。同时,UIC 在 2014 年发起了 FRMCS(Future Railway Mobile Communication System)项目,计划在 2030 年前采用 5G-R 全面替换 GSM-R。

和 GSM 系统同时存在电路域和分组域不同,5G-R 系统只存在分组域,并需要高精度时间同步。获取高精度时间同步的方法有两种:采用 GPS/北斗直接授时与采用 IEEE 1588v2 授时,前者直接在基站 BBU 侧部署,后者需要传输网提供 IEEE 1588v2 功能。从灾备的角度考虑,传输网必须能支持高精度时间同步,以便在 GPS/北斗出现故障或信号屏蔽场景下能够有效地保证基站的正常运行。

需要注意的是,GSM-R 和 5G-R 仍然有一段较长的并存过渡期,这是因为 CTCS-3/4 无线列控的承载通道从 GSM-R 平滑过渡到 5G-R 需要较长时间的验证,同时语音业务从 GSM-R 承载到 5G-R 承载也需要平滑过渡。

如图 2-19 所示,列控车载设备的 SaS 用户与 GSM-R 系统的移动终端(MT2)之间的通信通道采用点对点连接方式,通信接口为 RS-422,传输速率为 19 200b/s,这些接

口都是基于 TDM 时隙分配的接口。但由于 5G-R 基于以太网承载,采用 5G-R 承载 CTCS-3 就需要修改底层通信协议,并重新设计安全计算机的硬件架构及重做 SIL-4 认证,因此开发、认证、测试周期较长。同时,高铁大量跨线车仍基于 GSM-R 运行,也 需要兼容既有模式。从接口上来说,GSM-R 对外提供 E1 接口,5G-R 对外提供以太网 接口,对于传输系统来说,需要同时具备 E1 接口和以太网接口。

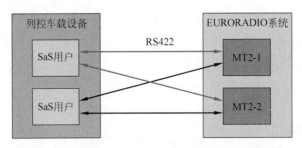

图 2-19　列控车载设备与 GSM-R 移动终端的互联

工业和信息化部计划为铁路 5G-R 划拨 20MHz 的专网频谱资源(上行 1965～ 1975MHz,下行 2155～2165MHz),采用 NR FDD 及 BBU＋RRU 的组网模式,一般一 个 BBU 带 3～6 个 RRU,BBU 与 RAN 设备相连,RRU 间距为 1.5～2km,一条高铁 线路大约部署 100～300 个 RRU。

5G-R 无线架构如图 2-20 所示,可以看出,5G-R 会产生远高于 GSM-R 的带宽流 量,对传输网带宽要求更高。除此之外,5G-R 对于边缘计算(MEC)也提出了要求,例 如,在站场(车站、物流园区)部署 5G-R 之后,对于本地的业务也有可能通过边缘计算 直接进行处理,这样就把核心网的功能做了下移。

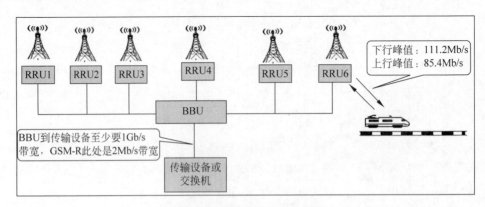

图 2-20　5G-R 无线架构示意图

5G-R 承载的业务类型远多于 GSM-R,如图 2-21 所示。根据国铁集团的规划,5G-R 承载的业务计划分为行车应用、运营维护、旅客服务 3 类。其中行车应用包括CTCS-3、下一代列控(CTCS-4)、ATO、机车同步操控、可控列尾、紧急呼叫、列车调度、多媒体调度、多司机通信、应急通信等。这些业务的共同特点是带宽要求不高,但是优先级和重要程度很高,对可靠性要求特别高。因此,这一类业务对于承载质量的要求不应低于 GSM-R 的承载质量要求,需要考虑调度及列控业务的可靠性与安全性。

高可靠、低时延			
专业	应用名称	流向	优先级
行车应用	CTCS-3	车地	1
	下一代列控	车地/车车	1
	ATO	车地	1
	机车同步操控(LOCOTROL)	列车	1
	可控列尾	列车	1
	紧急呼叫	车地	0
	列车调度	车地	1
	客运、货运、机车、动车调度	车地	2
	多媒体调度	车地	3
	多司机通信	车车	1
	调度命令	车地	2
	无线车次号	车地	2
	公安通信	车地	3/4/5
	应急通信	地面	2/3
	公众应急呼叫	车地/地面	2

大带宽、多连接			
专业	应用名称	流向	优先级
运营维护	LKJ/列控远程监测	车地	3
	电务设备动态监测	车地	3
	客车运行安全监控	车地	3
	机车远程监测与诊断	车地	3/4
	供电安全(6C)	车地	3/4
	晃车监控	车地	3
	车载设备数据更新	车地	3
旅客服务	客运乘务管理	车地	3/4
	客站管理	地面	3/4/5
	货运信息	车地/地面	3/4
	列车到发通告	车地	6
	天气信息	车地	6
	引导显示	车地	6
	广播	车地	6
	时钟	车地	6

图 2-21　5G-R 规划的主要业务

运营维护包括 LKJ/列控远程监测、电务设备动态监测、客车运行安全监控、机车远程监测与诊断、供电 6C、晃车监控、车载设备数据更新等。这些业务优先级相对较低,带宽要求比较高,包含数据、视频等多类型的业务。

旅客服务包括客运乘务管理、客站管理、货运信息、列车到发通告、天气信息、广播、时钟等。这些业务优先级最低,但是业务去向比较多,很多业务要求在本地终结或者转移到外部网络;也有可能在本地直接进行通信而不需要上核心网。

2.3.2　视频云化对铁路传输网大带宽、低时延、长距传输、高可靠的新需求

随着铁路朝着智能化、智慧化的方向发展,各个业务系统对视频监控的需求越来越高,视频云存储已经成为铁路视频监控的发展趋势。铁路车站站房内视频包括安检

区域视频、售票室内视频、接触网 6C 视频、公安视频(除审讯室、羁押室外)均接入综合视频监控系统,图像存储时间按照现行设计规范执行(客站出入口、售票厅、候车室等公共开放区域图像存储时间按照 90 天考虑)。

车站通信及信号机房内外、车站咽喉区、运转室、牵引供电及配电所内外、公跨铁立交桥、隧道口、隧道紧急出口、隧道救援站、桥梁疏散通道、路基地段、路桥结合部、6km 以上桥梁、正线与联络线连接处、开关站、上网点、路局交界口等沿线重点设施也要进行实时监控,隧道口、咽喉区等困难区段可利用接触网杆安装视频采集设备。

当前铁路的视频监控多采用分站存储的模式,即在每个车站都设置磁盘阵列,就近存储本站和邻近区间的视频监控图像数据,如图 2-22 所示。这种模式需要在每个车站都建设存储设备,虽然单个设备建设成本低,但是由于存储设备建设分散,且各个车站机房条件参差不齐,维护人员技能水平也参差不齐,因此磁盘的坏道率比较高,无法满足未来基于视频数据进行大数据分析和人工智能分析的要求。

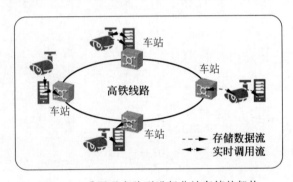

图 2-22　采用磁盘阵列进行分站存储的架构

采用视频云存储的架构如图 2-23 所示,视频云存储接入节点的接入能力原则上不低于 1000 路,设置在铁路枢纽、地级及以上城市,与车务站管站模式相匹配、与维护机构设置匹配(通信车间所在地)。在视频云存储的模式下,存储节点从每站存储变化为集中存储,采用扁平化系统架构并取消 II 类节点,相关车站和区间的视频监控摄像头直接将数据传递到云平台。这样就能将云存储和云平台设置在机房条件和维护条件较好的大车站,方便管理人员维护,并能通过 RAID 模式进行磁盘的备份与保护。云存储对大数据的挖掘和计算也具有更好的应用条件,能够充分发挥视频数据的作用,为今后智能分析、自动运营打下良好的基础。

对于视频云平台的基本要求有 3 点:一是视频接入节点与区域节点解耦,区域节点支持不同厂家接入节点无障碍接入;二是接入节点可互备,当某接入节点发生障碍

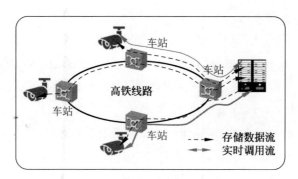

图 2-23　采用视频云存储的架构

时,其业务可被其他接入节点接管,并在 10s 内恢复业务,图像损失时间不大于 5s;三是单接入节点故障时,用户业务基本不受影响。因此,在考虑铁路视频云建设时,除了当前采用的单站视频云模式之外,还要考虑多站视频云的建设模式。

在带来这些便利的同时,视频云存储对传输系统的要求变得更高,具体表现在:

(1)云存储带来传输带宽增加,特别是车站之间的带宽量变大。

(2)车站调用视频需要绕行到集中存储站,导致摄像头控制、调用距离超过100km,线路时延大幅增加,需要尽量降低设备跳数与设备时延。在云存储的模式下,即使是本站的摄像头调用和控制,也需要绕行到视频集中存储点来操作。

(3)需要预留云存储节点相互备份的带宽能力,具备 FC 接口的接入能力,为今后云平台之间的数据备份提供传输能力。云存储节点的距离通常超过 100km,无法采用FC 接口直连,因此需要通过传输网来进行远距离传输,对光路放大、中继都提出了要求。

(4)考虑到业务的备份,业务节点应该具备同时向多个云平台节点传送的能力,并能根据云平台的状态自动切换传送方向,实现灵活上云。

2.3.3　枢纽城域网对铁路传输网大带宽、统一规划的新需求

铁路包含车、机、工、电、辆等多个专业,每个专业都有自身的生产数据需求。随着设备机械化、自动化的普及,过去许多依赖人工进行检修或者监测的工作开始采用检测设备来进行。以工务系统为例,过去需要人工进行钢轨打磨,现在已经采用钢轨打磨车来完成;过去需要人工巡道,现在已经采用综合轨检车来完成。再例如,供电系统过去需要人工巡检接触网,现在也通过在机车上安装的 6C 系统来随车检测接触网的状态。这些设施设备的投产,对于提升铁路作业质量,提高工作效率,降低一线人员的

劳动强度都有非常大的作用。

这些检测手段的实施,也对通信网提出了更高的要求。仍然以工务为例,轨检车运行期间会不断记录波形数据和图像数据,波形数据主要包括左侧路肩高低、右侧路肩高低、左轨向、右轨向、轨距、超高、三角轨、横向加速度、垂向加速度等;图像主要是轨道照相机(一共有 5 台),分别拍摄左外、左轨、道床、右轨、右外,每台照相机基本上每运行 3m 拍一张照片。例如,广铁集团的工务综合轨检车从广州运行到海口,作业 7 天大约产生 270GB 的数据,在广州—茂名 355km 就会产生 63GB 的图像数据;湛江—海安南 126km 产生 25GB 的图像数据,折算下来每千米产生 0.18GB 数据(约 370 张照片),每张照片约 480KB 大小。

在轨检车运行过程中,系统会随时把疑似有问题的图片筛选出来(如扣件缺失、轨道擦伤等),需要随车工务检测人员随时看图片,到区段站之后会用硬盘把图片复制出来。按照铁路信息安全的要求,车上不能接外网,波形数据要刻成光盘交给随车工程师;图像数据可以用移动硬盘复制。

将车上的波形数据通过光盘复制出来,在段内传递到 3 个方向:国铁集团的 8M 系统(走内网)、路局机关的 FTP 服务器(走内网)、沿线车间工区(外网邮箱或网盘)。轨检巡检图片按理说应该传到路局机关,但是由于传输速率很低,当前只能存在本地(如工务段、综合检修段等基层单位),这样巡检过程中采集的大量图像数据就很难高效地传递到路局机关和沿线车间工区,很多只能存在本地或者通过外网传递。

站段向国铁集团 8M 系统传送数据(包括施工作业、联络防护、防洪过程等 8 个系统)的速率并不高;向车间工区传送数据无法通过内网,只能通过外网,办公室外网是专门申请的铁通网络。一般来说,随车工程师会将波形数据通过邮箱发给工区人员,工区人员在家中将波形下载下来再拿到沿线去检查,导致作业效率非常低,成为了整个检修过程的瓶颈。造成这一问题的主要原因是在最初规划时认为铁路枢纽城域网主要用于办公,未考虑各类生产数据的传输,导致当前网络带宽无法满足各类生产数据业务传输的需求。为了解决这一问题,需要建设更大带宽的网络。

另外,当前铁路枢纽城域网也缺乏统一的网络规划,通常铁路枢纽网络跟随新线的建设,很多铁路枢纽在建设初期只有 1/2 条线路接入,城域网组网比较简单,枢纽网络缺乏统一规划;但是随着铁路枢纽更多线路的引入,枢纽网变得复杂,业务路径越来越混乱,改造割接变成了"牵一发而动全身"的难题,这也需要对枢纽城域传输网进行统一规划。

2.3.4　未来智能铁路对新一代传输网的新需求

早在 2016 年,国铁集团就提出建设"智能铁路"的规划,将原有的纯生产网络拓展为 3 张网络(安全生产专网、内部服务网、外部服务网)并存,大力促进数字化、信息化、智能化铁路建设。按照规划,中国铁路到 2025 年形成智能高铁设计、建造到运营全产业链成套技术;到 2035 年实现智能高铁由辅助支持向自主控制升级,实现全面自主控制,最终形成全生命周期一体化管理的智能化铁路系统。2020 年 8 月,国铁集团出台了《新时代交通强国铁路先行规划纲要》,明确提出到 2035 年,将率先建成服务安全优质、保障坚强有力、实力国际领先的现代化铁路强国。加大 5G 通信网络、大数据、区块链、物联网等新型基础设施建设应用,丰富应用场景,延伸产业链条,统筹推进新一代移动通信专网建设,构建泛在先进、安全高效的现代铁路信息基础设施体系,打造中国铁路多活数据中心和人工智能平台,提升数据治理能力和共享应用水平。强化铁路网络和信息系统安全防护能力,确保网络信息安全。以推动新一代信息技术与铁路深度融合赋能赋智为牵引,打造现代智慧铁路系统。

铁路智能化的总体框架如图 2-24 所示,即在车、机、工、电、辆等各专业数据打通关联的基础上,采用云计算、大数据、物联网、移动互联和人工智能的方法,实现铁路自主运营和自主控制。

图 2-24　铁路智能化总体框架

例如,高速铁路最重要、最关键的动力学关系是轮轨关系与弓网关系。列车的转向架(轮对)与轨道、受电弓与接触网均是强耦合运行。但当前受多方面因素限制,基本上还是采用各专业自行检测的方式,工务重点检测路基与轨道,车辆重点检测转向架、轮对与受电弓,供电重点检测接触网,各专业数据形成壁垒,无法很好地将各自的数据关联匹配起来,即使定期开行检测列车一般也只进行单点检测,难以找出动力学关系的变化趋势。

未来实现检测传感仪器小型化之后,可以在普通列车上安装检测传感装置,在日常运营中就能实时检测轮轨数据与弓网数据。这样就能通过大量的列车运行来收集数据,并分析不同列车经过同一地段时产生的全量数据,从中找出车辆振动和线路状态、接触网状态之间的关联性,并找到数据变化的趋势和规律。根据这些趋势和规律的变化,找到相关参数劣化的趋势,在达到故障临界点之前即能获取告警,进而开展维修,从而将铁路的运维从"计划预防修"演进到"状态修",进而演进到"预知修",进一步提升铁路的安全性与运行效率。

这样的运行模式会带来车-地通信流量的大幅度增加。通信系统必须将各专业的数据准确可靠地进行汇聚和传递;而传输网作为通信系统的基础骨干网络,在铁路通信中起到了连接各业务系统,实现各业务部门信息无阻塞传递的重要作用。

在未来智能铁路时代,铁路各应用业务不断丰富,尤其是随着视频监控业务重视程度的提升,也对视频数据的传输通道提出了更高要求。

当前 SDH 系统的容量已无法满足铁路未来发展需求。一般一条铁路新线开通时,骨干汇聚层传输系统的通道预留量不小于 50%,接入层传输系统的通道预留量不小于 40%。另外,考虑到帧开销,实际可用通道大约为 50%。既有 MSTP 设备是按照分辨率为 4CIF 或 D1 的视频监控设计的,每台摄像机占用一路 2Mb/s 通道。高清摄像机要求 1080P 分辨率,数据流量已经达到每台 4~8Mb/s,这使传统组网方式下沿线由 MSTP 622Mb/s ADM 设备所构建的传输通道已经不能够满足综合视频监控业务的接入需求。

当前沿线综合视频监控业务多采用由交换机构建的视频专网进行承载。随着视频等大颗粒业务的不断丰富,当前骨干汇聚层所提供的 10Gb/s 带宽也需要进一步拓宽,MSTP 方案只是具备线路侧 10Gb/s 带宽的提供能力,无法满足后续铁路业务更高带宽的承载需求。

对于新一代铁路移动通信技术 5G-R 来说,MSTP 并不能够很好地支持该技术,无法支持 IEEE 1588v2 高精度时间同步功能,其时钟系统完全靠 GPS/北斗授时而没有地面传输保护通道,无法保证 5G-R 授时的可靠性,从 GSM-R 向 5G-R 的演进无法实现平滑升级。

"两网融合"的实施全面加速了各路局业务 IP 化,当前,IP 化已经成为铁路业务系统构建趋势。部分铁路局近几年逐步将视频监控、视频会议、应急通信、NGN 电话交换业务、数字调度通信、信号业务、车辆 5T、铁路公安网等业务割接到数据通信网上承载,实现了铁路业务承载 IP 化。

线路"四电"所构建的传输是行业专用网络,通过管道划分实现多业务间的隔离,不同业务系统不能相互影响,避免单系统故障影响其他业务系统的正常运行。传输系统的保护方案必须完备,不允许单点故障影响线路上其他节点业务的正常运行。

基于 SDH 的多业务传输节点(Multi-Service Transmission Platform,MSTP)支持复用段保护(Multiplex Section Protection,MSP)、子网连接保护(Subnetwork Connection Protection,SNCP)、双节点互联保护(Dual Node Interconnection,DNI)、以太网快速生成树保护(Rapid Spanning Tree Protection,RSTP)等方式。在上述保障措施中,RSTP 方式提供的业务层保护倒换速度太慢,不能满足 50ms 以内的故障自愈要求,而对于 MSP、SNCP 和 DNI 方式来说,其存在的主要问题是使用单台设备提供的单板冗余保护方案在整台设备故障时,当前节点的所有业务都切换到保护通道上,当同时发生二次故障时,无法有效应对,导致网络中断,从而影响业务运行。

在高铁建设初期,由于各路局尚未建设局干 OTN 网,因此高铁建设了骨干汇聚层 STM-64,专门用于传输大颗粒数据业务,并为重要业务提供迂回路径。2014 年之后各路局普遍建设了 OTN 局干网(多数沿普速铁路铺设),通过局干网来承载综合数据网业务,并为高铁骨干汇聚层 MSTP 提供迂回保护路径,这样实际上导致了局干 OTN 网和骨干汇聚层 MSTP 在功能定位上有所重叠;且局干网 OTN 采用 DWDM 技术,可采用 40 波/80 波 DWDM 技术实现扩容,其扩展性远优于 MSTP 骨干层传输网。因此,在进行新线建设及路局网络改造规划时,应该充分考虑各层级网络的功能,在满足业务安全可靠要求的前提下,网络层级应尽量简化,尽量扁平。

当前,随着铁路通信业务的发展,既有 OTN 局干已经难以满足路局管内高速铁路的业务发展需求,主要体现在以下几方面。

(1)传输网组网能力倒挂。

当前高速铁路传输网以 MSTP 为主,骨干层采用 STM-64 1+1 组网,线路侧带宽 10Gb/s;汇聚层采用 STM-16 1+1 组网,线路侧带宽 2.5Gb/s;接入层采用 2 个或 3 个 STM-4 组 MSP 环网,线路侧带宽 622Mb/s。而普速铁路采用 OTN+MSTP 组网,OTN 具备 40×10Gb/s 的带宽能力,远高于高速铁路的 MSTP 骨干网。这使速度更快、自动化程度更高、设计标准更高的高速铁路反而比普速铁路能获取的传输网资源更少,影响了高速铁路通信信息业务的进一步发展。同时,局干 OTN 建设时主要高铁尚未建成,带宽预算偏低,节点选址不尽合理;很多新建高铁通信节点远离局干 OTN 传送节点,远离铁路局通信枢纽机房,这也使得高铁业务利用局干 OTN 变得比较困难,迂回路径过长。

(2)维护标准不统一,影响高铁运营。

既有局干 OTN 传输网跟随普速铁路铺设,在运用和维护模式上直接继承了普速铁路的维护规程和维护方式。相对高速铁路非常严格的维护规程,OTN 在运用维护上的标准化程度和管理水平无法满足高速铁路的要求。同时由于普速铁路的业务调整相对比较随意,且天窗点一般安排在午后或者下午,而高铁的天窗点都安排在凌晨,这样局干 OTN 调整业务的时候就很容易影响到高铁的行车,对高铁的通信管理带来不利影响,存在安全隐患。

(3) 无法满足高铁业务发展的需求。

在高铁建设初期,区间未考虑高清视频监控覆盖及工区业务回传需求,使高铁传输网带宽等级偏低,且无法支持宽带无线通信的接入与承载。此外,随着铁路自动化水平的提升,各类业务对数据的传递需求逐步增加,如工务检修车辆在巡检过程中采集的大量波形和图像数据就需要快速高效地传递到路局机关和沿线车间工区,而当前的网络无法满足需要。根据统计,部分路局局干 OTN 已经使用了 20~30 波,空余波道较少,扩容比较困难;另外,高铁普遍采用 10Gb/s+2.5Gb/s+622Mb/s 结构,带宽通道资源紧张;区间接入能力弱,无法实现区间业务统一承载;站段分配带宽较低,无法满足路局内部业务传输需求。

2016 年之后,全路按照国铁集团发文要求在高速铁路沿线进行视频监控补强,摄像头分辨率要求不低于 1080P,这样综合算下来区间的视频监控带宽超过了 622Mb/s 传输网所能提供的带宽能力,因此不得不另外增加交换机等设备来实现视频监控的回传。另外,全路从 2018 年开始测试部署智能牵引变电所,由于智能牵引变电所采用无人值守,部分地区希望采用 4K 及以上分辨率的超高清视频来监视电力设备仪表的指针刻度(要求能够看清楚每个分刻度值),全面代替人工监视电力设备仪器仪表,确保监控与数据采集(Supervisory Control And Data Acquisition,SCADA)的命令能够正确下发,并能验证 SCADA 返回数据的正确性,实现 SCADA“五遥”功能(遥控、遥调、遥信、遥测、遥视)。每一路 4K 摄像头占用的带宽至少需要 20Mb/s,且需要从变电所一直回传到电力调度所,对接入层、汇聚层、骨干层的带宽都有刚性需求,因此既有的传输网带宽也很难满足需求。

此外,智能牵引变电所带来对光纤差动继电保护的需求对传输网的时延有了硬性要求。

(4) 管理维护难度较高。

铁路建设时,受进度、施工、投资等多方面的影响,各条线路分别招标,在后期维护通常采用“一线一网管”的模式,这样很容易造成网管版本较多且缺乏整合,使资源调度不畅,经常开通一条业务链路要跨多个网管;且业务跨网管的链路较多,缺乏自动规划和自动时隙台账管理；维护人员难以看清保护状态，缺少故障仿真手段。

以上这些问题限制了铁路新业务的开展，造成了业务瓶颈和安全隐患，无法满足铁路新的业务及通道需求，既有 OTN 光传输网及新的客专网络不能有效融合，也有可能导致网络安全性变低。因此对新一代传输网提出了新需求。

2.3.5　铁路传输网演进需考虑 GSM-R 业务的延续

在 GSM-R 向 5G-R 演进的大背景下，考虑到网络部署和列控的演进，E1 和分组还会并存数年。在这样一段过渡期内，GSM-R 承载列控时建议采用 TDM 承载，因此传输网需要同时具备 TDM 和分组的承载能力，如图 2-25 所示。另外，在承载分组业务的时候，传输网也需要具备将不同种类的分组业务进行物理隔离的能力，确保各类业务相互之间不产生影响，不会相互侵占带宽导致传输能力变差。通过采用多业务光传输网络（Multi-Service Optical Transport Network，MS-OTN），也称为分组增强型光传输网（OTN），遵循 ITU-T G.798.1、YD/T 2484—2013 和 YD/T 3403—2018 标准，可以解决上述问题。

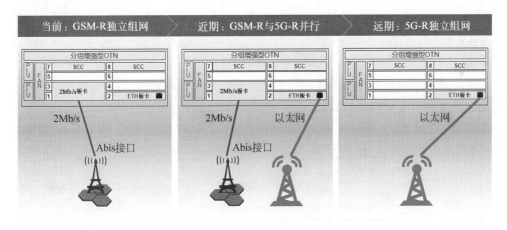

图 2-25　GSM-R 到 5G-R 平滑演进

对于无线业务，在部署初期，如果现网仅有 GSM-R，可以使用分组增强型 OTN 的 E1 板卡与 GSM-R 的 BTS 基站对接，通过 TDM 平面承载 GSM-R 的 E1 业务。在中期，当 5G-R 部署之后，考虑到无线列控业务从 GSM-R 切换到 5G-R 会有一个过程，因此 MS 分组增强型 OTN 同时通过 E1 和分组接口分别接入 BTS 和 BBU，采用双平面分别承载。在远期，当无线列控业务完全切换到 5G-R 之后，可以考虑拆除 GSM-R 的基站设备,此时传输设备只提供分组接口与 BBU 相连。通过上述方式实现无线业务的平滑过渡。

在线路侧业务平面上,初期开通 TDM+分组双平面,TDM 分配 2.5Gb/s(ODU1)带宽,分组分配 7.5Gb/s(6×ODU0)带宽。待远期 GSM-R 完全退网之后,可以将 TDM 的带宽调整为 0,此时线路侧全部为分组业务,可以分配 8×ODU0 带宽。

2.3.6 铁路传输网演进需考虑新旧网络的兼容

分组增强型 OTN 具备多个业务平面,能够实现 TDM 业务和分组业务的物理隔离,相对来说更适合铁路的传输网综合业务承载的要求,这样就能兼顾 E1 业务、EOS 业务和分组业务对传输指标、带宽以及通道利用率的要求,同时也能和既有局干、国干 OTN 传输网对接,如图 2-26 所示。

分组增强型 OTN 本身继承了 MSTP 大量的功能与接口,支持 E1、STM-N 等接口,支持与现网所有速率的 MSTP 设备对接(155Mb/s~10Gb/s),也支持保护方式对接。另外,分组增强型 OTN 还支持内置 PCM 功能,能够提供 FXS/FXO、2/4 线音频、E&M、子速率等接口,支持接入低速业务的接入,并具备 FE/GE/10GE 等以太网分组接口,未来还能支持 25Gb/s/50Gb/s 接口,全面适配未来 5G 技术演进,并具备超低时延。

由于铁路既有承载网基本都采用 MSTP 作为传输承载制式,因此铁路传输网演进方案必须考虑和既有网络的对接。包括和 MSTP 设备通过 SDH 接口对接,和 OTN 设备通过 OTUk 接口对接,和数通设备通过分组以太网接口对接。基于此,分组增强型 OTN 是综合业务承载的最优选择。

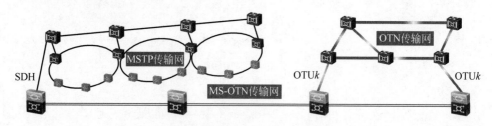

图 2-26 分组增强型 OTN 与既有 MSTP/OTN 对接

对于既有 MSTP 网络的搬迁与改造,分组增强型 OTN 可以分步骤开展,如图 2-27 所示。此时可以将分组增强型 OTN 设备添加到既有网络中,与既有设备实现插花式混合组网,然后逐步搬迁既有设备。

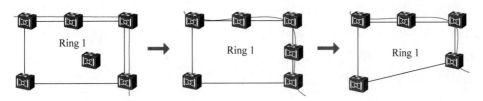

图 2-27　分组增强型 OTN 改造既有 MSTP

在这一过程中,新设备和老设备能够采用 SDH 接口混合组网,实现统一网管管理和保护方式的互联互通。这样逐步平滑升级,平滑替换,就能够在保证铁路行车不受或少受影响的情况下,实现业务的平滑过渡。

2.4　铁路 F5G 传输网解决方案

2.4.1　F5G 传输解决方案匹配新一代铁路传输网需求

在 2019 年下半年,包括中国电信、中国信通院、华为、意大利电信、葡萄牙电信在内的 10 家公司,共同倡议成立 F5G 工作组,这个倡议在 12 月得到了欧洲电信标准协会(European Telecommunications Standards Institute,ETSI)的批准。此后,在 2020 年 2 月,ETSI 宣布成立 ETSI F5G 行业规范组(Industry Specification Group,ISG)。F5G 与 5G 的对应关系如图 2-28 所示。

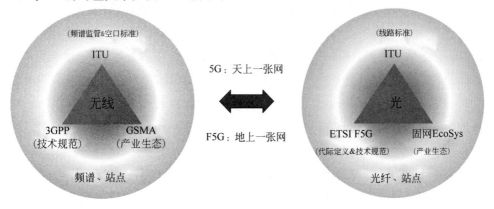

图 2-28　F5G 与 5G 的对应关系

ETSI F5G ISG 成立之初,就提出了"光联万物(Fibre to Everywhere)"的产业愿景。同时,参考 5G 的三大关键特征(eMBB、uRLLC、mMTC),ETSI 还定义了 GRE、eFBB,FFC 这 3 个 F5G 关键特征,图 2-29 为 F5G 三大关键特征的关系图。

图 2-29　F5G 定义的三大关键特征

(1) GRE(Guaranteed Reliable Experience,极致体验)。

支持 0 丢包、微秒级时延、99.999% 可用率。配合 AI 智能运维,满足家庭及企业用户的极致业务体验要求。

(2) eFBB(enhanced Fixed Broadband,增强型固定宽带)。

借助更先进的技术,实现网络带宽能力提升 10 倍以上,实现上下行对称宽带能力,实现千兆家庭、万兆楼宇和太级(T 级)园区。

(3) FFC(Full-Fibre Connection,全光连接)。

利用全面覆盖的光纤基础设施,帮助光纤业务边界延伸到每个房间、每个桌面、每台机器,全力拓展垂直行业应用。业务场景扩展 10 倍以上,连接数提升 100 倍以上,实现每平方千米 10 万级连接数覆盖。

在交通领域,GRE 对应硬切片、高可靠和低时延等特性,如铁路 5G-R 承载与智能铁路相关应用(包含列控承载、调度数据、智能牵引变电等)、地铁无人驾驶相关应用(CBTC、轨旁传感器、行车视频监控等)、高速公路车路协同相关应用(C-V2X、自动驾驶、编队驾驶等)、港口货场无人驾驶等;eFBB 对应大带宽特性,如铁路云化视频监控,地铁城轨云、管理云、工控云互联,以及智慧车站(智能客服、电子导向、环境传感等)应用,高速公路视频大联网等,后续还可延伸到民航机场的智能服务(精确定位、机器人服务)等应用;FFC 对应海量物联网 IoT 设备的互联,同时还满足车站(车辆段)ToD 综合开发,城域网络建设与带宽开发等场景。因此,对于 F5G 来说,GRE 又可以理解为智能化(无人化)业务,eFBB 又可以理解为云化业务,FFC 又可以理解为综合运营业务。这几类业务相互配合,共同构成了交通向数字化、信息化、智能化转型的基石。图 2-30 显示了这三大类业务和主要应用之间的关系。

F5G 体系包含 10Gb/s PON、WiFi 6、200Gb/s 或 400Gb/s OTN、OXC、新一代分组增强型 OTN 等代表性技术,考虑到 10Gb/s PON 和 WiFi 6 主要用于业务接入,

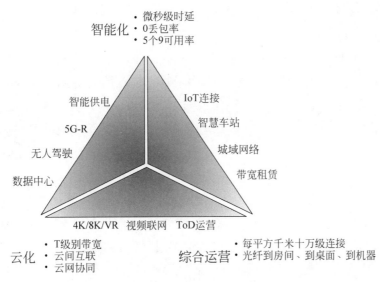

图 2-30　F5G 主要业务应用

200Gb/s/400Gb/s 大带宽主要用于互联网数据中心互联,OXC 主要用于运营商超大规模中心局点调度,因此和交通相关的主要是新一代分组增强型 OTN 技术。

新一代分组增强型 OTN 的重要特征就是具备多平面、多业务的接入能力与处理能力,同时具备光切片能力。在多业务处理能力层面,分组增强型 OTN 是同时支持 MPLS-TP 技术、SDH 技术和 OTN 技术的多业务统一传输平台;在光切片能力层面,OSU 是能支持 2Mb/s 颗粒,替代 SDH 并满足未来长期演进的业务适配技术需求。分组增强型 OTN+OSU 共同配合,形成了适配交通业务发展需求的 F5G 技术平台,满足铁路各类业务的综合承载需求,配合铁路无线技术向 5G-R 演进,支撑铁路迈向数字化、信息化、智能化。接下来针对新一代分组增强型 OTN 的几个关键技术进行介绍。

2.4.2　关键技术

铁路的各类业务逐渐 IP 化,但同时传统的 E1 接口仍将长期存在,因此传输网在支持分组传送的同时,也必须考虑分组接口与传统 TDM 接口长期并存的需求。新一代分组增强型 OTN 可以灵活适应各种业务带宽需求,满足任意速率、任意种类业务的承载需求,同时提供硬管道对不同业务进行物理硬隔离,支持精确的时钟和 IEEE 1588v2 时间同步,并具备简单高效、端到端的多元化保护机制。因此相比传统传输基础,新一代分组增强型 OTN 具备多业务承载、硬管道隔离、云网协同、多元化保护机制、稳定的低时延等特点。

新一代分组增强型 OTN 是完全的自主化方案,从芯片、板卡到整机,均已实现国产化,那么,不论是在实现技术还是在产品提供上,完全不会受到外界不确定因素制约,完全可以为铁路行业提供更加稳妥的业务承载方案。所以,在智能铁路时代,基于新一代分组增强型 OTN 技术的诸多优势,F5G 将会是构建下一代铁路传输系统的最佳选择。

1. 多业务承载

新一代分组增强型 OTN 支持 10Gb/s、100Gb/s、200Gb/s、400Gb/s 等线路侧速率。基于该能力,对于当前高速铁路沿线及重点区域的视频监控补强就不需要再单独建设视频专网,通过传输系统实现多业务统一承载,这将大大减少工程建设的复杂度和建设成本。另外,随着铁路业务云化的趋势愈加强烈,云技术在铁路视频监控系统应用也在不断发展。当前,只是在部分线路实施车站级云化,2017 年,中国铁路总公司发布《铁路综合视频监控系统技术规范》,提出对于云存储功能的支持。随着后续线路级云化、铁路局集团公司级云化方案的实施,铁路系统对传输提供的线路带宽也会提出更高要求。另外,随着铁路数据中心建设,数据中心之间的数据业务双活也会必然带来 FC 接入和大带宽需求。那么,新一代分组增强型 OTN 在业务接入和带宽提供方面将会展现更大的技术优势。

分组增强型 OTN 技术支持任意速率接入,支持 λ/PKT/ODU/VC 统一交叉,支持任意种类业务映射到同一波道传送,相对于 MSTP 和 PTN 传输技术,其支持的业务类型更加丰富,并可在同一波道中承载 OTN/SDH/PKT 业务的同时实现自由灵活地为不同业务分配带宽,如图 2-31 所示。分组增强型 OTN 本身继承了 MSTP 大量的功能与接口,支持 E1、STM-N 等接口,支持与现网所有速率的 MSTP 设备对接(155Mb/s~10Gb/s),也支持保护方式对接。另外,分组增强型 OTN 还支持了内置 PCM 功能,能够提供 FXS/FXO、2/4 线音频、E&M、子速率等接口,支持接入低速业务的接入,并具备 FE/GE/10GE 等以太网分组接口,还能支持 25Gb/50G 接口,全面适配未来 5G 技术演进,并具备超低时延。

传统 TDM 网络主要是语音业务,如果网络两端的时钟不一致,那么容易造成滑码和误码,影响通话质量。无线网络对同步要求苛刻,不同基站的时间和时钟必须在一定精度内同步,否则基站切换时会出现掉线的情况。对于既有的 GSM-R 业务,分组增

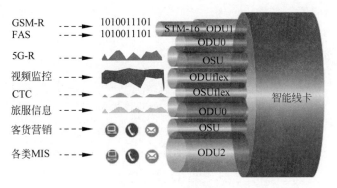

图 2-31　分组增强型 OTN 实现多业务综合承载

强型 OTN 仍支持基于 SDH 平面进行承载,并采用和既有 MSTP 技术一致的组网模式和保护模式,即每 4～6 个基站共用一个 2Mb/s 通道,每个基站出 2 个 2Mb/s 接口,使 GSM-R 业务自身成环,区间基站仍采用二纤双向复用段保护环。对于 5G-R,分组增强型 OTN 支持通过 IEEE 1588v2 实现时间同步,提供时钟保护通道,和 GPS 共同形成"天地互备",提升系统整体可用性及可靠性。在连续长大隧道或高埋深隧道区段或者城市地下区段,通信施工普遍存在 GPS 天线难以布放及建筑物遮挡卫星信号等问题,此时也可以利用 IEEE 1588v2 作为主用授时方式解决 GPS 部署难的问题。分组增强型 OTN 支持以太网时钟实现时钟同步,并可利用以太网链路码流跳变来传输和恢复时钟。

2.硬管道隔离

铁路业务的重要性决定了铁路新一代传输网应继续坚持"专网专用"的原则,防止网络资源和业务优先级冲突,子系统业务间应物理隔离,保证各子系统间不受彼此影响,保证业务安全可靠。

铁路业务 IP 化是未来的发展趋势,但即使业务接口已经实现了 IP 化,也并不意味着承载方式 IP 化,业务层的处理方式和承载链路层的服务等级要求应当分开。这是因为铁路关键业务,尤其是和行车安全相关的业务,如 CTCS-3 列控、调度电话、应急呼叫等对承载质量要求并没有降低;相反,由于 IP 化接口天然的统计复用和带宽共享特性,使安全相关业务对于如何确保有效隔离变得更加敏感。从这点来说,和行车安全直接相关的业务仍然应当保留基于硬切片的刚性管道承载。

新一代分组增强型 OTN 除了具备多平面多业务的承载处理能力,新一代分组增强型 OTN 的另一大特征是具备光切片能力,即 OSU 技术。对于铁路和地铁来说,采用光切片技术对提升通信网络的安全性、可靠性具有重要意义。光切片技术可以对不同业务进行物理硬隔离，保障关键业务的绝对安全，还具备零抖动和微秒级低时延，适配电网纵联电流差动保护，确保铁路牵引供电系统安全。在铁路中，F5G 光纤通信网络提供 5G-R 基站之间，以及 5G-R 基站与调度中心之间的连接；在地铁中，F5G 光纤通信网络则提供 LTE-M 基站与控制中心之间的连接，同时 F5G 光纤通信网络还提供轨旁的传感器与控制中心的连接。

实现光切片的关键技术是 OSU，它是分组增强型 OTN 的进一步演进，也是下一代硬管道技术。在 OSU 出现之前，传统 OTN 只能按照最小 1.25Gb/s 的颗粒度进行封装，这也意味着如果一个业务需要和其他业务物理隔离，那么该业务至少会占用 1.25Gb/s 的带宽（即使该业务只有 10Mb/s 大小），如果要提升带宽利用率，则需要把该业务和其他业务混合打包到 ODUk 中进行传输，无法实现物理隔离。而传统的 SDH 采用时分复用技术，将 1 秒钟划分为 8000 个时隙，业务可以装入一个或多个时隙，从而在时间维度上实现业务隔离，具备小颗粒切片特性，但是受限于带宽和产业发展，也无法满足铁路未来业务演进的要求。分组增强型 OTN 虽然具备三平面业务处理与交换能力，可以通过 SDH 平面的 VC 管道提供最小 2Mb/s 的业务带宽，但是由于 SDH 平面最小都必须要封装到 ODU1 中进行传输，因此一旦小颗粒业务较少的时候，就会导致 ODU1 管道利用率不高，同样也会造成带宽浪费。

OSU 封装将 OTN 的管道颗粒进一步细化，从 ODU0 的 1.25Gb/s 降低到 2Mb/s，使 OTN 具备了直接承载小颗粒业务的能力。OSU 的基本颗粒大小为 2Mb/s，可以直接封装 E1 业务或者以太网业务，也可以根据业务颗粒的大小，通过若干个 OSU 颗粒级联的形式，形成 OSUflex 颗粒来承载不同带宽的业务。例如，某个分组业务的最大带宽为 80Mb/s，那么就可以通过绑定 40～45 个 OSU，形成 80～90Mb/s，大小的 OSUflex 来承载该业务。这样 OSU 封装既提升了 OTN 的灵活度，也提升了线路侧带宽利用率，避免了带宽浪费。对于铁路业务来说，除了视频监控之外，大部分业务的颗粒均在 100Mb/s 以下，这样就可以采用 OSU 来替代传统的 VC 颗粒，实现各类业务直接通过 OTN 平面承载。

由于 OSU 可以通过时隙和波长来进行物理隔离，因此它也被称为"光切片"技术，如图 2-32 所示。不同的业务既可以通过波长进行隔离，也可以通过时隙进行物理隔离，这就像在两地之间有多条铁路，多辆列车同时运行在各自的轨道上，互不影响。以 TDCS/CTC 业务为例，该业务主要完成调度指挥信息的记录、分析、车次号校核、自动报点、正晚点统计、运行图自动绘制、调度命令计划下达等功能，实际带宽量不大，当前既有 MSTP 传输网会提供 2Mb/s 通道(E1 或者 EOS 模式)来承载。在 OSU 模式下,OTN 平面可以直接提供 OSU 或 OSUflex 通道来承载该业务,实现车站到调度所的小颗粒管道直达,同时也和其他业务实现硬切片(物理隔离),确保业务之间互不影响。

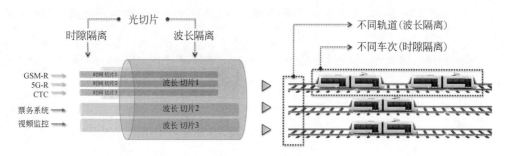

图 2-32　OSU 光切片技术

3. 云网协同

除了提升业务的承载效率之外,新一代分组增强型 OTN 还能实现云网协同等特性,帮助铁路业务实现云化存储,为铁路业务全面上云提供网络层面的支持,如图 2-33 所示。传统 OTN 只提供业务上云及云间互联的管道,无法根据业务需求进行调整和适配,只能通过业务系统本身来建立连接。如果业务需要向多个云平台发送,或者主用云平台出现故障需要切换到备用云平台,则需要业务系统自行切换,对业务系统的冲击比较大。

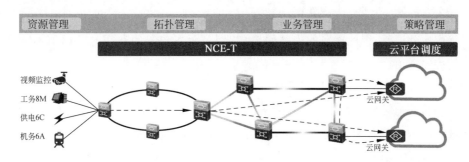

图 2-33　云网协同功能示意图

为了适配业务上云的趋势,让光传输更贴近云化网络的需求,在 F5G 和 OSU 上专门开发了云网协同功能。它主要具有如下特点。

(1)光层一跳入云:业务云化带来路径变长及时延增加,OSU 本身具备 OTN 的各种光层特性(合波、分波、光放大、光层穿通等),能通过光层直达的方式,让业务从接入点直接接到云端,减少不必要的中间电层处理,降低处理时延。

(2)带宽随需分配:云网协同结合 OSU 功能,能够通过 OSU 封装提供 2Mb/s～100Gb/s 的不同颗粒专线,带宽随需无损调整,提高业务的带宽利用率。

(3)业务专网专用:通过传输的硬管道特性,为各种业务提供物理隔离,实现专网保障。

(4)云网一体管控:协同管控 NCE-T 和云平台调度系统,实现"云+网"业务统一发放与统一管理。

(5)多云协同互备:OSU 增加了对业务接入点和云网关的静态路由识别,能够在同一个 VPN 下实现业务入多云和云间的互联。这样来自业务接入点的业务,本身并不需要去识别去往哪朵云,而是通过传输系统就能选择去向,传输系统通过识别云平台的 IP 地址,能够根据云平台的状态确定业务上哪朵云,降低了业务系统的负担,同时节省了传输系统的带宽。云平台之间也可以通过传输进行互联,例如,存储接口通过 FC 互联,控制接口通过 10GE 互联,OTN 提供长距离互联通道,实现云平台之间的数据冗余备份,提升云平台的可靠性。

4. 多元化保护机制

从场景可靠性维度来说,当前铁路区间的长度普遍为 30～80km,沿线一般会接入多个基站、中继站或变电所,光缆会经过多次接续或者熔接,受温度、振动、施工质量的影响较大,可能出现光纤中断、网络不可用等事故;除了事故之外,传输质量也容易受到器件老化和外界干扰的影响,既可能有因为内部机理产生的误码,也可能有因为脉冲干扰产生的误码,因此铁路的光纤通道,特别是距离较长的站间光纤通道不能视为理想的传输通道。

分组增强型 OTN 继承了 ITU-T 定义的各种告警,如 LOS、LOF、OOF、AIS、RDI 等。这些告警通过 OTN 层专用开销字节或者特殊比特图案下插与回告进行传递,提供传输过程的全程监控。为了衡量传输链路的整体质量,分组增强型 OTN 继承了 ITU-T 定义的以误码块(B1、B2、B3 监测的均是误码块)为度量单位的参数,只要在某一帧中出现 1 个比特的误码块,就能在性能指标中体现出来,实现误码块的全检测和全拦截。根据这些误码块的数量可统计出误块秒(ES)和误块秒比(ESR)、严重误块秒(SES)和严重误块秒比(SESR)、背景误块(BBE)和背景误块比(BBER)等指标。这些指标都能统计到 15min 短期性能与 24h 长期性能中,并能查询多个 24h 的历史性能事件。

分组增强型 OTN 将数字链路等效为全长 27 500km 的假设数字参考链路 (Hypothetical Reference Digital Link，HRDL)，并将其分解为若干个假设参考数字段 (Hypothetical Reference Digital Section，HRDS)，并为每一段分配最高误码性能指标，HRDS 长度包括 420km、280km、50km 3 种。这些链路指标，特别是 50km 数字段链路指标对于铁路站间的传输质量具有非常重要的参考价值。

铁路对安全性和可靠性的要求，特别是行车业务对安全性和可靠性的要求都超过了普通的电信业务。分组增强型 OTN 的承载质量、多种隔离及保护方案，可以很好地实现对于铁路业务系统的多元化承载需求，在满足业务统一承载需求的同时，实现各业务对于安全性和可靠性的要求，全面支撑业务的智能化演进。分组增强型 OTN 同样也继承了 MSTP 和 OTN 的告警和维护模式，能与 MSTP 或 OTN 共网管，人员不需要重新培训，保持现有维护习惯，不会带来维保成本的显著增加。

在业务保障方面，分组增强型 OTN 提供不同层级的多元化保护机制，通过构筑两道防线为业务提供全方位的可靠性保障。第一道防线基于电信级保护提供小于 50ms 的故障自愈能力；第二道防线分别提供 L0 层光层保护、L1 层 VC、L1 层 ODU、L2 层 PKT 多种保护措施实现完善的分层业务保护，确保多业务统一承载时的业务高可靠性。通过这些隔离手段及保护方案，可以很好地实现对于铁路业务系统的多元化承载需求，在满足业务统一承载的同时，实现各业务对于安全性和可靠性的要求，全面支撑业务的智能化演进。

新一代分组增强型 OTN 提供层次化、端到端的 OAM 方案，保证网络故障定位、倒换和性能检测需求。分组增强型 OTN 除了继承 OTN/TDM 丰富的功能外，还支持通过 MPLS-TP OAM/ETH-OAM 实现分组网络 E2E OAM。

另外，分组增强型 OTN 提供统一维护方案，通过统一网管实现对 L0/L1/L2 的统一可视化运维。基于网管系统的传送运维方案，使分组具备 SDH 的管理维护能力，简化分组业务运维。可视化的运维方案通过将网络中的业务路径、流量、性能、故障等运维关注的信息以视图的形式在网管系统中呈现，提升通信维护人员对于整网状态的可知程度，降低运维工作的复杂程度。本着各领域专业网管自动化小闭环，以支撑综合网管智能化大闭环的方针，配套分组增强型 OTN 的新一代网管具备资源可视、可观、可控和自动处理能力，并通过标准 XML/REST 北向接口和上层系统对接，打造面向未来的智能运维系统。

(1) 资源可视，提升电路规划效率：能实时同步全网资源信息且实时更新网络资源变化信息。方便用户掌握网络资源实时状态，识别资源瓶颈，以提前做好路径优化或扩容措施。支持按最小时延的路由策略,实现业务自动规划和时隙台账管理自动化,提升电路规划效率。

(2)故障模拟,提前识别可靠性风险:生产网关注业务高可靠性,通过提供故障模拟能力,分析故障对网络已有业务的影响,提前评估和识别可靠性风险。支持多个故障点的组合,多种场景如网元、单板、光纤等故障,分析模拟故障发生时现网业务中断、降级或重路由状态。

(3)辅助智能分析,提升维护效率:自动识别根因告警,减少告警数量;远程监控光纤质量,远程故障定位,提升排障效率。

5. 稳定的低时延方案

根据 OSI 层级结构定义,通信网络分为 7 层,层级越低越靠近物理传输层,所涉及的信息处理越少,引入的时延也越少。OTN 是基于波分复用技术的光网络传输技术,其设备处理信息的层级位于最底部的 L0 和 L1 层,时延接近物理极限(即绝大部分的整体时延均来自光纤传输所耗费的时间)。如果采用更高层次协议传送,网络模型上会叠加 L0/L1 的时延,故层次越高,带来的时延会比 L0/L1 层时延更大。因此 OTN 本身就是低时延的网络技术。

同时 OSU 技术还对封装协议进行了简化。传统的 SDH 技术用于封装业务报文的容器是定帧长、定速率的,因此小颗粒的业务需要进行多层封装才能进入光纤传输。这就像货运列车在装载货物时,货物要先装进小箱子,再把小箱子装入大箱子,最后再装入列车。光切片技术根据业务的大小,让 OSUflex 自动调整容器大小,直接封装进入 OTN 网络传输,相对于 SDH 技术减少一层封装,减少封装层级和复杂度,降低时延,如图 2-34 所示。

另外 OTN 网络的网络硬管道在频域、时域两个维度保证时延的可承诺。具体如下:

(1)OTN 组网基于波分复用技术,每个信号经过调制后都在它独有的波长信道上传输,在光谱频域上实现信号的物理硬管道隔离。

(2)根据 G.709 标准,OTN 采用 TDM 时分复用和固定尺寸的帧结构,使各个小颗粒信道独享时域资源,在时域上实现物理隔离。

因此所有业务信息映射到 OTN 中后,信息以帧的形式进行传播,每个时隙对应特定的信道,可以精确承诺每个信道的时延,与网络负载无关,全程全网无拥塞点,可提供稳定的、可保证的低时延。

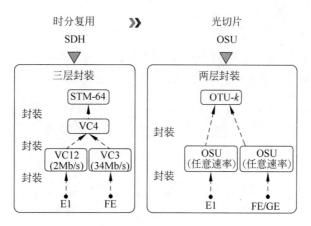

图 2-34　光切片的封装层级更加简单灵活

而 L2/L3 设备由于缓存(buffer)的差异,一旦拥塞,就会将报文存储在缓存中,单设备将引入毫秒级时延。在网络中经过 L2/L3 转发的节点越多,带来时延的累积偏差及抖动越大,进而无法提供端到端稳定的时延。

例如,OSU 应用于差动保护可以提供稳定的零抖动微秒级时延,如图 2-35 所示。

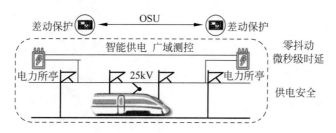

图 2-35　OSU 应用于光纤差动保护

2.4.3　组网应用

1. 新一代铁路传输网组网设计方案

进行新一代铁路传输网除了需要考虑 5G-R 和视频上云需求,更要考虑全业务承载要求,如图 2-36 所示。铁路的业务模型类似运营商的大客户专线网,通过多条带宽大小不等的专线实现全业务承载。在多业务综合承载的大前提下,各类业务应该具备硬切片(物理隔离)特性。当前 MSTP 能够提供 VC-12 级别的 2Mb/s 颗粒,但是最大带宽受限；OTN 只能按照最小 1.25Gb/s 的颗粒度来进行封装，这也意味着如果一个业务需要和其他业务切片，那么该业务至少会占用 1.25Gb/s 的带宽（即使该业务只有 10Mb/s 大小）；如果要提升带宽利用率，则需要把该业务和其他业务混合打包到 ODUk 中进行传输，无法实现切片。

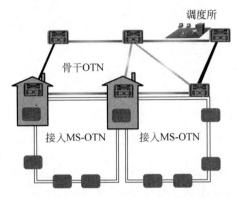

图 2-36　新一代铁路传输网设计拓扑图

在铁路业务中，与行车相关的重要业务通常带宽需求不高（如 CTC、FAS、SCADA 等），而视频监控等相对次要的业务又需要比较大的带宽。因此，在全业务承载方案中，传输网既要能够满足视频监控大带宽的需求，又要能满足小颗粒业务切片需求，以避免带宽浪费。同时，小颗粒管道能够满足带宽可变的需求，能够根据业务的实际带宽需求定制颗粒大小（一般通过小颗粒管道级联的方式实现）。

未来新建铁路以高速铁路为主，因此需要考虑建设路局管内高铁专用 OTN 传输网络。高铁专用 OTN 系统建议按照 40 波或 80 波 100Gb/s 纯相干型 OTN 系统设计。对于线路传输网，建议采用分组增强型 OTN 制式进行设计，通过 OSU 技术实现 2Mb/s 小颗粒业务的承载，并满足 5G-R 及上云业务的承载要求。为了满足 5G-R 及电子客票 A/B 双网的要求，分组增强型 OTN 建议组建 A/B 双网。

2．云平台组网与保护方案

对于云平台的组网方案，同样以 2.4.2 节的铁路项目为例，如图 2-37 所示。车站 2 和车站 4 建设云平台，在正常情况下，每个云平台就近接入临近车站和区间的云化业务（当前主要是视频监控）。车站 2 云平台接入车站 1、车站 2、车站 3 及区间的视频监控业务，车站 4 云平台接入车站 4、车站 5 及区间的视频监控业务。两个云平台存储设备之间通过 FC800 或者 FC1600 来互联，实现业务的互备。由于车站 2 到车站 4 之间距离超过 100km,考虑到 FC 接口的低时延特性(单设备时延小于 $0.9\mu s$),采用分组增强型 OTN 设备单独开 1～2 波,在车站 3 实现光层穿通,减少链路时延。

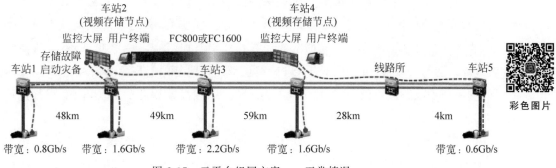

图 2-37　云平台组网方案——正常情况

一旦车站 2 云平台出现故障,如图 2-38 所示,车站 1～车站 3 的业务需要倒换到车站 4 的云平台。此时传输网启动云网协同特性,通过传输设备对路径的选择实现传输路径的切换,确保在不更改业务系统的情况下实现上云路径的切换。

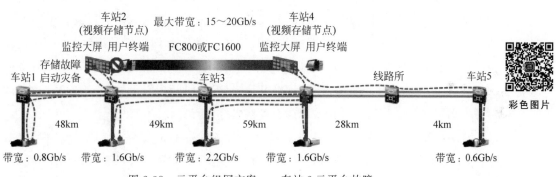

图 2-38　云平台组网方案——车站 2 云平台故障

在这种场景下,车站 2 到车站 4 的带宽值达到最大,预计为 15～20Gb/s,需要 2～3 波 10Gb/s 分组增强型 OTN 通道,因此在汇聚层也需要采用 DWDM 的方式实现多波长业务传递。这和 2.4.2 节介绍的组网方案一相匹配,通过分组增强型 OTN 加 DWDM 的方式,实现铁路沿线业务一跳上多云及云间互备。

3. 高铁专用局干网和枢纽城域网方案

当前大部分铁路局都建设了 OTN 局干网络,但由于建设局干 OTN 的时候很多高铁线路尚未建成,因此当前的局干 OTN 大多沿普速铁路设置,具备 40×10Gb/s 的带宽能力,远高于高速铁路的 MSTP 骨干网。虽然高速铁路可以通过迂回路径的方式在局干

OTN上传输,但由于很多高铁通信节点远离局干OTN传送节点和通信枢纽机房,使高铁业务利用局干OTN变得比较困难,影响了高速铁路通信信息业务的进一步发展。

经过十多年的建设,全国的高速铁路网已经基本形成,多个路局已经实现或者即将实现高铁组网闭环,已经有一些路局(如济南局、成都局)开通了环线高铁列车。例如,成都局就开通了成都东—成都东的环线列车,经过成渝高铁、渝贵铁路、成贵高铁实现环形运行。相对应的是,局干OTN网也可以在此基础上形成高铁专用局干OTN网,利用高铁线路进行敷设,形成闭合环网,专门承载高速铁路的各类业务,与普速铁路实现业务与设备的实质分离。

高铁局干网将和铁路沿线分组增强型OTN传输网共同组网,实现OTN+分组增强型OTN的组网结构,共同为5G-R及云计算业务提供灵活、高效、可扩展的承载通道。结合新线建设及更新改造工程,建设适应5G-R及云平台互联技术的大容量、高速率、高容灾的承载网系统,需要考虑建设高铁专用OTN传输网络,建议采用40波或80波100Gb/s的OTN系统,并支持单波在线监测功能。

高铁OTN光传输网节点设置在数据网核心/汇聚节点所在地、各站段所在地,或就近接入高铁车站节点、铁路公安处/公安局所在地,或就近接入节点以及骨干网关键节点所在地。OLA设备设置在机房、电源、维护环境等条件较好的沿线车站内,光放段距离一般按80km左右设计,最长不大于120km。高铁业务通过专用OTN网络独立承载,可与既有局干OTN或国干OTN形成保护迂回路径。对于跨局的高铁线路,可考虑相邻路局之间通过置换波道或者置换光纤进行环路保护。

铁路枢纽城域网的优化建设也越来越成为路局关注的重点。和行车调度类数据不同,生产运营信息类数据更多是以站段为核心进行收集和分发的。如前面提到的工务监测数据,就是在工务段或综合维修段将数据从综合检测车上复制下来,然后进行分析和处理,再分发到工区和路局机关。在这样的场景下,枢纽城域网就显得尤为重要。当前枢纽城域网普遍缺乏规划,业务部署随意。因此后续对于枢纽城域网应该具有整体的规划和建设节奏。

铁路枢纽通常是站段密集部署的区域,业务访问量大,网络需求高。随着铁路向智能化趋势的演进,铁路枢纽内各站段越来越成为各个专业信息的重要汇集点与分发点。从整体架构上看,枢纽城域网应起到"承上启下"的作用,既能将区间的各工区、车间、班组的信息业务汇集到各个站段,又能将各个站段的信息业务统一向上汇集到路局机关。枢纽城域网应与高铁专用OTN统一规划,形成覆盖各枢纽站段(特别是高铁站段)的信息化基座与大带宽无阻塞光通信平台。

在建设方式上,如图 2-39 所示,建议采用 OTN 建设枢纽城域网,将枢纽主要车站和通信站、信息所等职能机构串联在一起,在枢纽内主要车站、通信站、信息所设立 OTN 设备,构成枢纽城域骨干环网。枢纽内各站段、车间、工区通信业务通过 GPON 或 10Gb/s PON 就近接入车站或通信站。OTN 带宽应不低于 100Gb/s,可通过 DWDM 扩展波道。这样无论是站段到工区的业务,还是站段到路局机关的业务,都能够得到带宽和通信质量的保障。采用这种方式建设城域网,能够简化城域网的光纤拓扑,简化网络管理层级,实现网络和业务的统一规划。

区间工区、班组可以采用 GPON 或 10G PON 的方式进行接入,将 OLT 设在车站,ONU 设在工区、所亭、警务区、变电所等基层节点,实现光纤到班组、光纤到工区、光纤到桌面,打通信息数据传递的"最后一千米"和"最后一百米",实现路局-站段-区间的无缝衔接。

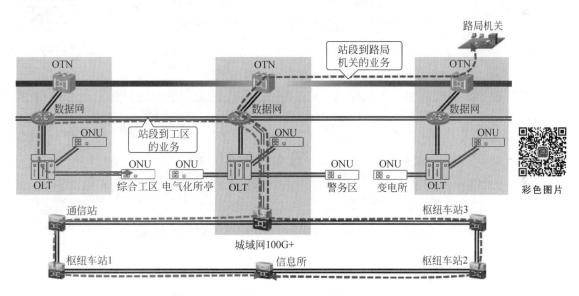

图 2-39　枢纽城域网业务流向示意图

4. 铁路传输网组网的演进场景

针对铁路的组网的演进,主要考虑两个场景:一是既有铁路从 GSM-R 向 5G-R 的演进场景;二是全新建铁路的组网演进场景。下面就按照这两种场景来讨论。

1) 既有铁路演进场景

既有铁路,特别是既有高速铁路均采用 GSM-R 制式,此外考虑到 GSM-R 业务向

5G-R 迁移会是一个比较长的过程,因此当前新建的铁路也要考虑 GSM-R 与 5G-R 并存,既有高速铁路演进组网方案如图 2-40 所示。以 CTCS-3 线路为例,GSM-R 在区间每隔 3~5km 设置基站,采用单织组网或交织组网,使用 MSTP 设备组建 622Mb/s 传输环。在 5G-R 场景下,考虑到区间节点本身就有传输设备,改造方案建议采用 OTN+分组增强型 OTN 两层网络构建。由高铁局干 OTN 构建骨干层,分组增强型 OTN 构建汇聚接入层。这样可以直接利用既有机房资源,将 MSTP 升级到分组增强型 OTN,速率从 622Mb/s 升级到 10Gb/s,统一接入车站的 CTC、FAS、电子客票等业务,以及区间的 GSM-R 业务、中继站 CTC 业务、防灾节点业务、视频监控业务等。分组增强型 OTN 在车站采用 A/B 双网设置,为电子客票和 5G-R 提供双网通道。

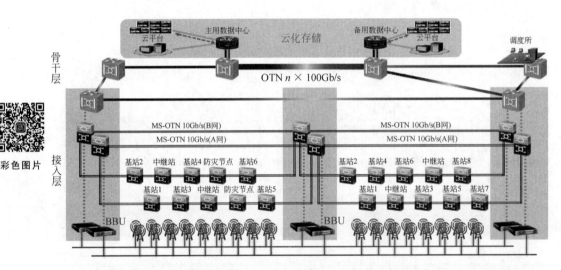

图 2-40　既有高速铁路演进组网方案(GSM-R 与 5G-R 混合组网)

骨干层为链形或者环形网络,纳入局干 OTN 一并考虑,主要在大车站部署。新建线路可根据情况选择扩容节点或扩容板卡。OTN 设备提供 GE 或者 10GE 支路口,用于和接入层设备及路由器对接。骨干层线路侧为 OTN 接口,根据带宽需求选择 10Gb/s 或者 100Gb/s,今后可向 200Gb/s、400Gb/s 扩容,并采用 DWDM 技术实现合分波。

骨干层传输设备的业务配置可以采用普通 OTN 支线路复用方式。在这种方式下,客户侧业务(SDH、以太网)通过 OTN 支路板映射到 ODUk 中,再复用成 OTN 进行线路侧传输。这种方式实现起来比较简单,相当于 OTN 只用作业务透传,不处理任何业务相关的开销与协议。

考虑到骨干层和汇聚接入层的业务互联,骨干层 OTN 设备同样也可以开通分组增强型 OTN 功能,例如,汇聚接入层通过 STM-N 或分组接口与骨干层相连,骨干层同样也可以开通 SDH 平面或分组平面,与接入层设备共同组建业务通道,骨干层传输设备参与 SDH 的开销处理与保护倒换。这种方式和传统的 OTN 支线路复用方式相比,能够让骨干层设备同样具备 SDH 高低阶交叉能力与分组交换能力。这样不同线路方向汇集过来的 SDH 或以太网业务就能在骨干层进行 VC 交叉与分组交换,充分利用波道和带宽。

5G-R 集中在车站和区间部分节点部署 BBU,BBU 接到 MS-OTN 设备上,通过 MS-OTN 实现各类业务的综合接入。MS-OTN 在两端的大车站(区段站)与骨干层 OTN 互联,继而接入调度所和数据中心。这样,GSM-R 和 5G-R 业务接入调度核心网,视频监控等数据业务接入数据中心。

这种组网方式既兼顾了既有的高铁业务,为 CTC/FAS/电子客票提供物理隔离的承载通道,又能为 5G-R 提供高质量承载通道,满足中间站向区段站的业务汇聚需求。

2)新建铁路演进场景

对于新建铁路,特别是远期的新建铁路,在 GSM-R 已经完成了向 5G-R 业务的迁移之后,就可以完全不考虑 GSM-R 组网,新建高速铁路组网方案如图 2-41 所示。此时所有业务均已实现接口 IP 化,不再需要考虑 2Mb/s 接口,同时区间也不再密集部署 GSM-R,而仅会部署 5G-R 的 RRU(如果区间较长,则会在区间部署 BBU,满足 eCPRI 不超过 10km 的距离要求)。在这样的场景下,区间仍然部署分组增强型 OTN 设备,车站以上也采用分组增强型 OTN 组网,在每个车站均设置分组增强型 OTN 节点,为车站的 CTC/FAS/电子客票等业务提供小颗粒刚性管道,并为车站的各类业务提供即插即用的承载通道。确保站间的业务高质量传输,并具备 FEC 超强误码纠错能力。

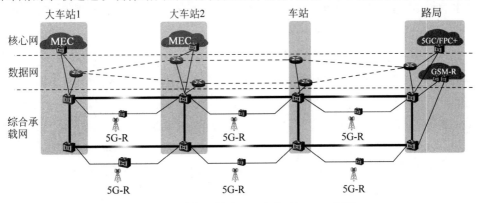

图 2-41　新建高速铁路组网方案(纯 5G-R 组网)

由于 5G-R 需要考虑同站址双网组网,因此分组增强型 OTN 需要考虑双套配置;同时要使用电子客票就需要考虑双上行,因此需要在车站节点 A/B 双网的方式设置。对于区间中继站和防灾节点的业务,可以考虑利用 B 网接入,也可单独组一个小型 SDH 环接入这些业务。

从简化组网结构的层面来考虑,5G-R 业务直接由分组增强型 OTN 负责接入,列控、语音等业务送到核心网,需要本地终结的数据业务送到 MEC 节点进行业务处理,实现 MEC 的功能。在变电站等节点也设置分组增强型 OTN 设备,实现多业务综合接入。在区间的 RRU 节点设置工业光网设备,实现动环、铁塔、视频监控等业务的综合接入。

另外,考虑到区间的工区、RRU 铁塔、变电所、警务区、给水区等设施以及视频监控、SCADA、动环业务需要网络覆盖,且它们基本都是有线业务,考虑到数据网控制节点总量与减少收敛范围的要求,这些节点建议采用 GPON 或 10Gb/s PON 来实现业务接入,通过在车站设置 OLT、区间设置 ONU 的方式,采用等比或不等比分光器将 ONU 拉远到区间节点。这样就能将区间的小节点统一接入到车站的路由器进行业务处理,降低链路故障时链路的收敛时间,提升整网可靠性。

GPON 可采用 ONU 双上行的保护模式进行组网,提升网络的可靠性,并能定位到故障点,相当于将过去由小型传输设备接入的业务改由 GPON 设备接入,有效降低建设成本。

2.4.4　应用案例

为了更好地理解该组网方案的设计思路与设计原则,将某高铁线的实际情况及实际参数进行代入,参考标准组网模型,根据具体要求来进行组网方案设计。为了体现设计的多样性,我们设计了两种组网方案供参考。

组网方案一如图 2-42 所示,某条新建高铁线按时速 350km/h 设计,共设 5 站 4 区间,站间距如图 2-42 所示,在车站 2 和车站 4 设立云平台,初期主要用于视频监控云存储,远期考虑将其他业务一并纳入云存储与云计算。该线路在初设阶段按照既有 MSTP 方案进行设计,汇聚层设 STM-64 1+1 保护链,车站接入层设 STM-16 1+1 保护链,区间接入层设 3 个 STM-4 保护环。

考虑到该条线路的通车时间和 5G-R 部署的时间点较为接近,因此在初设的时候设计方也同步考虑后续引入 5G-R 的需求及变更,变更后的组网方案如图 2-43 所示。考虑到后续新建高铁原则上都会把信号中继站与 GSM-R 基站合设(节省机房

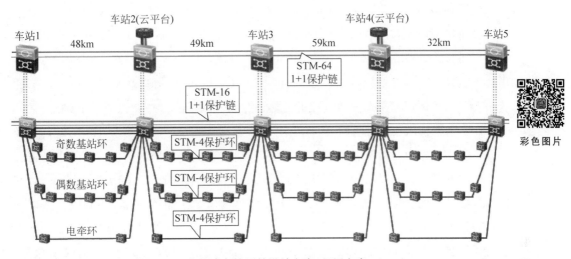

图 2-42　某新建高铁原始设计方案(组网方案一)

征地),按照信号设计规范的要求,信号中继站的距离一般为 15～20km(受限于轨道电路电缆传输距离),与 5G-R BBU 的 eCPRI 距离基本契合,因此在设计的时候考虑将 A/B 双网的 BBU、GSM-R 的基站与信号中继站合设,所有设备均采用分组增强型 OTN 设备,线路侧采用 10Gb/s 混合线卡。原有的奇数基站环、偶数基站环、电牵环继续保留,只不过将速率从 STM-4 升级到 STM-16,满足未来其他业务的接入需求。

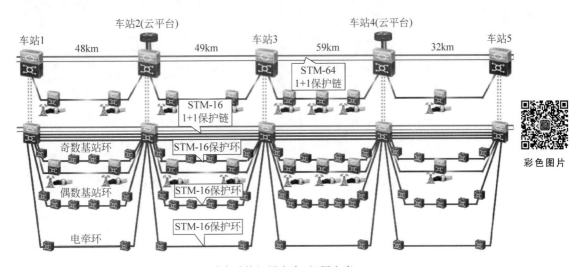

图 2-43　更改后的组网方案(组网方案一)

因此在组网的时候,可以利用汇聚层和接入层组建传输双网,即 A 网通过汇聚层传输设备组网,采用分组增强型 OTN 设备连接相邻两个车站,并在区间信号中继站设传输设备接入 5G-R BBU 业务,同时该设备还可兼作区间视频监控云平台接入点,将周边各基站的视频交换机接入到分组增强型 OTN 设备上,再送往车站 2 或车站 4 的云平台。线路侧可以采用多波合波的方案,利用波分特性实现光层穿通等功能。

B 网利用接入层进行组网,同样也用相邻车站接入层分组增强型 OTN 设备以及区间信号中继站设备组建 10Gb/s 环网,与 A 网共用信号中继站机房。这相当于信号中继站内部既有信号设备,又有 GSM-R 设备(奇数环),还有 5G-R BBU 设备(A/B 双网),同时还有两套分组增强型 OTN 传输设备。和汇聚层传输设备不一样的是,接入层传输设备需要兼顾奇数环 GSM-R 基站的接入,这相当于接入层分组增强型 OTN设备需要接入 B 网 5G-R BBU、奇数基站环的 GSM-R 基站以及周边视频监控交换机。这样接入层传输设备在线路侧就需要引出 10Gb/s 混合线卡接口及 2.5Gb/s STM-16接口,同时接在 2 个不同的环上;在业务侧就需要引出 E1 接口和以太网接口,以满足GSM-R 和 5G-R 的接入需求。

汇聚层详细组网方案如图 2-44 所示,以车站 2～车站 4 这一段为例进行详细的组网方案介绍。车站 2 到车站 3 区间距离 49km,设 2 个中继站,每个中继站接入 A 网 5G-RBBU 和周围几个基站的视频监控交换机,每个节点开 4～8 波 10Gb/s,这样中继站 2 的主要业务走顺时针方向到中继站 1 之后,直接通过光层穿通到中继站 1 的西向(左侧),和中继站 1 的主要业务合波之后送往车站 2,视频业务送往云平台,5G-R 业务向核心网方

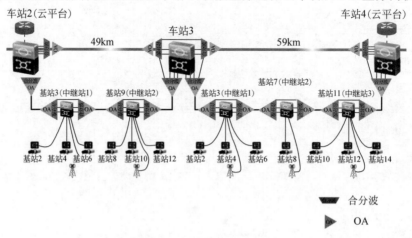

图 2-44　汇聚层详细组网方案

向交换,这样中继站 2 的主要业务在中继站 1 不用落地,也就免去了中继站 1 的电层处理时延。同理,中继站 1 的保护业务经过逆时针方向到中继站 2 之后,通过光层穿通到中继站 2 的东向(右侧),和中继站 2 的保护业务合波后送往车站 3,在车站 3 再经过光层穿通送到车站 2。这样中继站 1 的保护业务在中继站 2、车站 3 就不用经过电层交换,中继站 2 的业务在车站 3 也不需要经过电层交换,同样降低了设备时延。

车站 3 到车站 4 区间距离 59km,设 3 个中继站,每个节点同样开 4～8 波 10Gb/s。和车站 2～车站 3 区间的情况一样,中继站 3 的主要业务沿逆时针方向到中继站 4、中继站 5 之后,直接通过光层穿通到中继站 4、中继站 5 的东向(右侧),和中继站 5 的主要业务合波之后送往车站 4;中继站 4 的主要业务也沿逆时针方向到中继站 5,通过光层穿通到中继站 5 的东向,合波之后送往车站 4。中继站 5 的保护业务经过顺时针方向到中继站 3、中继站 4 之后,通过光层穿通到中继站 3 的西向(左侧),和中继站 3 的保护业务合波后送往车站 3,在车站 3 再经过光层穿通送到车站 4;中继站 4 的备用业务也走顺时针方向到中继站 3,通过光层穿通到中继站 3 的西向,合波之后送往车站 3,经过穿通之后送往车站 4,同样降低了设备时延。

接入层的组网和汇聚层组网类似,如图 2-45 所示,区别就在于接入层的中继站设备同时也兼作 GSM-R 的奇数基站环接入设备。例如,在车站 2～车站 3 区间,中继站 1 的分组增强型 OTN 设备同时也是基站 3 的接入设备,中继站 2 的分组增强型 OTN 设备同时也是基站 9 的接入设备。

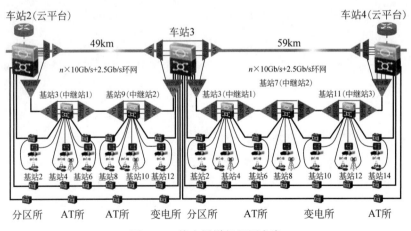

图 2-45 接入层详细组网方案

偶数基站环和电牵环仍然维持传统的 MSTP 设计,只不过将 622Mb/s 升级到 2.5Gb/s,便于今后更多业务接入。

组网方案二如图 2-46 所示。这种组网模型比较简单,直接将区间所有的基站、中继站、变电所全部升级为分组增强型 OTN,全部采用 10Gb/s 混合线卡组网。考虑到节点较多,没有在每个节点都设计光层合波分波,而是采用逐站中继的方式实现业务的传递。这种方式的时延会比方案一更高,但是节点接入能力会变得更强,相当于让区间每个节点都具备了多平面业务的接入能力,这样就能够替换区间的视频交换机,通过传输设备的分组接口直接接入各种摄像头及其他设备,减少了网络的层级,节省了机房空间和设施。今后如果想在变电所升级 4K 摄像机,也可以直接方便地接入。

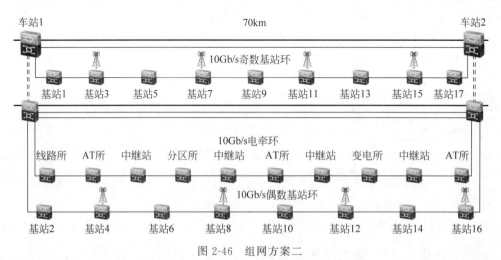

图 2-46　组网方案二

在铁路迈向 5G-R 及云计算的大背景下,铁路的行车关键业务对网络的指标要求并没有减弱,对网络的隔离性要求变得更高。因此,在组网设计时应通盘考虑业务的性能要求和特点,针对不同层级选择不同的组网架构,建议采用承载网与业务网分离解耦的模式,让传输网专注于多业务综合承载,为 5G-R 及各类业务提供高可靠的承载通道。

面向未来,传输网需要在保证物理隔离和安全性的前提下尽可能提升数据业务的承载效率和复用效率,在安全性和效率之间取得平衡,同时也需要从产业的角度确保和电信运营商主流航道保持一致。从这个要求上看,以分组增强型 OTN、OSU 等技术为代表的 F5G 是未来铁路传输网的最佳选择。未来的组网方案应统筹考虑沿线传输网和局干 OTN 的功能定位,在保证功能的前提下尽可能扁平化组网;组网方案在考虑 5G-R 和电子客票双网承载的应用需求上,尽可能考虑运维的便利性,更好地支撑铁路智能化的发展,为铁路全面信息化、智能化、智慧化打下基础,助力铁路数字化转型,提升铁路的整体效率。

第 3 章

地铁传输网

3.1 地铁发展历程

1863 年 1 月 10 日,英国首都伦敦诞生了世界上第一条用蒸汽机车牵引的地下铁道线路(6.5km),至今已有近 160 年的历史。经过百年的发展,通过不断提高技术水平,伦敦地铁系统已成为当今世界上的先进技术范例之一,特别是 1879 年电力驱动机车研究成功后,伦敦地铁几乎每年都有新发展。受伦敦成功建设地铁的影响,美国纽约也于 1867 年建成了第一条地铁线路。世界上较早建设地铁的国家和城市还有法国巴黎(1900 年)、德国柏林(1902 年)和汉堡、美国费城以及西班牙马德里(1919 年)等。在此之后,除"第二次世界大战"期间地铁建设处于低潮期外,世界上地铁建设蓬勃发展,加拿大多伦多和蒙特利尔、意大利罗马和米兰、美国旧金山和华盛顿,俄罗斯莫斯科和圣彼得堡等著名的城市都修建了地铁。整亚洲地区也有日本、韩国、新加坡、马来西亚、印度等国家以及中国香港特别行政区相继修建了地铁。

日本东京的第一条地铁线路于 1927 年建成通车。虽然日本的地铁是效仿欧洲技术建设而成,但日本在修建地铁的同时,着重开发主要车站及其邻近的公众聚集场所,这些场所能促进地下商业中心的建设,而且与地下车站连成一片,使地铁这一公益性基础设施获得了新的活力,取得了较好的经济效益和社会效益。截至 2019 年,东京已拥有 13 条地铁线路,线路总长度约 326km,共设置车站 285 座,是当今世界上地铁客运量最大的城市之一。

世界上修建速度最快和最繁华的地铁是莫斯科地铁。1932 年,莫斯科的第一条地铁线路开始动工,这条长 11.6km,拥有 13 座车站的地铁线路,到 1935 年 5 月建成通车,所耗时间仅 3 年有余,建设速度空前。发展至今,莫斯科已拥有地铁线路 9 条,总长度约 244km,年客运量已突破 26 亿人次。莫斯科地铁的建筑风格和客运效率举世闻名,每个车站都由著名的建筑师设计,并配有许多精美雕塑,使乘客有身临宫殿之感。

世界上唯一能通过公司内部资产运作获得盈利的地铁运营公司在中国香港特别行政区。由于香港特别行政区 80% 的居民都居住或工作在依山傍水的窄小走廊地带,要想在地面通过大规模拆除房屋、拓宽道路来减轻交通拥挤不太可取,因此大力推进地铁工程。目前,香港特别行政区的地铁和轻轨交通已形成布局合理、换乘方便、四通八达的地铁网,覆盖港岛主要地区,并与大陆铁路相连。香港特别行政区地铁的运输效率和巨大的经济效益举世闻名。

随着我国国民经济的持续增长和城市化进程的加快,城市人口日益膨胀,小城镇发展为城市,大城市发展为大都市;加之城市机动化程度的飞速发展,城市人均拥有机动车的比率呈指数上升趋势,"走路难、乘车难、行车难、停车难"的矛盾日益激化,城市交通拥堵问题已成为当前我国各大城市经济社会发展和城市各项功能建设的"瓶颈"。借鉴世界发达国家的经验,从解决问题的前瞻性、保证交通的安全性和可靠性、减少对城市空气和环境的污染及可持续性发展等各方面综合考虑,在城市中心区修建轨道交通,是解决城市交通拥堵问题的根本措施,是我国大城市走出交通困境的必由之路。轨道交通以其运送量大、快速、正点、低能耗、少污染和乘坐舒适方便等优点,常被称为"绿色交通"。城市轨道交通的建设,可以提高市民生活质量,缓解交通拥挤;可以促进经济社会发展,改善投资环境;可以带动沿线土地开发利用和促进大城市各相关领域的发展,这对于 21 世纪实现城市可持续发展具有重要的战略意义。

我国城市轨道交通工程建设方兴未艾。1969 年 10 月 1 日,北京地铁一期工程完工,并于 1981 年正式对普通民众开放。随着我国改革开放的不断深化和社会经济的持续发展,20 世纪 90 年代,以北京、上海和广州为代表的国内大城市,从改善城市交通状况、促进城市协调发展的目的出发,分别修建了城市轨道交通线路。此后,国内其他一些大城市也相继制定了各自的城市轨道交通规划。目前国内有 52 个城市规划了城市轨道交通,其中 43 个城市已经开通或已经开工,城市轨道交通已成为我国城市基础设施建设领域的一个热点。

截至 2020 年年底,全国共有 24 个城市的地铁线网规模达到 100km 或以上。其中,上海的运营线路长度超过 800km,北京运营线路长度超过 700km,二者的全年客运量约 39 亿人次,线网规模和客流在国内遥遥领先,已经逐渐形成超大线网规模。广州运营线路长度超过 500km,全年客运量约 33 亿人次。深圳的运营线路长度超过 400km,年客运量约为 18 亿人次。成都运营线路长度快速增长,进入 500km 行列。南京、武汉、重庆运营线路长度均超过 300km,西安、杭州、青岛、天津、郑州五市的运营线路长度均超过 200km。成都、武汉、南京、重庆的年客运量均突破 10 亿人次。

城市快速轨道交通历经发展,种类、形式繁多,常见的城市轨道交通制式包括地铁、轻轨、跨座式单轨、悬挂式单轨、中低速磁悬浮、有轨电车、APM 等;按照客运能力的大小,可以分为大运量、中运量和小运量交通系统等。在这些轨道交通制式中,地铁的各类系统最为齐全,也最为典型,也是我国各大城市主要建设的城市轨道交通制式。因此本章主要以地铁为例,介绍各种业务系统以及传输网解决方案。

3.2　地铁传输网介绍

3.2.1　地铁系统介绍

地铁属于集多工种、多专业于一身的复杂系统,在过去的 100 多年中,地铁从单一的线路布置,发展到采用先进技术组成的复杂而通畅的地下和高架网络。充分利用现代高新技术成就,是实现高度现代化城市轨道交通系统安全运转的保证。地铁系统是一个庞大的系统,由多个子系统组成,如图 3-1 所示。

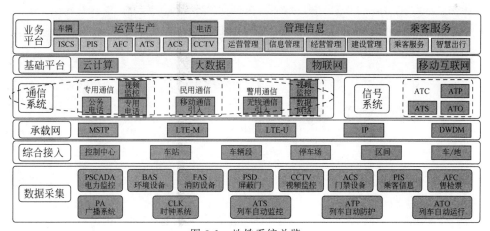

图 3-1　地铁系统总览

(1)地铁信号系统:信号系统在城市轨道交通领域主要起着控制列车安全、正点、高效高密运行,确保列车和乘客安全的作用,在城市轨道交通中占有重要地位,它是保障轨道交通行车安全与高效运行的重要手段。

（2）地铁通信系统：地铁通信系统是为组织地下铁道运输、指挥列车运行和进行业务联络而设置的。地铁通信系统分为专用通信系统、警用通信系统和民用通信系统。其中专用通信系统归属地铁公司管理，主要用于地铁的行车、运营、管理等和安全运维直接相关的业务；警用通信归属地铁警用分局管辖，主要用于涉及人身财产安全的监控与警力指挥调度；民用通信归属电信运营商，主要用于运营商的网络接入。这些系统都会通过各自的传输系统来进行承载。

（3）地铁传输网：为满足地铁通信各子系统和信号、电力监控、防灾、环境与设备监控系统和自动售检票系统等各种信息传输的要求，地铁一般都会建立以光纤通信为主的传输系统网络，传输系统是通信系统中最重要的一个子系统之一，是一切需要传递信息和数据的机电系统（包括通信系统的子系统）的基础。地铁传输系统分为专用传输、警用传输、民用传输，它们分别承载对应的专用通信、警用通信、民用通信的各类业务。

1. 地铁信号系统

信号系统在城市轨道交通中占有重要地位，它是保障轨道交通行车安全与高效运行的重要手段。信号系统的结构与性能直接关系到项目初期建设投资、系统运量、运行能耗以及系统运行与维修成本。目前在城市轨道交通中使用的信号系统一般称为自动机车控制（Automatic Train Control，ATC）系统。

图 3-2　城市轨道交通信号 ATC 系统

ATC 系统在设备组成角度分为列车自动防护（Automatic Train Protection，ATP）、列车自动运行（Automatic Train Operation，ATO）、联锁以及列车自动监控（Automatic Train Supervision，ATS）4 个子系统，如图 3-2 所示。

信号系统在城市轨道交通领域主要起着控制列车安全、正点、高效高密运行，确保列车和乘客安全的作用。通过各子系统间的协调动作实现在线路上列车的安全间隔、超速防护、自动驾驶及行车指挥自动化功能，并实现实时在线的列车运行状态监督，为其他监控系统提供行车信息，提高行车指挥效率，减少行车指挥人员的劳动强度。

（1）ATP 子系统包括车载和轨旁设备，主要实现列车间隔控制和超速防护、列车位置检测、列车测速定位，支持不同驾驶模式下的列车控制和车门监控，并在站台非正常情况下实现紧急停车功能，还能监控列车非正常移动（溜车），控制车载信号设备的显示及报警,实现与 ATO、ATS 和联锁系统的信息交换和处理等功能。

（2）ATO 子系统是自动控制列车运行的设备。在 ATP 的保护下,根据 ATS 的指令实现列车的自动驾驶,能够自动完成对列车的启动、牵引、巡航、惰行和制动的控制,确保达到设计间隔及行车速度。包括实现列车的自动驾驶,车门控制,车站定位停车,调整列车运行状态(包括启动、加速、惰行、巡航及制动),与 ATS、ATP 交换信息及控制车载广播,列车区间运行时分的控制,牵引及制动控制满足舒适度的要求等。

（3）ATS 子系统主要用于列车的调度,在 ATP 及 ATO 子系统的支持下完成对全线列车运行的自动管理和监控,包括列车运行图编制及管理、列车运行调整、进路控制及取消、列车运行模拟和培训、系统设备操作记录、系统设备状况监视、司机发车指示、旅客向导信息生成和显示、车辆段列车运行监控、列车运行信息记录及回放、报告和报表生成及打印等功能。

（4）联锁子系统是实现道岔、信号机、轨道电路间的正确联锁关系及进路控制的安全设备。联锁设备是自动化信号系统的重要环节,是信号系统的重要组成部分,是确保行车安全的基础设备,必须符合故障-安全原则及必要的设备冗余要求。联锁系统的主要功能为：按正确的联锁关系设定、解锁列车进路;对正常进路进行防护;向 ATP 提供信号状态、列车进路设置情况、保护区段的建立、相关接口及区间运行方向等条件;完善的自诊断功能,能对联锁设备本身、UPS 电源、轨道电路等实施监督,并具有与微机监测远程诊断系统接口的功能。在联锁控制工作站上,能对不同的操作人员赋予相应的职责、权利,以确保对设备的正确控制。

ATC 系统从功能上主要分为列车控制(列控)和线路安全防护(闭塞)。下面分别进行介绍。

2. 地铁列控方式

地铁的列控方式主要分为阶梯式和连续式两种。在阶梯式速度控制方式下,列车只需获得由轨道电路提供的最高限制速度信息即可自动完成列车超速保护,这种方式相对来说比较简单,但是列车最终间隔较大,无法充分发挥地铁的运输能力;且轨道电路阻抗受隧道内湿度影响比较大,目前采用这种控制方式的地铁越来越少。

根据速度检查的时机不同,阶梯式速度控制方式又可分为出口检查方式和入口检查方式。出口检查方式在闭塞分区入口给出列车限制速度值,采取人控优先方法,控制列车在闭塞分区出口的速度不超过下一闭塞分区的限制速度,如超速,即强迫制动,如图 3-3 所示。

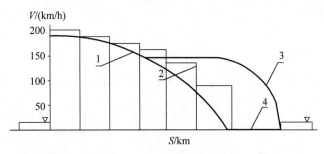

1—司机操作常用制动曲线；2—基于常用制动的阶梯式限制速度曲线；
3—超速后设备动作的最大常用制动曲线；4—保护区段

图 3-3 出口检查方式

入口检查方式是在闭塞分区入口处给出该闭塞分区列车速度的限制值，控制列车到该闭塞分区出口时不超过限制速度，如图 3-4 所示。

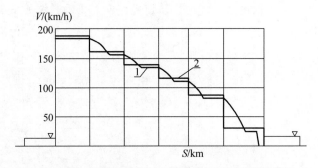

1—设备自动速度曲线图；2—阶梯式入口检查速度曲线

图 3-4 入口检查方式

为了适应更高的列车运行密度、速度，提高列车运行控制的实时性、运行效率以及列车运行的平稳性，各信号厂家在 20 世纪 80 年代初开发了连续式控制方式，来实现对列车运行速度的连续监控，这种方式又称目标距离（distance-to-go）方式。

在这种方式下，车载信号设备需在列车运行过程中连续计算当前最高允许速度及紧急制动（最大常用制动）速度，因而需要获得大量信息，包括前方列车位置及信号设备状态的动态信息；列车性能信息，如列车长度及制动或减速率；线路坡度、道岔位置及曲线半径及限速等固定静态信息；线路区段临时限速信息；特殊情况下要求列车紧急停车信息；其他辅助信息，如信息报文识别号、列车自动驾驶运行数据等。目前这种方式已经成为地铁信号控制的主流方式，如图 3-5 所示。

实现此种列车控制的技术关键在于列车如何定位以及将信息传送给后续列车。

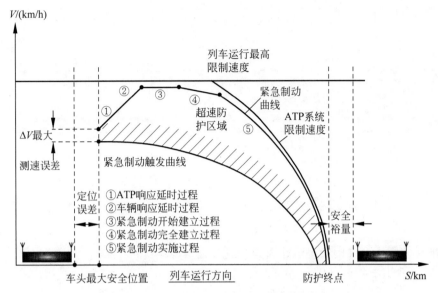

图 3-5　速度-距离模式曲线控制方式

为此开发了多种列车测速及定位技术,如雷达或速度脉冲发生器测速技术,轨道电路、环线边界、环线交叉、固定位置应答器定位技术;以及列车与地面设备间信息传送技术,如数字编码轨道电路、点式应答器、环线、甚高频无线通信等。根据采用的列车定位技术及列车与地面设备间信息传送技术的不同,这种列车控制模式又可分为以下两种。

(1) 以数字编码无绝缘轨道电路作为列车定位设备及信息传送媒介的准移动闭塞。

(2) 移动闭塞 CBTC 列车控制方式。由于轨道电路只能实现地-车单向数据传输,无法实现车-地双向数据传输,且轨道电路阻抗调试复杂,容易受到隧道内湿度变化影响,因此目前绝大多数地铁均采用 CBTC 的方式。

3. 地铁闭塞方式

信号系统的闭塞制式分为固定闭塞、准移动闭塞和移动闭塞 3 种。固定划分区段的轨道电路,提供分级速度信息,对应每个闭塞分区只能传送一个信息代码,实施阶梯式的速度监督,使列车由最高速度逐步降至零。固定闭塞 ATP 系统采用阶梯式控制方式,对列车运行控制精度不高,降低了列车的舒适度、增加了司机的劳动强度,限制了通过能力的进一步提高,如图 3-6 所示。

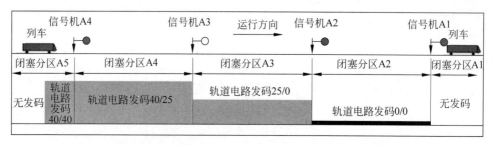

图 3-6　固定闭塞系统

准移动闭塞系统采用"跳跃式"连续速度/距离曲线控制模式,列车尾部依次出清各电气绝缘节点时跳跃跟随。列车的最小正常追踪运行间隔为安全保护距离加一个闭塞分区长度再加最高允许速度下使用常用制动直至停车的制动距离。基于轨道电路的准移动闭塞系统的最小追踪间隔一般可达到 90s,如图 3-7 所示。

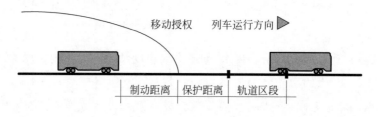

图 3-7　准移动闭塞系统

准移动闭塞具有较大的信息传输量和较强的抗干扰能力,能提高线路的利用率,能向车载设备提供目标速度、目标距离、线路状态等信息,ATP 车载设备结合固定的车辆性能数据计算出适合本列车运行的速度-距离曲线,保证列车在该曲线下有序运行。准移动闭塞采用速度-距离曲线的列控方式,提高了列车运行的平稳性,列车追踪运行的最小安全间隔较短,对提高区间通过能力有利;连续式准移动闭塞 ATS、ATP 子系统与 ATO 子系统结合性较强,ATC 系统技术成熟。

准移动闭塞在 20 世纪 90 年代开始大量采用,这类系统可以满足城轨交通运营要求,实现了速度-距离曲线对列车的控制,增加了舒适度,基本属于 20 世纪 90 年代的技术,也是目前各地铁系统采用的基本技术。

在通信技术快速发展前提下,各信号厂家又陆续开发出基于通信的列车控制方式,即移动闭塞 CBTC 列车控制系统。这是基于车载设备与地面设备间进行连续、高速度、大容量、可靠、安全的数据信息交换及通过各种技术手段实现列车自定位的列车控制方式,这种列车控制方式能确保实现移动闭塞行车模式,如图 3-8 所示。

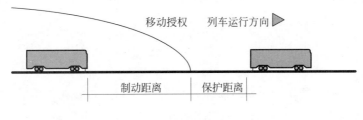

图 3-8　移动闭塞系统

移动闭塞系统使用了 IEEE 1474 的安全制动模型。该安全制动模型至少应考虑以下因素:

(1) 列车长度、列车定位误差、最大的测速误差、系统的响应时间及时延、最大列车加速度、线路坡度。

(2) 最不利情况下,从监测到超速至切断牵引和紧急制动的反应时间。

(3) 最不利情况下,列车紧急制动的减速度等。

CBTC 控制模式采用"速度-距离曲线模式"的列控方式,目前常用的车-地双向通信方式有感应环线、无线扩频电台、裂缝波导、漏缆等。

准移动闭塞和移动闭塞明显优于固定闭塞,而移动闭塞在列车定位、追踪间隔、通过能力方面又优于准移动闭塞。与基于轨道电路的闭塞制式相比,移动闭塞制式具有以下主要特点。

(1) 实现车地双向、实时、高速度、大容量的信息传输。

(2) 列车定位精度高。

(3) 列车运行权限更新快。

(4) 不受牵引回流的干扰。

(5) 轨旁设备简单,可靠性高。

(6) 缩短列车追踪间隔,提高通过能力。

(7) 能适应不同性能列车的运行。

整个 CBTC 信号系统由 ATS 列车自动监督控制子系统、ATP 列车自动防护子系统、ATO 列车自动运行子系统、CBI 联锁子系统、DCS 数据传输子系统构成。其中车地通信部分目前多采用 WLAN 或 LTE-M 来承载。一般来说,轨旁 CBI 和 ATP 使用专用的 DCS 网络(多采用工业交换机组建),如果采用 WLAN,那么信号系统会自己组建 IP 网络。如果采用 LTE-M,那么有的地铁线路采用 DCS 承载,有的地铁线路采用传输系统来承载(取决于地铁公司将它们的承载划分到信号系统还是通信系统)。因此,地铁光传输网有可能会承载涉及行车安全的业务。

4. 地铁通信系统

地铁通信系统为组织地下铁道运输、指挥列车运行和进行业务联络而设置的通信系统。地铁通信系统分为专用通信系统、警用通信系统和民用通信系统,如表 3-1 所示,这些系统都会通过各自的传输系统来进行承载。

表 3-1　地铁通信体统组成

地铁通信系统	主 要 作 用	主要子系统
专用通信系统	调度运营指挥综合信息平台	调度、公务电话系统
		无线通信系统
		CCTV、PIS、PA、CLK 等
		专用传输系统
民用通信系统	运营商无线引入商用多媒体业务	移动通信引入系统
		数字移动多媒体系统
		民用传输系统
警用通信系统	无线、视频监控一体化系统	警用无线通信系统
		警用视频监控系统
		警用传输系统

3.2.2　地铁传输网概述

为满足地铁通信各子系统和信号、电力监控、防灾、环境与设备监控系统和自动售检票等系统各种信息传输的要求,地铁一般都会建立以光纤通信为主的传输系统网络,传输系统是通信系统中最重要的子系统之一,是一切需要传递信息和数据的机电系统(包括通信系统的子系统)的基础。地铁传输系统的位置与作用如图 3-9 所示,需要注意的是,LTE-M 既有可能归在信号专业建设,也有可能归在通信专业建设,视不同业主的职责划分决定。例如,成都地铁的 LTE-M 由信号专业承建;深圳地铁的 LTE-M 由通信专业承建;广州地铁 LTE-M 的 A 网由信号专业承建,B 网由通信专业承建。

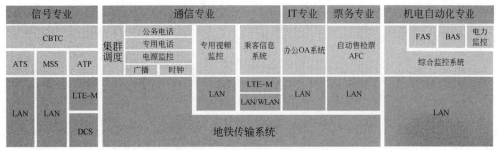

图 3-9　地铁传输网的位置与作用

3.2.3　地铁传输网承载通信业务分析

地铁传输网分为专用传输、警用传输、民用传输，它们分别承载对应的专用通信、警用通信、民用通信的各类业务。下面对这些业务系统进行详细介绍。

1. 地铁专用通信业务

地铁专用通信主要业务如表 3-2 所示。

表 3-2　地铁专用传输主要业务类型

	专用业务名称	接口	带宽/(b/s)
语音业务	公务电话、专用电话等	E1	1×2M
低速数据业务	广播音频数据、电视控制信号、时间等	RS232/422/485	1×2M
		2/4 线音频数据	
2M 中继业务	无线集群	E1	2×2M
	调度电话	E1	2×2M
	系统互联	E1	2×2M
宽带数据业务	广播信号	FE	10M
	列车自动控制信号（ATS）	FE	10～100M
	电力远动监控信号（SCADA）	FE	10M
	自动售检票信号（AFC）	FE	10～100M
	防灾报警信号（FAS）	FE	10M
	环控信号（BAS）	FE	10M
	电源监控信号	FE	10M
	通信系统本身的管理、监控信号	FE	10M
	综合监控系统信息	FE	1000M
	其他运营维护数据及信息	FE	10～100M
	计算机网络	GE	500～1000M
视频业务	视频实时上传及调用	GE	5000M
乘客信息业务	乘客信息系统（PIS）	GE、10GE	500M

1）电话系统

电话系统包括公务电话、专用电话与调度电话。

公务电话系统是为轨道交通系统内运营、管理、维修等各部门工作人员提供日常工作联系的手段，它是集语音、图像、中低速数据于一体的交换网络，可提供系统内部用户之间的电话联络、系统内部用户与公用电话网用户之间的电话联络，能将"119""110"和"120"等特种业务呼叫自动转移至公用电话网的"119""110"和"120"上。在专用电话系统出现重大故障时，公务电话系统可作为专用电话的应急通信手段。

公务电话系统由电话交换机、自动电话及其附属设备组成。电话交换机可以是程控电话交换机，也可以是软交换系统，为地铁提供电话业务以及用户终端业务，包括智能用户电报、可视图文、传真、用户电报、可视电话等。当调度通信系统出现故障的时候，也能够利用交换机的会议功能完成调度通信功能。

专用电话系统是为控制中心调度员、车站、车辆段、停车场的值班员组织指挥行车、运营管理及确保行车安全而设置的，主要包括调度电话，站间行车电话，车站、车辆段、停车场内直通电话以及区间电话。调度电话是为列车运营、电力供应、日常维护、防灾救护提供指挥手段的专用通信设备，要求迅速、直达，不允许与运营无关的其他用户接入该系统。

调度电话系统是供控制中心调度员与各车站、车辆段、停车场值班员以及与行车业务直接有关的工作人员进行调度通信之用。调度电话系统包括行车、电力、防灾、维修等调度电话。

调度电话系统由中心调度专用主控设备，车站、车辆段、停车场专用分控设备，调度电话终端，调度电话分机，多轨迹录音装置及维护终端等组成。调度电话终端设置在控制中心、车站以及车辆段（场）各值班员座席上。其中行车调度电话分机应设置在各车站行车值班员、车辆段信号楼行车值班员等处；电力调度电话分机应设置在各变电所的主控制室、低压配电室及其他特殊需要的地点；防灾、调度电话分机应设置在各车站、车辆段综合控制室以及车辆段的消防控制室等地点。调度电话系统实现如下功能。

（1）控制中心调度台应能对下属分机进行个别呼叫、分组呼叫和全部呼叫，能实现强插、强拆、优先级控制等功能。任何情况下均不能发生阻塞。

（2）实现控制中心总调度员与各系统调度员之间的通话。

（3）控制中心总调度员协调和监视行车、电力、环控（防灾）、维修调度员的控制操作。

（4）控制中心行车调度员、电力调度员、环控（防灾）调度员、维修调度员与各站（段）相应值班员之间的直接通话。

（5）调度分机可对相应调度台进行一般呼叫和紧急呼叫。

（6）调度分机呼叫调度台时，调度台应能按顺序显示呼叫分机号码，并区分是一般呼叫还是紧急呼叫。

（7）各调度系统间的分机、调度系统内的分机之间不允许进行通话。

（8）调度台与分机的通话，在控制中心应能自动记录，控制中心的调度设备应具有自检功能，能对整个调度系统进行检测，并可显示检测结果，能对通话进行录音。

（9）站（段）内电话：车站值班员与本站有固定位置的有关人员之间进行直接通话；车站值班员与本站特殊地点装设的紧急联络电话之间进行直接通话。车辆段各值班员（通号楼值班员、运转值班员、列检值班员）与本段有关人员之间进行直接通话。车辆段内各值班员之间进行直接通话。

（10）站间电话：相邻站（段）值班员之间、联锁站车站值班员之间进行直接通话。

（11）区间电话：也称轨旁电话，区间电话机能选择与相邻车站值班员间直接通话，并可以通过切换装置接入公务电话系统。

2）视频监控系统

视频监控系统（Closed-Circuit Television，CCTV）是地铁运营管理现代化的配套设备，为控制中心调度员、各车站值班员、列车司机等提供有关列车运行、防灾、救灾及乘客疏导等方面的视觉信息。CCTV 应由中心控制设备、车站控制设备、图像摄取、图像显示及视频信号传输等部分组成。

CCTV 系统在下列场所应设监视摄像机：各车站出入口及通道、上下行站台、自动扶梯、换乘通道、紧急疏散通道等公共场所，以及设备区等区域；并在控制中心行车调度员、防灾调度员、车站值班员等所在场所设置控制、监视装置。在上下行站台列车停车位置设置监视装置。CCTV 系统应提供如下功能。

（1）监视功能。

CCTV 统供控制中心的调度管理人员、车站值班员、站台工作人员及司机实时监视各车站客流、列车出入站以及旅客上下车等情况，使其能根据现场情况及时采取对应措施，以提高运行组织管理效率，保证列车安全、正点地运送旅客。它的监视范围为各车站的出入通道、站厅区和站台区，其中站厅区的监视目标主要是自动售检票进出闸机以及上下站台的自动扶梯的乘客流向，站台监视区的监视目标主要是乘客上下列车的情况。

CCTV 可为车站值班员提供对车站的站台、站厅等主要区域的监视,为列车司机提供相应站台旅客上、下车等情况的监视;为控制中心调度员提供对各车站的监视。

(2)控制功能。

CCTV 采用三级独立监视和两级控制的方式:

① 三级独立监视分别为控制中心调度员、车站值班员和司机。

② 两级控制为中心级和车站级。中心级和车站级的监视及控制相互独立,同时控制中心级的各操作控制也相互独立,平时以控制中心监控为主,在发生紧急情况时,车站值班员应具备最高级别的控制权。

中心级和车站级的操作员分别通过设于以上两处的控制设备对任意一体化球形摄像机的焦距、方向进行独立选择控制。摄像机视频信号叠加时间和摄像区域信息后分别显示在运营控制中心(Operation Control Center,OCC)、车站和司机室/站台的监视器上。控制设备对所有摄像机信号的显示可以进行手动和自动循环切换控制,自动循环时间可调,也可以选择跳过某一路。

(3)录像功能。

CCTV 系统应具备所有摄像机实时视频图像录像功能,录像时间满足反恐法以及运营管理相关要求。

控制中心可选看各车站任何一个摄像机传回的画面,还可以同时观看任意车站的多路画面;车站可选看本站的任何一个摄像机传回的画面,还可以同时观看多路画面;如果有需要,车站之间也可以相互调用摄像机的画面。例如,某个车站出现火灾或紧急情况时,邻近车站就可以相互调用视频监控,进行统一的管理协调。

按照系统功能,CCTV 系统一般由控制中心监视子系统、车站监视子系统、司机监视子系统组成。

(4)控制中心监视子系统。

控制中心监视子系统由网络设备、管理服务器、流媒体服务器、调度员后备终端和集中维护管理终端等设备组成。中央调度大厅大屏显示部分一般由综合监控统一配置,大屏数量按照不小于 6 路视频信号同时显示配置。

(5)车站监视子系统。

车站监视子系统是为了车站值班员能监视本站乘客上下车、出入站以及列车行车情况,主要由摄像机、交换机、服务器、工作站和监视器等组成。

在车站的出入通道、站台和站厅等处安装摄像机,每个车站的摄像机数量根据各区域线路的特点进行配置,一般为 100~250 台,各摄像机通过网络线缆或者光纤直接接入车站交换机(或汇聚交换机)。

(6) 司机监视子系统。

列车停靠站台时,司机需要了解站台客流情况及乘客上下车情况。一般是在地铁站台上下行两端分别设置监视器供司机监视站台情况。司机监视器一般按照同时显示单侧站台 4 路摄像机图像配置。

近几年,为了降低司机的劳动强度,缩短列车运行间隔,出现了在驾驶室设置监视器的方案,即在站台及驾驶室分别设图像无线传送设备,将站台摄像机视频监视信号通过无线方式传送到驾驶室的监视器上,不仅可以使司机在驾驶座位上实时掌握乘客的上下车情况,还可以使司机在未到站前即可提前了解站台情况。

3) PIS

乘客信息系统(Passenger Information System,PIS)是地铁实现"以人为本"、进一步提高服务质量、提高地铁运营管理水平、扩大对旅客服务范围的有效工具。车站信息显示系统的功能需求主要表现在以下几个方面。

(1) 候车信息:提供下次列车到站时间预告、行车信息通告等。

(2) 服务信息:提供重大标题新闻、天气预报、交通信息等。

(3) 政策通告:提供公共安全宣传、公共卫生宣传、政策宣传等。

(4) 广告宣传:提供多媒体广告信息。

有线电视信号(Cable TV,CATV)引入:选择播放有线电视信号,包括重大事件、热点问题、重大赛事等。

PIS 采用集中控制方式运行,信源的采编在控制中心完成,车站负责信息的接收与播放,系统采用两级架构:中央级、车站级。中央级主要完成全线信息的集中采编及播放控制,主要功能包括:

(1) 受理广告业务或其他多媒体播出业务。

(2) 接收 CATV 信号,对重大事件、热点问题、重大赛事及时转播。

(3) 收集并叠加显示服务信息(包括天气预报等)。

(4) 采编并叠加显示重要标题新闻。

(5) 接收并叠加显示同步时钟信息。

(6) 接收并叠加显示 ATS 提供的各个车站列车到站时间等行车信息。

(7) 编制节目播出计划,记录并统计节目实际播出时段及累计播出时间,利用广告节目或有偿播出的费用统计。

车站级主要完成从中央级接收本站信息及播放,具备在脱离中央级支持时的本地实时播放功能。中央级和车站级系统间的传输通道通过通信传输网提供。

此外,PIS 也需要通过车载信息显示系统来向乘客传递信息。车载信息显示系统是列车信息系统的一部分,包括在列车车厢内设置的 LCD 显示器、LED 指示器及动态闪光线路图,其中 LCD 显示器用来显示动态图像(如广告、新闻等),LED 指示器用来显示列车信息(如列车到站信息、换乘信息、短消息等),在紧急情况下,结合车辆广播系统对车内乘客进行疏散指导,体现旅客服务的宗旨,加快各种信息、公告的传递;同时用于将列车收集的运行状态信息上传,以提高地铁运营管理水平,确保行车安全。

中央主控系统提供的显示内容要下传到运动列车的信息显示设备上、列车运行状态实时信息要上传到中央主控系统,必须由无线通信系统为其提供传输通道。目前暂时有两种方案:基于专用无线通信系统方案和无线局域网方案。

(1) 基于专用无线通信系统方案。

该方案直接利用专用无线通信(Long Term Evolution-Metro, LTE-M)系统的数据传输通道来传输中央主控系统发送给列车的信息,同时将列车运行状态信息传送到中央主控系统。该方案系统性能稳定,有良好的传输质量,能满足列车移动条件下的信号质量要求,不易受干扰;但需要向无线电管理部门申请频点,相对来说部署成本较高。

(2) 无线局域网方案。

该方案利用无线局域网,通过在车站、隧道区间设置无线接入点(Access Point, AP)设备,在列车上安装带无线网关的终端设备,从而构成无线传输通道,将中心信息库的信息(短信息和视频信号)传送到列车上,同时将列车运行状态信息传送到中央主控系统。该方案采用 2.4GHz/5.8GHz 频段,属非管制频段,无须专门向无线电管理部门申请频点,容易受到干扰;且在列车高速移动时,实际承载效率会受到极大的影响。

4) 无线系统

无线通信系统为地铁内部固定工作人员与流动工作人员之间以及流动工作人员之间提供移动语音和数据通信服务。

无线通信系统的固定用户包括控制中心的行车调度员、环控调度员、维修调度员,各车站的车站值班员、车辆段值班员等;移动用户包括列车司机、运营人员、维护人员和现场作业人员等。系统既要满足正线列车运行指挥以及沿线工作人员进行日常运营、维护、事故维修及防灾救灾的通信要求,还应满足车辆段值班员、段内列车司机、场

内作业人员等用户之间实施调车及车辆维修的移动通信的需要。概括而言,地铁无线通信系统具备以下主要特点:

(1) 多组群通信,包括行车调度组群、环境控制组群、维修作业组群、保安组群、站务组群、车辆段作业组群、一般移动用户等,这些组群各自形成独立的闭合用户群,组群之间一般不允许相互通信。

(2) 各组群内部通信主要为调度通信业务,既需要个呼功能,还需要组呼和广播功能,更需要紧急呼叫功能。

无线通信系统制式可分为常规无线通信、模拟集群、数字集群等方式。其中常规无线通信和模拟集群系统由于频率和设备资源等利用率不高、传输数据的效率和可靠性低等诸多原因,其建设和应用受到国家政策的严格限制,除了作为临时或过渡措施,原则上不能作为地铁无线通信系统。

就数字集群而言,国家信息产业部早已正式确定了陆地集群无线电系统(Terrestrial Trunked Radio,TETRA)作为我国数字集群的标准。作为欧洲数字集群通信标准的 TETRA,其功能和技术指标适合生产调度指挥使用,以多个不同调度系统共建最为适宜,能很好地满足以生产调度为主的地铁专用无线通信网的需要。TETRA 选用 800MHz 频段,工作频段:806~821MHz(上行),851~866MHz(下行),信道间隔:25kHz,双工间隔:45MHz,各基站均采用二载频基站,基站频率采用 3 组频率复用的方式设置。TETRA 数字集群具有以下优点:

(1) 良好的抗干扰能力,能提供较高的平均话音质量。

(2) 具有多种等级的加密技术,针对不同的用户提供不同的加密等级,加强话音的保密功能。

(3) 有效数据传输速率可以达到 28.8kb/s,可满足窄带数据业务发展的需要。

(4) 标准公开,由 ETSI 进行管理,具有多供应商的市场环境,可以保证良好的性价比。

(5) 系统高效、经济实用,在城市轨道交通系统中得到了广泛的使用。

TETRA 无线通信系统可采用单基站大区制、多基站中区制＋直放站和多基站小区制 3 种方式进行组网设计。

(1) 单基站大区制方式:在控制中心设置移动交换控制中心设备和基站,在地铁沿线各车站均设置射频放大设备,车站和区间隧道采用天线或架设漏泄同轴电缆实现场强覆盖。因系统容量有限、用户入网争用等影响系统通信的可靠性,加之系统通话组不能自动转换、扩展困难等,不适合在城市轨道交通中采用。

（2）多基站中区制＋直放站方式：在控制中心设置移动交换控制中心设备,在地铁沿线的重要车站设置基站(通常以信号闭塞区间的管辖范围进行基站的设置),其他车站设置光纤直放站或射频直放站,由各基站控制。移动交换控制中心设备与基站之间通过有线传输网提供的通道连接。车站和区间隧道采用天线或架设漏泄同轴电缆实现场强覆盖。

（3）多基站小区制方式：在控制中心设置移动交换控制中心设备,在地铁沿线各站设置基站,移动交换控制中心设备与基站之间通过有线传输网提供的通道连接,车站和区间隧道采用天线或架设漏泄同轴电缆实现场强覆盖。

中区制和小区制方式均能较好地实现数字集群系统的一般功能,频谱利用率高,不存在入网争用等问题,能实现列车台进出车辆段时的通话组自动转换,车站与列车台能进行选号呼叫,可实现车站值班员与基站覆盖区内列车台的小组通话。

TETRA 无线通信系统由移动交换控制中心设备、网络维护管理设备、调度台、TETRA 基站、列车车载台、车站固定台、移动人员便携台、漏泄同轴电缆及天线组成。在控制中心设置移动交换控制中心设备及网络维护管理设备,在总调度、行车调度、环控调度、维修调度等处设置调度台,车辆段设置远程调度台;沿线各车站、车辆段设置 TETRA 基站设备,各基站通过光传输通道与控制中心的移动交换控制中心相连。

沿线各车站值班员(防灾值班员)处设置车站固定电台;各列车两端驾驶室内配置车载台;移动作业人员如各车站值班员(站长)、站台工作人员、防灾人员、综合维修部门人员配备单工便携台,部分指挥人员配备双工便携台,构成一个以行车调度功能为主的包括环境控制、维修、车辆段多个子系统并存的链状专用无线通信网。

车辆段、地面高架部分及各车站站厅采用天线实现场强覆盖;区间可以采用天线或两条(上、下行)漏泄同轴电缆实现场强覆盖。

车辆段设调度台及基站,利用集群的虚拟网功能构成车辆段无线通信子系统,车辆段值班员配备固定电台,车辆段内检车维修人员配备便携台。为解决列车因出入车辆段时需在行车调度通话组与车辆段调度组之间进行快速切换的问题,在移动交换控制中心设置与 ATS 系统的接口,由 ATS 系统提供触发信号,正常情况下根据 ATS 控制自动切换,条件具备时也可根据频率扫描自动切换,同时列车电台上设置一个专用按钮,供非正常情况使用和强制性人工切换。当列车进入车辆段时,列车电台根据 ATS 控制、频率扫描或手动按钮,从行车调度通话组切换到车辆段调度组,与车辆段值班员、车辆段内移动人员共同构成车辆段无线通信子系统,完成对车辆段内列车及移动作业人员的调度指挥。

系统内无线用户经授权后还可通过移动交换中心控制器与有线交换机的互联，实现与公务通信系统或市话有线用户的双向直拨功能；根据需要对各用户设置相应的用户等级，除紧急呼叫外，调度员通话具有最高优先级。

5）LTE-M 系统

城市轨道行业需要车地无线网络承载列控列调、宽带集群、PIS/CCTV、轨旁物联等业务。"连续、可靠、安全、不间断"是城市轨道车地无线通信最重要的要求，而且随着轨道交通行业自动化、数字化、智能化发展，传统的城市轨道通信业务采用两种制式（WLAN、TETRA）、4 张网络（信号、PIS、CCTV、调度）同时进行承载，面临着诸多挑战。

（1）WiFi 承载 CBTC 控制信号易受干扰、安全无法保障，过去，很多车地无线网络通过 WiFi 承载，但 WiFi 面临越来越严重的干扰和信息安全问题，WLAN 抗干扰能力差且采用公共频段，在手机热点、遥控设备等干扰源日益增多的情况下，易导致列车被迫停车，PIS 视频质量无法保障。

（2）WiFi 无线方案重选次数多，高速情况下成功率低，设备隧道维护困难，随着轨道交通向 120km 时速的高速化发展，WLAN 不能满足高速情况下稳定的车地无线带宽需求。WiFi 覆盖距离短，只有 150～300m，重选频率高，高速情况下切换成功率低；另外，隧道维护时间窗只有 4h，AP 设备分布节点多，故障定位和维护困难。

（3）传统的窄带 TETRA 方案只支持语音，无法满足视频大数据业务需求，传统的窄带 TETRA 速率低，无法支持视频呼叫、视频分发等业务，且 TETRA 将来无法平滑演进到 4G/5G 技术。

（4）多张网络组网复杂，建设成本和维护成本高。

因此，城市轨道需要多业务统一承载的网络，同时需在高速移动状态下，提供满足宽带、稳定性、具有 QoS 保障和实时性要求的信号列控信息（双向）车地无线数据业务承载。在这样的背景下，LTE-M 诞生了。LTE-M（Metro）是基于 4.5G TD-LTE 技术的城市轨道交通无线车地通信解决方案，能够很好地实现"连续、可靠、安全、不间断"的城市轨道通信保障，同时承载 CBTC、集群调度、PIS 和 CCTV 等多种业务。极简组网，维护难度低，采用专用频点和多级 QoS 机制保障业务安全可靠，关键通信业务稳定运营。LTE-M 端到端的产品解决方案，包含基站、核心网、终端、网管，方案整体组网架构如图 3-10 所示。

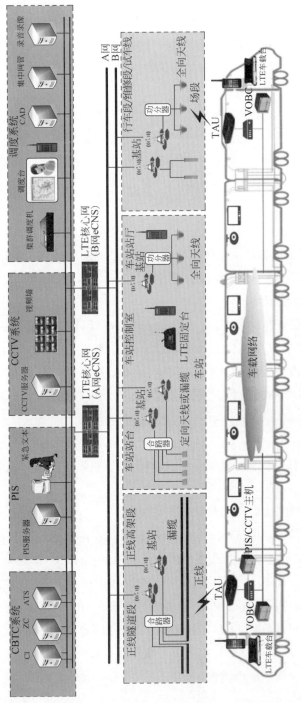

图 3-10 LTE-M 整体组网架构示意图

国内给 LTE-M 分配了 20MHz 专用的频段,即 1785～1805MHz 频段,该频段可以给地铁、机场等多个行业使用,当前全国已经有多个城市开通了采用 LTE-M 的线路,用于承载 PIS、CCTV、CBTC、集群调度等业务。由于 LTE-M 采用 TDD 时分复用机制,因此需要高精度时间同步进行上下行时隙配比,考虑到地铁在城市内建设,GPS 信号容易受到高楼遮挡,且地下建设有可能出现天馈线部署困难等实际问题,因此需要传输系统提供 IEEE 1588v2 高精度时钟。

6)广播系统

地铁广播系统主要用于向乘客通告列车运行以及安全、向导等服务信息,向工作人员发布作业命令和通知。地铁广播系统由车站(含控制中心 OCC)广播系统和车辆段广播系统组成。

(1)车站广播:主要用于向运营管理、维护人员播发相关公务信息;向乘客广播各种公告信息,包括列车运营信息、乘客服务信息等,同时兼做发生灾害事故时的应急广播。

(2)车辆段广播:是为段内运转值班员向辖区进行作业指挥而独立设置的广播系统。车辆段广播系统既可为独立的系统,也可根据需要纳入车站(含控制中心 OCC)广播系统。

车站广播系统优先级与运营管理规定有关,各种优先权的设置可以根据需要调整。

正常情况下,控制中心具备最高的优先级别。即在控制中心进行广播时,车站广播系统接收来自控制中心的广播命令和广播信源,进行相应广播,对本站的广播指令暂时中断执行,待控制中心广播结束后自动恢复本地工作状态。

紧急情况下,站台广播具有最高优先级(自动中断其他信源),车站级次之(设紧急控制按钮)。

车辆段广播设备由广播控制盒(含话筒)、功率放大器、控制立柜、扬声器和现场的语音插播盒等设备组成。广播控制盒(含话筒)分别设于车辆段信号楼值班员、运转值班员和停车列检库值班员处。

车站广播系统采用两级调度:控制中心(OCC)和车站。控制中心又分为环控调度(一级)和行车调度(二级)两级。

(1)控制中心:由广播控制设备、各种播音操作台(含信源)、通信接口装置、状态显示装置、数字录音装置、功率放大器和负载控制装置、扬声器等组成。其中功率放大器、负载控制装置及扬声器用于控制中心建筑物内部广播。控制中心广播控制设备设置的接口包括：与各车站广播的数据及语音接口；与监测管理系统的数据通信接口；与时钟系统的数据通信接口。

（2）车站：由广播控制盒（含信源）、综合控制装置、功率放大器立柜、站台插播盒、音量回授控制设备以及扬声器等组成。

广播系统另设维护检测终端，用于监测系统的工作状态，并对各车站进行远程测试。

连接控制中心广播控制设备与车站广播设备间的传输通道包括广播语音信道和监测控制信道，广播语音信道为宽带音频信道，监测控制信道为低速数据信道，监检测控制信道、广播语音信道分别采用 RS-422 和宽带音频接口通过传输系统提供。

7）时钟同步系统

时钟同步系统由轨道交通时钟分配和网络定时同步系统两部分组成，主要设备有中心一级母钟、车站二级母钟及子钟等。系统为各线、各车站提供统一的标准时间信息，为其他各系统提供统一的定时信号。时钟同步系统既要为控制中心、车站、车场等各部门工作人员及乘客提供统一的标准时间信息；又要为轨道交通 ISCS、SCADA、ACS、ATC、AFC、FAS、BAS 等系统提供高精度的时钟信号，信号的精度均可满足各系统要求；还要为通信传输、交换系统提供同步信号。

时钟系统采用控制中心及车站/车辆段两级组网方式，由 GPS 卫星时间信号接收机、两级母钟（OCC 一级母钟，车站、车辆段二级母钟）、子钟（时间显示单元）、网络管理维护终端、传输通道及接口等组成，控制中心设备和车站/车辆段设备之间的信号传输依靠传输系统提供的低速数据传输通道完成，母钟与子钟间通过电缆连接。

时钟同步系统通常包含如下集中设备。

（1）GPS 卫星时间信号接收机：设于控制中心，它接收卫星时间，向一级母钟（主、备用铷钟）提供时钟源信号。

（2）一级母钟：设于控制中心，由主、备用铷钟，时钟信号处理、产生及分配单元等组成；主备钟之间能够自动切换、互为备用，其频率稳定度应在 10^{-9} 以上。一级母钟应同时具备定时同步信号分配（BITS）及时间信息分配部件，即铷钟或 GPS 信号源既用于 BITS，又用于时钟分配系统。

（3）二级母钟：设于各车站和车辆段，定时接收一级母钟发送的时间编码信息，以消除累计误差，二级母钟本身具备振荡源，当一级母钟或传输通道发生故障时，仍可驱动子钟并告警；二级母钟具备多路数字式及指针式输出接口。

（4）子钟：安装于控制中心调度室、车站综合控制室、牵引变电所值班室、站厅及与行车有关的办公室等,为行车部门和乘客提供准确、统一的时间信息。站台设置有乘客信息显示屏,故不重复设置子钟。子钟有数字式子钟和指针式子钟两种类型。

(5) 网络管理维护终端:设于控制中心,便于控制中心维护管理人员对全线时钟系统设备进行监控。

(6) 传输通道及接口:一级母钟与二级母钟间的传输通道利用通信传输网络解决,接口为以太网接口(早期有 RS-422 接口)。一级母钟分配给其他系统的时间信息接口暂定为 RS-422 或者网络时间协议(Network Time Protocol,NTP)以太网接口。二级母钟与子钟间通过电缆连接。

8) 电源及接地系统

通信电源系统必须是独立的供电设备并具有集中监控管理功能,保证对通信设备不间断、无瞬变地供电、通信电源设备应满足通信设备对电源的要求。

地铁通信设备应按一级负荷供电。由变电所引接双电源双回线路的交流电源至通信机房交流配电屏,当使用中的一路出现故障时,应能自动切换至另一路。对要求直流供电的通信设备,应采用集中方式供电。通信设备的接地系统设计,应做到确保人身、通信设备安全和通信设备的正常工作。

通信电源系统的交流输出具有短路保护,能连续供应 220V 交流电。当外供交流电源故障时,通信电源应保证连续工作。通信设备的后备电池容量满足在交流停电时,通信设备维持 4h 正常运行工作时间。蓄电池应是无腐蚀性气体析出的阀控式铅酸蓄电池,适合设在通信电源室内。

电源设备应有自检功能,可由控制中心采集检测的结果,具有向通信系统网管提供有关故障信息的接口。考虑到各车站、车辆段通信设备室均为无人值守,为便于集中维护,设通信电源及环境监控系统,可以监控电源、温度、湿度、水浸等信息。在 OCC设监控中心设备,在各车站、停车场设车站监控设备。

接地系统对通信设备正常工作和人身安全十分重要。考虑在 OCC、各车站、车辆段和停车场由杂散电流防护及接地专业提供弱电综合接地体,接地电阻≤1Ω。各车站、车辆段和控制中心的通信机房设置地线盘和接地端子,地线盘设置在通信电源室活动地板下。

2.地铁警用通信业务

为了公共安全和综合治理的需要,地铁沿线管辖范围内必然要设置各种警务部门,如警用分局、派出所和车站警务室,既履行其社会职责,负责地铁沿线管辖范围内的乘客和公共场所的安全,又对地铁的正常运营起到间接的保障作用。警用通信系统正是为满足警用部门的指挥和日常业务提供的通信保障手段。地铁警用通信系统包括警用视频监控系统、警用无线通信指挥调度系统、警用计算机网络系统、警用专用电话系统。

警用通信系统的方案不仅与警用系统的管理模式和需求密切相关,还与既有的警用调度指挥系统及其通信系统的网络形式相关。警用部门行政机构按警用分局、派出所、警务站三级考虑,其中警用分局及派出所设在地面,每个车站设一个警务站,派出所的数量需要结合城市线网规划以及警用部门的行政划分综合设置。

警用视频监控系统一般会与地铁 CCTV 系统合建,在 CCTV 系统的基础上增加警用监控所需的车站相关地区的摄像机。警用集群无线通信指挥系统直接采用当地的警用集群无线网络,采用分散无线引入方式,让警用集群无线信号全面覆盖地下车站和隧道。

在地铁各级警用部门配备计算机网络和相应设备,通过光纤将各级网络连接成为一个整体,并接入当地警用分局的上级网络,采用光接入网的方式将警用有线调度电话延伸到地铁各级警用部门。同时,警用通信系统各个子系统所需的不间断电源和光纤统一设置。

地铁警用传输主要业务类型如表 3-3 所示。

表 3-3　地铁警用传输主要业务类型

	警用业务名称	接　　口	带宽/(b/s)
2M 中继业务	警用无线通信引入系统	E1	2×2M
	消防无线通信引入系统	E1	2×2M
	警用有线电话通信系统	E1	2×2M
	警用计算机网络系统	E1	2×2M
	其他	E1	2×2M
宽带数据业务	警用电源系统	FE	10～100M
	通信系统本身的管理、监控信号	FE	10M
	警用计算机网络系统	FE/GE	10～1000M
	其他	FE	10～100M
视频业务	警用视频监控系统	GE/10GE	5000M

1) 警用视频监控系统

警用视频监控系统是警用部门维护地铁正常运营管理秩序的重要系统,是警用部门的眼睛,是为各级警用人员对地铁的公共区域实施监视,提高地铁治安水平,保障乘客生命财产安全和地铁安全运营的有效工具,也是警用机关开展日常工作和及时发现、快速处置突发性事件的技术手段。

　　警用视频监控系统监视范围如下:

　　(1) 地铁车站出入口、车站区域的人行通道。

　　(2) 站台和站厅、售票区域。

　　(3) 车站内的商业区。

　　(4) 车站内其他需要监视的重点区域。

　　地铁警用视频监控系统由 3 级结构组成:警用分局指挥中心、派出所和警务站。整个系统主要由摄像机、视频采集/服务器、网络设备、监控终端等组成,如图 3-11 所示。

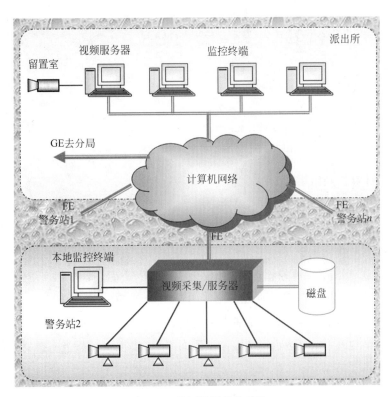

图 3-11　警用视频监控系统

　　2) 警用无线通信指挥调度系统

　　警用集群无线通信指挥调度系统是为了加强地铁范围内日常治安管理,以及确保各车站范围内出现重大案情或治安事件时,警用局和地铁警用分局各级警用指挥人员能够对现场各警务人员统一进行指挥调度而设置的。

警用集群无线通信系统主要是将警用局的警用无线通信指挥调度系统信号引入到地下,覆盖地铁站厅、站台、出入通道和隧道区间。在地铁各警务站(地下)设无线分基站,无线分基站通过警用承载网接入分局交换中心或者当地市警用无线交换中心。在出入口通道以及站厅等区域,设置天线覆盖地下空间;在区间,通过漏泄同轴电缆完成区间以及站台的信号覆盖,如图 3-12 所示。

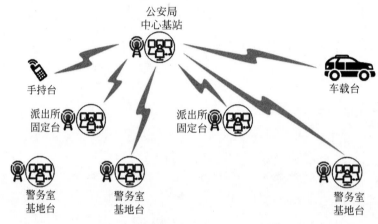

图 3-12　警用无线通信指挥调度系统

3)警用计算机网络系统

警用计算机网络系统的功能需求主要表现在以下几方面。

(1)警务核查:检索警用数据库,查阅警务资料及档案;在线警讯网络,接收核查通报,掌握通缉对象资料。

(2)警务办公:完成事务管理、财务管理、人事管理等;提供个人办公管理、考勤管理;提供现代办公手段,实现对公文流转的自动处理,包括办理发文的文件起草、审核、会签、签发、统计和归档,以及办理收文的文件登记、批转、传阅、批示、催办,实现公文处理流程化、电子化、网络化;提供信息发布平台,提供资讯服务;提供网络在线学习、培训及技术支持平台。

警用计算机网络系统主要承担如下业务:

(1)承担警用视频监控系统的图像传送任务。

(2)警用有线电话的网络连接。

警用计算机网络系统结构如下:

(1)采用 IEEE 802.3 标准 1000Mb/s 交换式以太网。

（2）10/100Mb/s 桌面连接速率。

（3）对省/市网络、派出所网络的通道采用独立、冗余的物理链路。

（4）采用多级安全防护体系，干线数据全部采用加密传输，并提供数据备份策略。

具体如图 3-13 所示。

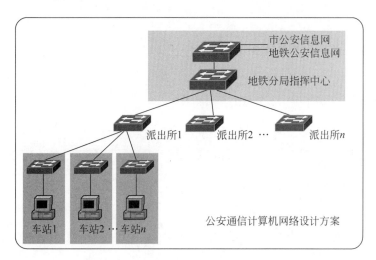

图 3-13　警用计算机网络系统网络结构

4）警用专用电话系统

地铁警用专用电话是整个警用专用电话的一部分，是警用系统的警用专用电话在地铁系统的延伸，是地铁警用人员之间及与其他警用部门之间进行公务联络的专用通信工具。

由于警用通信系统中已建立了专用计算机网络，并分布到各地铁警用分局、派出所和警务站。为减少警用通信系统设备，方便运营维护及管理，节省工程投资，特别是地铁警用专用电话数量不多，采用 IP 电话完全可以满足地铁警用专用电话系统的需求。

警用专用电话交换机至地铁警用分局的网络维持现状不变，在地铁警用分局配置 IP 电话网守，至派出所之间利用计算机网络，将每个派出所的电话用户及各警务站电话用户接入，如图 3-14 所示。

3. 地铁民用通信业务

地铁民用传输主要业务类型如表 3-4 所示。

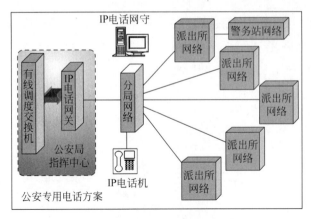

图 3-14　警用专用电话系统

表 3-4　地铁民用传输主要业务类型

民用业务名称		接　　口	带宽/(b/s)	备　　注
2M 中继业务	运营商 A	E1	10×2M	2G 业务
	运营商 A	E1	10×2M	
	运营商 A	E1	10×2M	
	其他	E1	6×2M	
以太网业务	视频传输	FE/GE/10GE	100M～10G	3G/4G/5G 业务
	在线直播	FE/GE/10GE	100M～10G	
	视频会议	FE/GE	100～1000M	
	其他	FE/GE/10GE	100M～10G	

1）主要设计思路

为了完善城市轨道交通的服务功能,提高服务水平,增加城市轨道交通建设的附加投资效益,地铁应考虑商业通信系统的建设,包括移动电话引入、商业设施网络等。其中最主要的功能是将运营商 4G/5G 移动电话信号引入地铁线路,覆盖地铁站厅、站台、区间和出入口通道,使乘客在地铁范围能够享受到与地面相同的移动通信服务。

移动电话引入按设一处移动信号引入中心、每个车站设置基站考虑,各电信运营商的交换机至各车站基站之间的通道在移动信号引入中心集中引入。系统容量按 3个运营商、提供 3 种制式的服务进行设计。系统除满足语音传输外,也需要满足传送高速数据、图像、视频的要求。

各电信运营商核心网至轨道交通移动电话引入中心站的传输通道由各公用电信运营商负责建设,所有基站一般由运营商提供并负责安装。轨道交通民用通信仅负责移动通信引入中心站至各车站基站的传输通道及场强覆盖。

为了满足核心网与基站间的链路需求,新设相应的传输系统,并考虑预留部分数字通道出租能力。

2)移动通信系统构成

移动通信引入系统除满足目前各电信运营商的各种移动电话制式的需求外,还应考虑将来新增移动电话运营商和移动电话制式的需要,同时可以为轨道交通外部用户提供光纤通道及有线用户接入网的传输端口等业务。系统无线信号覆盖范围包括每个车站的站厅、站台、商业街、出入通道等公共区域和全部地下隧道。

移动电话引入系统包括传输子系统、无线分配子系统、集中监控子系统和电源及接地子系统。当前移动通信主要包括 4G 和 5G,中国移动、中国电信、中国联通均运营了 4G 和 5G 网络,中国广电也运营了 5G 网络。

3.2.4　地铁传输网现网组网架构

由于地铁民用通信多采用运营商自建的方式,设计标准和规范均采用运营商的规范,和地铁运营的关系不大,因此后面主要针对专用及警用传输系统进行讨论,其中又以地铁专用传输系统最为典型。

按照网络层级来分,地铁专用传输系统分为线网传输系统和线路传输系统,或者称为线网骨干网与线路骨干网,如图 3-15 所示。

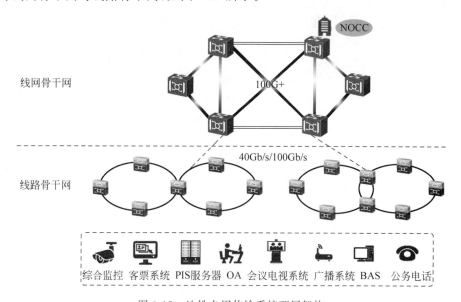

图 3-15　地铁专用传输系统两层架构

1. 线网传输系统

线网传输系统是连接轨道交通主用、灾备中心及各线路中心等主要业务节点之间的主干传输系统，主要用于连接城市交通控制中心（NOCC）与各条地铁线的控制中心（OCC），部分地方还会连接线网云平台，它能统筹管理各条地铁线路的运力分配和列车调配，让地铁、公交与城市交通协调运力，实现城市公共交通资源的最佳配合。

线网传输系统一般不直接参与每条地铁线路的具体运输工作，但它会统筹规划每条地铁线的运力资源，合理安排线路的运输能力，协调地铁与其他交通制式的相互配合关系。

例如，城市工作日上班早高峰，在一些换乘站会出现大量进站、出站及换乘的客流，为使站厅等待的客流最少，乘客换乘效率最高，就需要该换乘站内不同线路的列车到站有一定的先后顺序。此时 NOCC 就会根据人流预测模型计算出不同线路列车到站先后顺序的最佳间隔时间，确保 A 线的乘客下车后刚好走到 B 线站台就能上车，尽量减少等待时间，减少站厅的聚集人数，确保早高峰行程通畅。

再比如，某城市体育中心举办大型的比赛或者演唱会，散场之后同时有数万人涌入体育场周边的公交站、地铁站、停车场，此时就需要 NOCC 来统筹调配各种交通资源。NOCC 通过加密行车密度，开行大站快车等方式，让体育场地铁站的乘客尽快疏散；同时也需要让公交、私家车相互配合，合理调配道路资源，让散场的观众尽快乘坐各种交通工具快速离开。这些都需要通过线网传输网进行数据采集、数据传递、数据分发等工作。

对于像长三角、珠三角这样的城市群来说，各个城市之间的城市轨道交通逐渐呈现互联互通的趋势。例如，广州地铁和佛山地铁就实现了互通，另外深圳地铁和东莞地铁也在积极实现互连互通。除了地铁的互通，城际铁路和市域铁路的发展也使得城市之间的轨道交通连接变得更加密切，这就让线网传输系统有了新的外延。

在这样的背景下，线网传输系统除了需要连接城市内的 NOCC 和 OCC 之外，还需要考虑在城际调度中心、地铁区域控制中心等节点设置传输网设备。线网传输系统更能通过及时传递客运流信息，提前预测预警大客流消息，为城市之间的公共交通统一协同提供决策依据。因此，大区域的线网传输系统应能连接区域内各城市的 NOCC 及主要区域中心，实现数据流跨城市之间的无缝对接与无阻塞流动。

2. 线路传输系统

线路传输系统主要用于单条地铁线的业务传输,是连接轨道交通主用、灾备中心及本线各车站、车辆段、停车场等业务节点的传输系统。它作为各种业务信息的基础承载平台,为通信系统的各子系统以及其他自动控制、管理系统提供控制中心至车站(或车辆段)、车站至车站(或车辆段)的信息传输通道,具体的业务类型在前面已经有比较详细的描述。

3.3　地铁线网传输系统 F5G 解决方案

3.3.1　新业务需求

随着我国经济的快速发展,各一线城市由于地铁线路越来越多,已经逐渐形成了地铁网。地铁之间的换乘、公交与地铁的换乘日益频繁,原有的各条地铁线路独立运维的模式已经越来越无法满足城市交通整体规划与整体运维的要求。因此在具备多条地铁线成网运行的城市,需要建设一张线网传输网将各条线路连接起来。目前北京、上海、广州、深圳等城市已经陆续开始建设,成都、西安、杭州等城市也开始规划建设线网骨干网。

城市交通控制中心(NOCC)的设立,为线网传输系统提供了建设需求。NOCC(有的地方叫 COCC 或者 TCC)主要用于整个城市的地铁资源调配,部分城市还计划将NOCC 作为整个城市的公共交通资源管理与调配中心。NOCC 通过线网传输系统,能够实时调用各 OCC 的数据和信息,也能够实现各条线路的资金清分与数据互通。

同时城市线网中心大脑地位日益显著,线网融合、敏捷车站、数字列车和智能 OCC等新业务对地铁线网传输系统提出了大带宽的新需求,如图 3-16 所示。

建议采用大容量 OTN 方案,目前各大城市地铁线网传输系统普遍采用 OTN 来构建。

3.3.2　组网方案

地铁线网传输系统通过大容量 OTN 设备进行组网,组网带宽大于 100Gb/s,通过

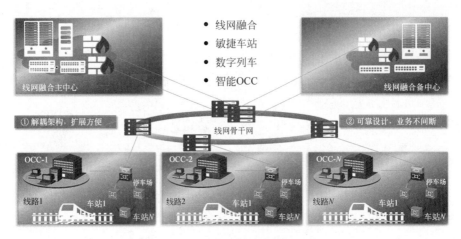

图 3-16　地铁线网传输系统新需求

线网传输系统连接线路传输系统和数据中心,如图 3-17 所示。

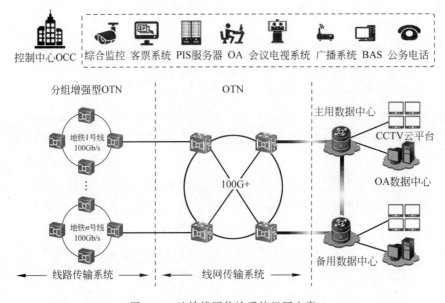

图 3-17　地铁线网传输系统组网方案

线网传输网采用具备电交叉能力的 OTN 设备,能够支持 ODUk($k=0,1,2,3,4$, flex)信号的交叉调度。在保护方面,OTN 系统支持光通道共享保护(OCh SPRing)、ODUk 环网保护、基于 ODUk 的 SNCP 保护、基于 OCh 的 $1+1$ 或 $1:N$ 保护以及光线路系统上采用基于光放段的 OLP 和基于光复用段的 OMSP 保护方式。同时,线网骨干网还具备以太网业务能力,根据业务需要,可支持 IEEE 1588v2/ITU-T G8275.1 时间同步协议,符合 ITU-T G.8275.1 标准。

线网传输网提供不少于 100Gb/s 单波线路带宽。采用支线路分离的体系架构。采用 DWDM 平台,满足未来业务带宽扩容需求。在业务承载中,TDM 业务和 IP 业务分别分配在不同的波道或子波道,单波可支持 10Gb/s、100Gb/s 或更高速率,支持不同单波速率混传。

3.3.3　关键技术——大容量 OTN

OTN 是由一组通过光纤链路连接在一起的光网元组成的网络,能够提供基于光通道的客户信号的传送、复用、路由、管理、监控以及保护(可生存性)。OTN 范畴包含了光层网络和电层网络,它具备大带宽密集波分复用(DWDM)能力,能够实现 40 波、80 波、120 波的业务合波,单波速率有 10～800Gb/s 等多种选择,实现超大带宽传输能力,这样就能把工作在不同载波波长上的多路光信号复用进一根光纤中传输,并能够在接收端实现各信道分离。在电层上,OTN 具有高带宽的复用、交换和配置,具备前向纠错(FEC)支持能力,能够有效提升链路可靠性,实现更远距离的传输。

OTN 是面向传送层的技术,内嵌标准 FEC,在光层和电层具备完整的维护管理开销功能,适用于大颗粒业务的承载与调度。OTN 设计的初衷是希望将 SDH 作为净负荷完全封装到 OTN 中,后来在发展中,OTN 逐渐实现了以太网业务、FC 业务等多种业务的接入与透传,成为了传输网的主流制式。

OTN 系统多采用环形结构,可灵活选择单环、相切环、相交环、MESH 等多种拓扑结构。通常 OTN 部署在主用及备用 NOCC、车辆段、区域控制中心及 OCC 等传输节点,用于各线路业务信息上传到主用及灾备中心间的业务传送。

OTN 系统具备多种保护能力。一般来说,线网传输网需要配置 ODUk SNCP 保护,倒换时间小于或等于 50ms。ODUk SNCP 采用 1+1 保护模式,它保护的是 OTN 网络中 ODUk 级别的业务,利用双发选收功能实现,如图 3-18 所示。

OTN 设备能支持光监控通路并能对其进行复用和解复用,实现对网管等信息的传送。光监控通路不限制两个光纤放大器间的距离,实现监控通道和业务通道分离;监控通路在线路光纤放大器失效时仍然可以使用,即光监控信号不能经过光放大器放大。

OTN 具有比较复杂的光层,因此需要提供多种光层的监测手段。华为 OTN 系统的监控板自带 OTDR 功能,能替代光谱分析仪,实现光纤质量的监测,并能全网统观全局,智能监测任意路段光纤;光谱监测功能能够在线自动扫描光信噪比和光功率,实现

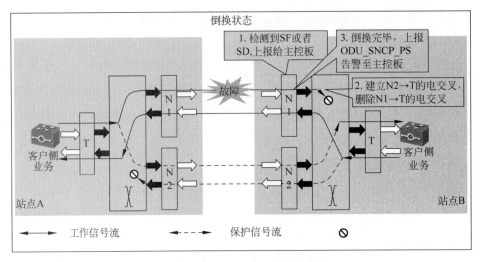

图 3-18　ODU*k* SNCP 倒换示意图

OSNR 监测,节省仪表成本和人工成本;故障诊断功能能够提前预警性能劣化点或光信道;合波板和光放大板也能够实现光功率的自动优化,保证不同波长波道的增益平坦度。

3.3.4　设计实例

以某城市轨道交通高速数据网为例,如图 3-19 所示。该工程属于高速数据网与光传输网的叠加子网络,包含运营执行数据网和运营管理数据网,两个子网分别由核心节点、骨干接点、汇聚节点组成,分别连接轨道交通 1~21 号线控制中心(OCC)、轨道交通主用网络协调及应急中心(COCC)、备用网络协调及应急中心(BCOCC)、城市轨道和公交总队(以下简称轨交总队)、警用分控中心、主备无线交换中心(MSO、BMSO)、软交换中心(规划)、清分中心(ACC)、数据中心、培训中心、运营公司等轨道交通上层管理应用节点,主要用于各上层节点之间各种信息的传递(包括视频、低速数据信息及高速数据信息等各种信息传输)。在传输网层面采用 OTN 技术,在各上层节点间通过光缆连接组建环路带宽不低于 80Gb/s 的光纤环网。

根据网络拓扑方案,传输网按照两个带宽不低于 80Gb/s 环网拓扑进行组网,环路采用 OTN 光路保护、环网保护。拓扑核心由两个节点组成,并预留未来扩容的能力;两个骨干子环包括 13 个 80Gb/s 骨干接点和 2 个 10Gb/s 接入节点。骨干环 1(西环)由东宝兴路、轨交分局中山公园路、C3 大楼、虹梅、朱家角、吴中路、隆德路 2 和新村路共 8 个站点组成;骨干环 2(东环)由东宝兴路、恒通大楼、C3 大楼、资产中心、颛桥、新闸路、民生路、中山北路共 8 个站点组成；核心环由东宝兴路、轨交分局、C3 大楼和恒通大楼组成。另外，隆德路 1 以链形接入隆德路 2，C3（蒲汇塘）以链形接入 C3 大楼。骨干环采用 40×10Gb/s OTN 构建，核心环采用 80×10Gb/s OTN 构建。

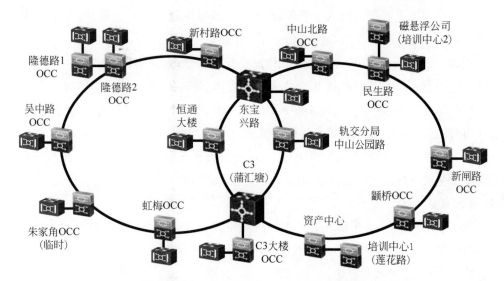

图 3-19　某城市轨道交通高速数据网 OTN 组网方案拓扑示意图

核心层以 C3 大楼、东宝兴路、轨交总队及恒通大楼 4 个节点为基础进行建设；其中核心层设备以双机集群的方式进行部署，与两个数据中心分别采用 2×10GE 或者 40GE 进行互联。骨干层以线路的 OCC 节点为基础；每个骨干接点部署一套设备，通过光传输网提供的传输通道进行与核心层设备的互联，骨干接点设备链路通过光传输网实现通道保护。各线路在控制中心利用各线路侧传输系统将各线的高速管理网业务信息进行接入上联。

3.4　地铁线路传输系统 F5G 解决方案

3.4.1　新业务需求

地铁线路传输系统除了传统的专用、警用、民用通信业务之外，近年来也增加了不少新的业务，如自动化运营业务、智慧车站业务、云化业务等。下面对这些业务的需求进行介绍。

1. 智慧车站业务需求

智慧车站既是智慧城市的一部分,也是智慧城市理念的延续。如果智慧城市是从社会、经济、环境问题出发,构建宜居、公平、可持续发展的城市,那么智慧车站就是从解决乘客、服务、基础设施的问题出发,构建服务体验佳、设施完善、高效并可持续发展的车站。智慧车站的基础是新 ICT 技术的应用,主要包括以下 3 个基础。

(1) 车站智慧管理(Smart Management)指采用新技术手段改善管理效率,包含员工管理、客流管理、安全管理及新商业模式。

(2) 智慧基础设施(Smart Infrastructure)代表了车站更加开放,与城市交通设施更加融合;在新技术应用上,IoT 和 AI 应用到设施监控和管理可使效率提升、节能减排、乘客满意。

(3) 智慧出行(Smart Mobility)指通过车站设计、互联网应用、多种交通方式对接等各种手段,提升乘客出行体验。其中具体包含了数据汇聚和开放、App 应用、车站交互终端、与城市交通数据打通、多种交通方式对接等。

智慧车站按统一云架构,以实现跨专业、跨系统、跨功能的整合联动。利用云与大数据有机融合实现"云"端统一存储、统一分析。智慧专网融合新一代 WiFi、宽带集群技术形成统一传输和网络覆盖。建立数据核心资产管理,数据经统一时空维度、数据治理和大数据融合分析,汇聚融合数据仓库,实现数据共享服务。所有智慧应用均基于统一标准规范建设。智慧车站基于乘客智慧出行、车站业务管理两条主线,在乘客服务、车站管理和智慧运维 3 方面实现 3 个转型示范。

(1) 乘客服务以乘客为中心,通过出行 App 作为线上服务统一入口,集成线下智慧服务,给乘客一对一贴心服务,由人工被动服务向主动、精准、高效、增值服务转型,实现优质的旅客服务。

(2) 车站管理以数字平台为管控核心,支持车站全天的高效安全自动运作。车站管理由按岗位、分专业的垂直管理向安全、高效人机协同的扁平化管理转型。

(3) 智慧运维围绕智慧检测、健康管理、智慧检修三大方向,使设备管理从"计划预防修"向"状态修"转型,未来还可实现"预知修",降低全流程成本。

智慧车站管理系统整体架构分为智能交互层、智能连接(基础设施)层、智能中枢(数字平台)层、智慧应用层 4 个部分。总体技术架构采用中心云+边缘云+智能端的云边端协同系统技术架构,实现一站式车站运营工作管理、设备联动、突发事件告警、运营一键响应及处理,实现车站环境及数据信息的可视化,如图 3-20 所示。

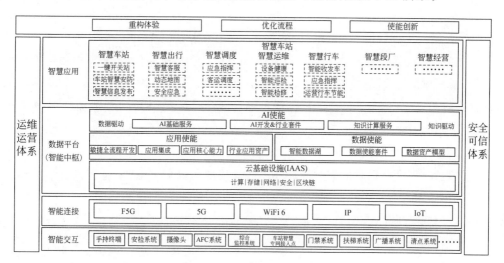

图 3-20　智慧车站架构分层

云边端协同架构分为中心云、边缘计算节点、终端 3 层,边缘计算节点位于中心云和终端之间,向下支持各类终端设备的接入,向上与中心云对接:

(1)智能交互。

① 支持各类智能化终端设备,如摄像头、工业 EL 检测仪、车载传感器、智能终端、智能数据采集设备等。

② 终端设备可由多方设备厂商提供,可植入终端模块 SDK,负责协议转化,完成与边缘和云端的数据传输。

③ 车站智慧专网接入点作为边缘计算节点,部署在靠近物或数据源头的网络边缘侧,融合网络、计算、存储、应用核心能力的分布式开放平台,就近提供边缘智能服务,满足地铁行业数字化在敏捷连接、实时业务、数据优化、应用智能、安全与隐私保护等方面的关键需求。

(2)智能连接。

在智慧生产区设立智慧专网,为智慧车站数字运营平台提供连接至深云/过渡云的网络资源以及为各终端层接入平台提供网络支持。

(3)智能中枢。

基于云平台底座提供集成平台、视频调度平台、统一定位平台、视图平台、AI 平台、大数据平台等能力,对云边端场景中涉及的终端设备、边缘计算节点进行管理。同时结合云端大规模的算力,满足海量数据的计算、存储需求:

① AI 类推理基础服务,如机器学习、模型构建、推理、图像识别等,增加 AI 类基础服务资源。

② 大规模集群智能 AI 算力,多种平台级 AI 服务,与终端进行匹配训练、推理。

③ 通过云边端协同架构实时提供车站全场景动态信息服务,满足车站运营生产组织常态及应急需求,实现客流监控分析、运营风险预警、应急预案可视化、人员设备定位监控、运营资源调配、事件处置辅助决策等功能。科学组织车站运营生产,提高生产组织的效率和效果。

(4) 车站智慧应用。

基于数字平台层提供的实时处理和离线分析处理的数据能力,可在现有应用场景的基础上进一步深化应用,搭建"车站智慧服务、车站智慧管理、设备智慧运维、车站智慧巡检"等功能,满足车站业务需求,整合智慧施工、智慧票务、视频分析、设备健康度分析、智慧消防等应用。

在具体业务层面,地铁智慧车站主要业务类型如表 3-5 所示。

表 3-5　地铁智慧车站主要业务类型

业务名称	业务类型	接口类型	接口数量	组网拓扑	带宽/(b/s)
智能客服	数据	GE	1	共享	2000M
边门	数据	GE	1	共享	1000M
安检	数据	GE	1	共享	2000M
电子导向	数据	GE	1	共享	2000M
物联网	数据	GE	1	共享	2000M
物联网配套平台	数据	GE	1	共享	2000M
环境传感	数据	GE	1	共享	1000M
卷闸门	数据	GE	1	共享	2000M
扶梯部件预警	数据	GE	1	共享	2000M
站台门防夹检测系统	数据	GE	1	共享	2000M
智能照明	数据	GE	1	共享	2000M
环境传感	数据	GE	1	共享	2000M
既有 PIDS、导引	数据	GE	1	共享	2000M
无线	数据	GE	1	共享	2000M
电子屏	数据	GE	1	共享	1000M
预留	数据	GE	1	共享	2000M

2. 自动化运营业务需求

地铁的后续发展方向是自动化运营。自动化运营的主要目的是提升运营效率,降低劳动强度,减少人工干预出错的概率,如上海 10 号线采用自动化运营之后全线减少 2 列车底,节省了大量成本。

地铁列车运行控制系统有如下运行等级。

(1) UTO(Unattended Train Operation)等级:全自动无人驾驶控制等级。所有列车运行在信号控制系统的行车指令下运行,车辆的唤醒、启动、出车辆段、正线运行、精确停车、自动折返、入车辆段、休眠等全部无须人员介入。

(2) DTO(Driverless Train Operation)等级:无司机的驾驶控制等级。列车在有运营人员在列车上时运行,但运营人员不进行加速、减速或制动等列车的运行控制,并且不负责观测列车前方轨道区域情况和在出现危险情况时停车。列车在车站的控制,如车门打开和关闭,可以由运营人员或信号系统完成。

(3) STO(Semi-automated Train Operation)等级:有人自动驾驶控制等级。为传统的自动驾驶 CBTC 运行等级,是在司机监控下的自动列车驾驶。司机负责观察轨道区域并且在危险情况下停止列车。司机不负责加速、减速或制动等列车的运行控制。一般列车从车站安全离开由司机负责操作。

(4) ITO(Intermittent Train Operation)等级:点式后备等级。作为基于 CBTC 系统的无人驾驶列车控制系统的后备等级,基于点式的移动授权信息,实现列车的自动运行防护与超速防护,具备闯红灯防护功能。

(5) CTO(CBI back-up Train Operation)等级:联锁后备等级。为系统的降级控制方式,基于站间闭塞原理,司机根据轨旁信号设备显示行车。在 CTO 等级,系统不再具有 ATP 防护功能,列车运行安全由司机和运营人员保证。

自动化运营分为有人值守 DTO 和无人值守 UTO 两级,当前还主要处于 DTO 级别,未来的发展方向是 UTO。自动化运营不仅是自动驾驶,更是全流程自动化,包括自动驾驶、自动折返、自动出库、自动入库、自动检修、自动休眠、自动唤醒等,这意味着全流程业务系统数据化、联动化和实时化,网络会进行大量的数据传递、存储和分析,实际上这也是云计算和大数据的应用,其中不仅涉及数据的获取和存储,更涉及数据的相互传递与联动,如图 3-21 所示。

以车站火灾为例,当前在人工值守的场景下,火灾发出报警,值守人员发现火警后通过电话通知相关单位,并通过人工进行现场确认和指挥调度;但在自动运营场景下,火灾情况首先由传感器发现,然后将信息传递给电力数据单元、信号数据单元和机电数据单元,存入历史数据信息,并和视频监控、FAS 设备、电力设备联动,将摄像头对准火灾区域,启动该区域的灭火装置,通过 PIS 指挥旅客疏散,通过 AFC 打开所有闸机

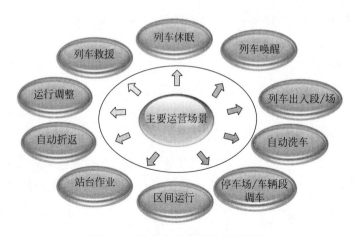

图 3-21　地铁自动化运营主要场景

加快疏散进度,并通过信号系统将本站车开走,把即将到站的车扣留在上一个车站或者直接甩站,实现各个子系统的大联动,如图 3-22 所示。

图 3-22　地铁自动化运营带来业务系统数据融合

伴随自动化运营的实施,各业务系统会产生大量的监测数据,这些监测数据就形成了大数据的基础流量。作为大数据的传送通道,传输必然会在数据的可靠传递中起到重要的作用。另外,传输系统未来还会传递大量涉及行车的业务,这些业务不一定直接控车(如轨道异物监测),但它的数据会对行车造成直接的影响,并且也需要在云上进行存储。轨道交通各系统产生的生产数据,虽然安全性要求比信号列控要低,但对控车有直接影响,因此它的隔离性非常重要,比其他数据要高。这类数据也需要被外部调用,因此它的传递需要传输系统来做,而不会通过 DCS来做。

3. 云化业务需求

云计算、大数据、人工智能的引入,对地铁通信提出了新的挑战,运用云计算、大数据、物联网、人工智能等新兴通信技术,通过对城市轨道交通信息的全面感知、深度互联和智能融合,实现运营生产、运营管理、企业管理、建设管理以及资源管理等业务领域的智能化、智慧化的城市轨道交通系统。按照《智慧城轨信息技术架构与网络安全》的定义,地铁网络分为安全生产网、内部管理网和外部管理网。安全生产网是用于承载城市轨道交通运营生产类面向一线生产及调度人员服务的应用系统的计算机网络;内部管理网是用于承载城市轨道交通运营管理、企业管理、建设管理、资源管理等面向企业内部用户服务的应用系统的计算机网络;外部服务网是用于承载城市轨道交通乘客服务类等面向外部或公众用户服务应用系统的计算机网络。

相对于传统的地铁通信,云化业务对传输带宽和实时性要求更高,要求将各业务系统的数据实时传递到云平台,这就对传输网提出了新的要求:云化带来数据存储位置上移,高清、高质量监控点的建设与增加,都需要传输带宽与之匹配。以视频监控系统 CCTV 为例。传统的视频监控系统是把视频存储设备放置在各个车站,OCC 通过传输网调用各个车站的视频数据。在这种模式下,传输网的视频流量完全取决于 OCC 的视频监控调看大屏幕数量,例如,OCC 监控中心有 100 个屏幕,那么就可以同时调看 100 路摄像头,按照每一路高清摄像头 4~8Mb/s 的带宽计算,传输网总带宽也就不到 1Gb/s。但是一旦实现视频云存储之后,所有车站的所有摄像头都会实时上传到云平台,此时线路传输网的带宽等于所有车站视频监控流量的总和。按照当前普遍的设计思路,每个车站会部署 200~250 路高清摄像头(部分区域部署 4K、8K 摄像头),那么每个车站都会产生至少 1Gb/s 的视频数据流,再加上 AFC、PIS 等系统产生的数据,全线至少产生 25Gb/s 的传输带宽需求。

对于上了城轨云的地铁线路,云计算会带来更大的带宽量,特别是视频集中存储之后,每个车站所有的流量会实时上传。城轨云建设需要传输提供超大带宽,以便将各车站的视频监控业务实时上传到数据中心,进行统一集中存储,实现地铁视频监控90 天存储和调用。

地铁采用 LTE-M 作为 CBTC 或者 PIS 承载通道的趋势越来越明显,CBTC 通过 LTE-M 进行承载需要确保业务的隔离与安全,而 LTE-M 采用 TDD 模式(1785~1805MHz),上下行数据都在同一个频段上传输,因此需要采用高精度时间同步来划分上下行时隙配比,这样要求有线网络具备 IEEE 1588v2 高精度时间同步功能,以便在难以部署 GPS 或北斗的地下特殊区段为 LTE-M 提供授时功能;AFC 业务涉及人脸识别和对外资金结算,需要确保网络安全和物理隔离;各车站之间的业务需要相互调用,既要满足跨环通信的要求,又要满足相切环和相交环组网的要求。地铁云化线路主要业务类型如表 3-6 所示。

表 3-6　地铁云化线路主要业务类型

业务名称	业务类型	接口类型	接口数量	组网拓扑	带宽/(b/s)
公务电话	数据	FE	2	共享	1000M
专用电话	语音	E1	30	点对点	60M
无线通信 Tetra	语音	FE	2	共享	200M
无线调度台	语音	FE	1	共享	50M
广播	数据	FE	1	共享	10M
时钟	数据	FE	1	共享	10M
录音	数据	FE	1	共享	50M
电话网管	数据	FE	1	共享	50M
电源网管	数据	FE	1	共享	50M
AFC	数据	GE	4	共享	4000M
LTE(含 A/B 网)	数据	GE	4	共享	4000M
综合安防	数据	10GE	4	共享	7000M
综合监控	数据	10GE	2	共享	2000M
PIS	视频	GE	2	共享	2000M
OA	数据	GE	2	共享	2000M
总带宽(不含保护)					>25G

此外,如果算上地铁工控云,那么一般还需要预留 10Gb/s 带宽,业务侧采用 10GE 接口。

3.4.2　技术演进

地铁线路传输系统是每条地铁线通信信息系统的基础平台,它的好坏直接决定了该条地铁线路的运营质量。近 20 年来,地铁线路传输系统经历了多次技术演进。国内地铁传输网先后采用的线路传输系统技术体制主要有同步数字传输系列(SDH)、开放传输网络(OTN)、弹性分组环(RPR)、增强型 MSTP、分组增强型 OTN 等,如图 3-23 所示。

1. 同步数字传输系列(SDH)

SDH 网是由网元和光纤组成的同步数字传输网络,进行信息的同步复用、传输、分插和交叉连接。SDH 网具有一套标准化的信息同步复用等级,称为同步传送模块 STM-N;具有一种块状帧结构,安排了丰富的开销用于网络的运行、管理和维护(Operation,Administration and Maintenance,OAM);具有统一的网络节点接口

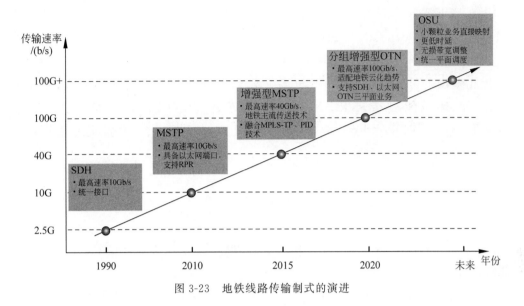

图 3-23　地铁线路传输制式的演进

(Network-to-Network Interface，NNI)，简化了信号的互通以及信号的传输、复用、交叉连接和交换过程。

SDH 具有国际统一的网络节点接口标准，具有信号互通、传输、复用、交叉连接的功能；具有标准化的同步复用方式和映射结构等级(STM-1、STM-4、STM-16、STM-64 等)和块状帧结构，丰富的开销有利于网络的维护管理；具有统一的光接口，能够实现横向兼容，允许不同厂商的设备在光路上互通；采用软件进行网络配置和控制，易于增加新功能和新特性，有利发展；组网灵活，网络结构和设备简单，可组成点对点、链形、环形等拓扑结构的网络；扩容能力强，接口丰富。

但是 SDH 仅为数据提供窄带通道，无法满足日益迫切的各种控制系统局域网联网需求，各种控制系统需配置相应的通信处理设备(如网桥、通信前置处理机、终端服务器等)；如果采用数字方式，则图像传输需要大量带宽；多数产品无法提供广播系统 7~15kHz 宽带音频接口，因此当前 SDH 已经不再作为地铁的主流传输制式。

2. 多业务传送平台(MSTP)

为了满足日益增长的宽带数据业务传送需求，SDH 已经发展成为多业务传送平台，采用虚级联和通用成帧规程(GFP)技术对 SDH 进行改进，使其能够更好地支持以太网业务，并提高带宽的利用率和灵活性。

RPR 是构筑在 MSTP 上的一种传输协议，是专门为优化数据包的传输而提出的。

它符合 IEEE 802.17 标准,是一种千兆 IP over Optical 技术,也是一种 MAC 层协议;RPR 采用基于环形结构的一种带空间复用的传输方式,它吸收了千兆以太网的经济性、SDH 对延时和抖动严格保障、可靠的时钟和 50ms 环网保护特性等多重优点。RPR 具有空间复用机制,可同 MPLS(多协议标记交换)相结合,简化 IP 转发,同时具有第三层路由功能,基于 RPR 技术的设备可以承载具有突发性的 IP 业务,同时支持传统语音传送。RPR 的特点主要集中在 3 个方面:带宽效率、保护机制、简化业务的提供。下面介绍其主要优缺点。

优点:

(1)空间再用,一根光纤可以分段传输数据。

(2)双环结构,两根光纤同时传输数据,使带宽提高 2 倍。

(3)公平机制,所有节点对带宽具有同等的控制权,从而为带宽的统计复用提供最佳的保证。

(4)统计复用,网络带宽分段使用,且任意节点间富余的带宽可以被其他节点所使用,以成倍提高可用带宽。

(5)可以提供比 SDH 的自动保护倒换(APS)更好的网络自愈功能,可以在 50ms 内恢复 IP 业务,不需要路由表的重新收敛。

(6)可以直接映射和支持 IP 包的优先级,直接支持 IP 包的广播以及其他业务控制功能。

缺点:

(1)RPR 只能组单环,不具备跨环通信功能,因此地铁环路上的所有节点都只能共享带宽。

(2)带宽最高只能到 10Gb/s,单个 RPR 环路最大只能提供 1.25Gb/s 带宽,无法满足地铁更大颗粒的业务需求。

(3)IEEE 802.17 标准已经冻结多年不再演进,整个产业链已经萎缩。

基于以上特点,MSTP 当前在地铁应用中已经不是主流的传输技术。

3. 增强型 MSTP

增强型 MSTP 不但能够通过 TDM 平面实现传统 SDH 业务的高质量传送,还能通过分组平面承载以太网业务,实现灵活的 QoS 策略和丰富的广播/组播业务,而且能够实现端到端的隧道管理,端到端的运行、管理与维护(OAM)以及快速的业务保护与恢复。这些特点使得增强型 MSTP 能够很好地满足铁路通信系统对越来越多数据业务的需求,同时也能兼容既有低速业务扁平化管理的需求。

当前,增强型 MSTP 已经有了国家标准,即 YD/T 2486—2013。在业务承载中,除了满足 YD/T 1238—2002 中规定的 SDH、ATM、以太网业务功能要求外,增强型 MSTP 新增了如下功能:

(1) 支持增强以太网处理功能,包括 OAM、保护(可选)、QoS。

(2) 可选支持 MPLS-TP 层处理功能,包括分组交换、电路仿真、OAM、保护、QoS 等。

(3) 提供基于分组的频率同步(可选)和时间同步(可选)功能。

增强型 MSTP 支持多种业务类型,如 TDM 业务、以太网业务、ATM 业务等。与 PTN 不同的是,增强型 MSTP 支持传统的 TDM 平面,在承载 TDM 业务时可以选择采用传统的 SDH 承载,也可采用电路仿真方式承载。因此,增强型 MSTP 继承了现有 MSTP 传输网的特点和优势,同时可以满足未来分组化业务传送的需求;它采用与 SDH 类似的运营方式,使得运维人员能够继续使用现有的网络运营和管理系统,减少员工的培训成本,这一点对于大型行业客户尤为重要。

增强型 MSTP 的关键技术主要包括 MSTP 技术、MPLS-TP 技术、混合线卡技术和 PID 技术。混合线卡是增强型 MSTP 的关键技术,它能够通过一路光纤实现 SDH 和分组多平面业务的混合组网,达到节约光纤资源、简化组网配置的目的。混合线卡可提供 40Gb/s 业务接入能力,能有效提升网络带宽,实现大颗粒业务的灵活调度。

40Gb/s 混合线卡在线路侧的数据结构为 OTU3。在数据帧内部,可以分成若干个 ODU0/ODU1/ODU2 进行承载。一般来说,STM-16 以内的 SDH 业务映射到 ODU1 颗粒内承载,STM-64 的 SDH 业务映射到 ODU2 颗粒内承载,GE 业务映射到 ODU0 颗粒内承载,10GE 业务映射到 ODU2 颗粒内承载。由于一个 OTU3 可以承载 4 个 ODU2 或者 32 个 ODU0,所以对于分组业务来说,不同类型的业务就可以映射到不同的 ODU0 或者 ODU2 颗粒中传输,实现了各类业务的物理隔离。

混合线卡采用了光电集成设备(PID)技术来实现 40Gb/s 传送,它是将传统的光电转换单元和合分波单元集成在一组 PID 单板上,一组 PID 单板能实现传统多块线路板和 MUX/DEMUX 功能。单块 PID 单板最大可提供 40Gb/s 容量的线路接口,不需要其他光层组件,两块 PID 单板通过一对光纤连接,即可构建 40Gb/s 容量的点到点传送系统。这种方式实现了设备的高集成度,使系统既具有大容量特性,又避免了光层复杂、调测繁杂的问题,极大地简化了系统配置和运行维护,实现了不同类型业务灵活的接入。

在时钟同步方面,增强型 MSTP 既支持传统的 ITU-T G.813 频率同步,也支持 IEEE 1588v2 高精度时间同步,并能灵活匹配不同的网络同步制式。这样就能满足 LTE-M 对高精度时间同步的要求。

增强型 MSTP 当前已经成为地铁主流传输制式之一,服务于各大城市地铁线。

4. 分组增强型 OTN 与 OSU

面向未来地铁业务上云的需求,地铁线路传输网带宽已普遍向 100Gb/s 演进,部分地铁已经考虑采用 200Gb/s 传输网,原有增强型 MSTP 最高带宽为 40Gb/s,无法满足未来发展要求。当前在地铁云化场景下已全面采用分组增强型 OTN 制式进行线路传输网建设。同时,考虑到不同业务带宽颗粒不一致,传统 ODUk 最小只能到 1.25Gb/s,地铁传输系统也在分组增强型 OTN 的基础上,引入了 OSU 技术进行小颗粒业务承载,这样能够充分提升地铁的带宽利用率,并预留未来向 5G 演进的能力。分组增强型 OTN 及 OSU 将成为 F5G 时代在地铁系统中的主流技术应用。

3.4.3 组网方案

分组增强型 OTN 支持地铁常见的环形组网,包括单环组网与多环组网。单环组网是所有节点全部接在一个物理环上面。

在这种组网模式下,环上所有车站均共享这个环的带宽。单环组网适用于车站较少的地铁线路,一旦车站数量较多,组建单环会导致每个节点的可用带宽减少,且发生倒换时会影响所有节点,因此更多的地铁线路采用多环组网。按照环与环之间的连接方式,组网分为相切环和相交环。

相切环采用 2 或 3 个环相切于 OCC 的组网方式,业务只在各自的小环上进行汇聚和带宽共享,如图 3-24 所示。如果有分组跨环业务,则需要通过 OCC 节点进行交换。在这种组网模式下,每个车站的带宽分配取决于每个小环上的节点数,与环的数

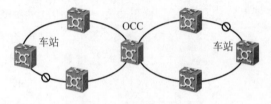

图 3-24　相切环组网拓扑

量和总节点数没有关系。一旦某一个环出现断纤或者节点故障,则只有出问题的小环产生保护倒换,其他环路业务不会产生倒换。

相切环的组网相对比较简单,业务流向比较清晰,是当前地铁的主流组网方式之一,但是相切环的缺点在于,一旦 OCC 节点出现故障,整网所有业务就无法到达 OCC,也无法进行跨环通信,因此目前越来越多的地铁选择相交环组网。在地铁相交环组网中,通常采用 OCC 和车辆段作为相交点,2 或 3 个环在这两个节点相交,相交环通常用于设置备用 OCC 线路,在车辆段完全复制一套 OCC 的业务设备,这样当 OCC 的设备出现整体故障时,备用 OCC 就能够接管业务系统,相交环的组网方式比相切环要复杂得多。

由于地铁相交环采用的是 VPLS 业务,为避免环路风暴,同时有效提升相交两环的带宽,分组增强型 OTN 配置了网络侧链路聚合组(NNI LAG),把传统的客户侧的聚合功能移植到了网络侧,如图 3-25 所示。

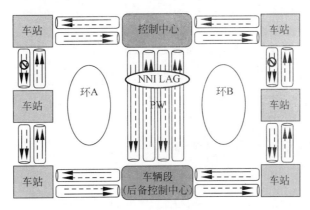

图 3-25　相交环组网拓扑

这样,在主备控制中心之间可以配置 NNI LAG,即把两对或多对光缆通过链路聚合的方式在逻辑上捆绑成一对逻辑链路,从而避免链路出现环路,同时极大地提高网络可靠性。

对于分组增强型 OTN 线路传输网来说,在云化的大背景下,通过组建一个或者多个 100Gb/s 或更高带宽的环路,覆盖地铁线路 OCC 和车站,并把各车站的业务向上汇聚到工控云和管理云。在这里传输网除了能够传递专用通信业务之外,还会开辟专用的通道传输智慧车站的各类业务,同时满足业务向多个云平台进行汇聚和分发的要求。有自动运营需求的应该考虑小带宽业务物理隔离要求。传输系统应具备更加智能的路径选择能力,适配不同云平台的汇聚需求,如图 3-26 所示。

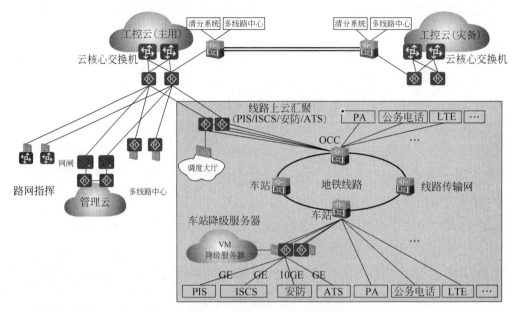

图 3-26　适配云平台的线路传输网

在具体项目的网络光纤连接方式上，可以采用两种连接方式。

1. 方式一：所有节点共享环组网（纯电层组网）

如图 3-27 所示，所有节点共享环组网是当前地铁的主流组网方式，主要用于环内各节点有大量共享型业务（环形 VPLS 专网业务）的场景。在这种模式下，传输环相邻节点直接通过光纤相连，业务会逐站经过电层交叉（SDH 交叉或者分组交换）传递到目的地，从带宽的分配来说，相当于环上所有节点共享环路带宽。

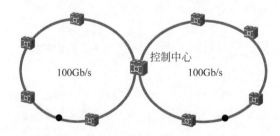

图 3-27　所有节点共享环组网

这种方式最大的优势是业务节点之间交换比较方便，对控制中心的压力比较小，即使控制中心的传输设备出现整体故障，下面的车站之间仍然能够进行业务交换；同时各节点之间的带宽是共享的,同一类业务可以通过统计复用的方式共享环路带宽。开局阶段相邻节点直接通过光纤对接,不需要考虑光层设计,通常也不需要考虑色散补偿或光功率调整(部分距离超过 60km 的链路除外),运维习惯更接近 MSTP,对人员的技能要求较低;同时,这种方式在规划带宽的时候比较容易,每一类业务在环路上只需要开辟一份共享带宽就可以,不需要进行波长规划,各节点带宽分配通过分组平面统计复用来完成。

但这种组网方式会带来投资成本的增加,原因是环路内所有节点的线路侧带宽都要按照最大带宽来设计。例如,一个环路上有 10 个节点,每个节点产生 10Gb/s 流量,那么整个环路就需要 100Gb/s 带宽,此时所有节点东西向都需要配 100Gb/s 线卡,成本较高。且一旦环路后续流量增加超过了原设计流量,即使只有部分节点带宽扩容,仍然需要所有节点都扩容线卡,扩容造价增加较多,施工难度增加,所有节点都需要进行施工。如果某个节点出现故障,会造成环内所有业务节点全部进行保护倒换自愈。

2. 方式二:不同的节点通过波分组网(光层＋电层组网)

随着地铁业务上云越来越多,业务集中化的趋势也越来越明显。在这种模式下,车站之间的流量会越来越小,也就不一定再需要共享型传输环网。在这样的前提条件下,不同的节点通过波分组网就成为了一个可能的选择,如图 3-28 所示。

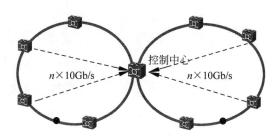

图 3-28　不同的节点通过波分组网

在这种组网模式下,环内每个节点相当于直接开通 1～4 波业务到控制中心,经过中间节点的时候通过 DWDM 光层穿通的方式进行节点跨越,到控制中心之后再进行汇聚上云。还是以 10 个节点的环路为例,此时每个节点只需要开通 1 波 10Gb/s 到控制中心,环路总带宽仍然为 100Gb/s(10 波 10Gb/s)。这种方式适合节点间不需要大量业务交互的场景,各个节点的带宽独占。

这种方式的优势在于投资成本更低,每个节点只需要配置自己的带宽就可以,不需要考虑其他节点的带宽叠加。即使后期带宽需求增加,也只需要调整相应节点的带宽或者扩波即可,对其他节点没有影响,能够降低造价,减少施工难度;同时业务拓扑简单,即使节点出现故障也只影响单节点业务,不会造成全环倒换自愈。

当然,采用DWDM会引入光层设计和光层施工,需要进行波长规划,并需要计算光功率、色散等光层参数,运维习惯也更加接近传统OTN,对人员的技能要求更高;同时由于环内带宽无法共享,业务带宽规划需要更加精细。

在实际项目中,需要根据业务的流向和需求进行组网方案的选择,也可以将以上两种模型结合起来组网,即汇聚型业务采用波分组网,共享型业务采用共享环组网,形成“一网双平面”的组网模式。此时可以专门预留一波10Gb/s,将环内每个节点都逐一连接起来,实现共享VPLS业务逐站中继,其余业务通过各自节点的波道直拉到控制中心,汇聚后再上云。

3.4.4 关键技术

对于F5G在地铁的应用,主要以分组增强型OTN和OSU技术的应用为主。分组增强型OTN是在OTN基础上,融合了MSTP和PTN技术形成的综合传送技术。它主要用于城域传输网,解决OTN无法接入2Mb/s业务、无法实现分组业务共享等问题。同时,它还具备100Gb/s大带宽线路传输能力,能够通过DWDM技术实现多路100Gb/s传输。分组增强型OTN支持OTN、分组和E1接口,确保业务接入,能够实现TDM和分组业务混合组网,还支持数据中心互联的FC接口,支持ODUk和VC物理隔离,解决关键业务安全问题;支持IEEE 1588v2高精度时间同步,确保100ns级别的精度,解决城市地下获取GPS信号困难的问题;支持L2分组特性,满足车站间业务相互调用,满足相交环和相切环组网,满足跨环业务调用和单环独立倒换。OSU是新一代分组增强型OTN技术。

1. 分组增强型OTN技术

分组增强型OTN处理的基本对象是ODUk业务,同时又具备处理MSTP和以太网开销的能力,这样就能适配多种业务的接入、交换和传输。

1) 分组增强型OTN技术原理

分组增强型OTN在分组平面采用MPLS-TP协议进行分组业务处理,能够具备PTN处理能力,同时能够通过ODUk实现不同以太子网业务的物理隔离,能够保证不同类型的分组业务之间互不干扰,也能满足2Mb/s业务和分组业务的隔离传送要求。

分组增强型OTN提供完整的MSTP功能,能够实现E1及STM-N业务的封装、映射和复用,也能够实现 EOS 功能。分组增强型 OTN 设备的分组平面采用 PTN 传送模式,支持 FE、GE、10GE 业务接入,支持 MPLS-TP(MPLS-Transport Profile)/PWE3 等技术,可灵活地实现纯分组模式或混合模式组网,实现对数据业务的高效统计复用。分组业务分为专线业务(Virtual Private Wire Service,VPWS)和专网业务(Virtual Private LAN Service,VPLS)两种。由于地铁的分组业务基本上都要实现带宽共享,因此 VPWS 业务在地铁系统中应用较少,主要是 VPLS 业务。分组增强型 OTN 的 OTN 映射与复用遵循 ITU-T G.709 标准,可以支持多种客户信号的映射和透明传输,并能提供对更大颗粒业务的透明传送的支持。OTN 目前定义的电层带宽颗粒为光通路数据单元(Optical channel Data Unit-k,ODUk,$k = 0,1,2,3,4$),即 ODU0(1.25Gb/s)、ODU1(2.5Gb/s)、ODU2(10Gb/s)、ODU3(40Gb/s)和 ODU4(100Gb/s)。

分组增强型 OTN 技术增加了不同种类业务颗粒的调度灵活性,也节约了大量的通道资源,能够组成共享专网业务,实现多站点间的业务和带宽共享,最大限度地利用好带宽和通道,避免大量点对点通道带来的带宽浪费和组网不灵活。在地铁传输网建设中,分组增强型 OTN 能够很好地匹配地铁云化建设架构,提升网络带宽,适配多种业务类型,打造云化承载网。分组增强型 OTN 能实现线路带宽 100Gb/s,各站点保证容量,确保视频监控集中存储和 AFC 的带宽需求。

分组增强型 OTN 不仅能够应用于城市轨道交通线路传输网,同时也能够应用于线网规模不大的城市轨道交通骨干传输网。当前,全国已经有超过 20 条地铁线采用分组增强型 OTN 技术建网,来满足高清视频监控云化存储需求,构筑地铁通信和安防的基础。例如,深圳地铁 6/10 号线在国内首次采用了视频监控云化存储系统,并计划后续新建地铁线路全面转型为云化综合承载网,因此线路传输网采用分组增强型 OTN 构建,提供 100Gb/s 带宽。广州地铁"十三五"线路为了适应综合监控、视频监控、门禁、智能安检等云化的需要,线路传输网也采用了分组增强型 OTN 系统,开通了 100Gb/s 带宽,大大提高了业务承载能力。

2) 分组增强型 OTN 技术特点

(1) 大带宽及带宽平滑演进优势:由于 PIS 和 CCTV 的高清化和密集化趋势,以及云化集中存储趋势,地铁专用通信传输带宽逐年增长,分组增强型 OTN 根据国内实际情况,可提供 10Gb/s 和 100Gb/s 混合线卡方案,满足各级城市带宽需求,并通过 License 授权方式按需选择 20Gb/s、40Gb/s、100Gb/s 带宽,后期可不更换硬件平滑升级,最大限度地保护客户投资,满足地铁云化和非云化高带宽需求。

(2) TDM 与以太网双平面转发:国内地铁业务中的电话系统,无线调度系统绝大多数还是采用 E1 接口承载(少量采用 PCM),分组增强型 OTN 采用 TDM 与以太网双平面独立转发,既保证了以太网可以采用最先进的 PTN 核心技术 MPLS-TP 承载,又保证了 E1 业务通过 SDH 硬管道承载,避免使用电路仿真技术(Circuit Emulation Service,CES)承载(会增大网络时延和时延抖动),确保 TDM 业务的业务性能。分组增强型 OTN 光传输系统可提供 MPLS-TP 环网保护技术,当系统检测到信号丢失、帧丢失、告警指示信号、超过门限的误码缺陷及指针丢失时,系统自动进行检测和保护倒换,倒换时间小于或等于 50ms。传输系统具备本工程所需的各种业务接入功能,为其他通信子系统(如自动售检票系统等)提供可靠的、冗余的、可重构的、灵活的信息传输及交换信道。

(3) 物理隔离提升安全性:地铁系统作为涉及公共安全的网络相对于运营商网络安全性要求较高,不同的以太网子系统(例如,CCTV/PIS/AFC 等)需要做到完全物理隔离。分组增强型 OTN 采用了 ODU0(1.25Gb/s)物理硬管道,便于各子系统进行物理隔离,考虑到 PIS、CCTV 等业务都有云化的趋势,ODU0 管道可以进行多管道绑定以满足此类应用需求,其他小带宽业务可按照峰值带宽设计(避免业务拥塞)映射在同一管道传输,既满足带宽的最大利用,又满足业务的安全隔离要求。增强型 MSTP 不但在 TDM 和以太网管道间做到物理隔离,在不同的以太网子系统间也可以进行物理隔离。

在网络管理层面,分组增强型 OTN 提供层次化、端到端的 OAM 方案,保证网络故障定位、倒换和性能检测需求。分组增强型 OTN 除了继承 OTN/TDM 丰富的开销外,还支持通过 MPLS-TP OAM/ETH-OAM 实现分组网络 E2E OAM。

另外,分组增强型 OTN 提供统一维护方案,通过统一网管实现对 L0/L1/L2 的统一可视化运维。基于 NCE-T 的传送运维方案,使分组具备 SDH 的管理维护能力,简化分组业务运维。可视化的运维方案通过将网络中的业务路径、流量、性能、故障等运维关注的信息以视图的形式在网管系统中呈现,提升了通信维护人员对于整网状态的可知程度,降低了运维工作的复杂程度。本着各领域专业网管自动化小闭环,以支撑综合网管智能化大闭环的方针,新一代网管 NCE-T 具备资源可视、可控,具备自动化能力,并通过标准 XML/REST 北向接口和上层系统对接,打造面向未来的智能运维系统。

(4) 资源可视,提升电路规划效率:能实时同步全网资源信息且实时更新网络资源变化信息。方便用户掌握网络资源实时状态,识别资源瓶颈,以提前做好路径优化或扩容措施。支持按最小时延的路由策略,实现业务自动规划和时隙台账管理自动化,提升电路规划效率。

(5)故障模拟,提前识别可靠性风险:生产网关注业务高可靠性,通过提供故障模拟能力,分析故障对网络已有业务的影响,提前评估和识别可靠性风险。支持多个故障点的组合,多种场景如网元、单板、光纤等故障,分析故障发生时模拟现网业务中断、降级或重路由状态。

(6)辅助智能分析,提升维护效率:自动识别根因告警,减少告警数量;远程监控光纤质量,远程故障定位,提升排障效率。

3)保护方式和带宽分析

分组增强型 OTN 可提供 MSTP、OTN 及分组保护技术,当系统检测到信号丢失、帧丢失、告警指示信号、超过门限的误码缺陷及指针丢失时,系统自动进行检测和保护倒换,倒换时间小于或等于 50ms。地铁 TDM E1 业务采用 SDH 进行传输,保护方式采用环形复用段(RMSP)或 SNCP;分组以太网业务采用 MPLS-TP 协议进行传输,保护方式采用 MRPS(MPLS-TP 环网保护)。下面以应用较多的环形复用段以及 MPLS-TP 环网保护两种场景下的带宽分配为例进行分析。

(1)环形复用段(RMSP)带宽分析。

环形复用段(RMSP)带宽分析地铁环网场景下,一般会给 TDM 业务分配 2.5Gb/s 带宽,因此每个节点东西向各有 1.25Gb/s 工作带宽,共 2.5Gb/s,如图 3-29 所示。

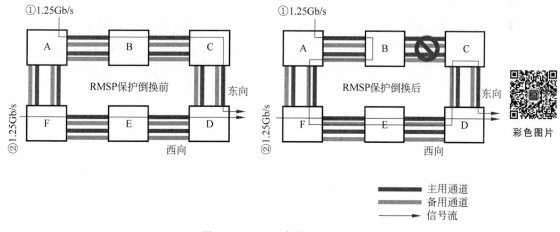

图 3-29 RMSP 保护

在正常工作状态下,每两个网元之间收发各采用一根光纤,每根光纤的速率是 2.5Gb/s。从网元 A 到网元 B 收发两根光纤,A→B 的 2.5Gb/s 可以分为 1.25Gb/s 工作和 1.25Gb/s 保护,B→A 的 2.5Gb/s 同样可以分为 1.25Gb/s 工作和 1.25Gb/s

保护。

现网中有两条业务,分别为业务 1:A→B→C→D 路径:1.25Gb/s(主)/1.25Gb/s(备);业务 2:A→F→E→D 路径:1.25Gb/s(主)/1.25Gb/s(备)。

正常状态下节点 D 总带宽为 1.25Gb/s(主)/ 1.25Gb/s(备)+1.25Gb/s(主)/1.25Gb/s(备)=2.5Gb/s(主)/2.5Gb/s(备),因此从理论上说,每个节点的总带宽均为 2.5Gb/s(主)+2.5Gb/s(备)。

当发生断纤时,环网启动 RMSP 保护倒换。网元 B 和 C 之间的双向光纤中断,此时 B 和 C 均触发 RMSP 倒换,"①1.25Gb/s"业务从 A→B 经过主用通道传输,然后在 B 节点倒换到备用通道,通过 A→F→E→D 路径传输到 C,再从 C 节点倒换到原来的主用通道上传输到网元 D。此时,D 节点的总带宽仍然为 1.25Gb/s(主)/1.25Gb/s(备)+1.25Gb/s(主)/1.25Gb/s(备),业务可用带宽为 2.5Gb/s(主)/2.5Gb/s(备)。

(2) MPLS-TP 环网保护(MRPS)带宽分析。

MPLS-TP 环网保护(MRPS)带宽分析分组以太网业务采用 MPLS-TP 协议进行传输,如图 3-30 所示。在正常工作状态下,每两个网元之间收发各采用一根光纤,每根光纤的速率是 100Gb/s(以增强型分组增强型 OTN 线路带宽 100Gb/s 为例),从网元 A 到网元 B 收发两根光纤,A→B 的 100Gb/s 可以全部用作工作通道,B→A 的 100Gb/s 同样也可以全部用作工作通道。

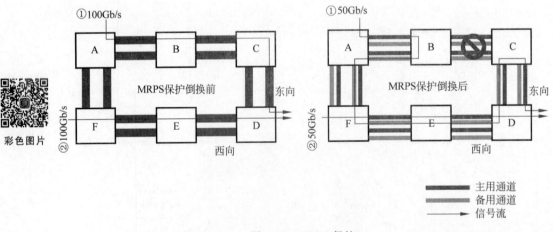

图 3-30　MRPS 保护

在环网拓扑中,对于节点 D 来讲,东西向物理带宽即为东向 100Gb/s(主)+西向 100Gb/s(备),业务 1:A→B→C→D;业务 2:A→F→E→D。当发生断纤时,环网启动 MRPS 保护倒换。网元 B 和 C 之间的双向光纤中断,此时 B 和 C 均触发 MRPS 倒换,所有链路必须要分配一半带宽作为备用业务通道,此时主备业务共用 100Gb/s 带宽。"①50Gb/s"业务从 A→B 经过主用通道传输,然后在 B 节点倒换到备用通道,通过 A→F→E→D 路径传输到 C,再从 C 节点倒换到原来的主用通道上传输到网元 D。考虑在地铁环网场景下,每个节点东西向各有 50Gb/s 工作带宽,共 100Gb/s。即环网模式在保护场景下保证带宽 100Gb/s,整个环网平均共享 100Gb/s 带宽。此时,D 节点的总带宽为 50Gb/s(主)/50Gb/s(备)+50Gb/s(主)/50Gb/s(备)=100Gb/s(主)/100Gb/s(备),业务可用带宽为 100Gb/s。低优先级业务带宽会被压缩,以确保高优先级业务传输。在实际业务规划中,建议主用业务不超过 50Gb/s,这样能够保证所有业务在倒换时都能得到全部有效带宽,否则低优先级业务带宽会被压缩,可能部分导致业务受损。

2. OSU 技术

在分组增强型 OTN 中,E1 等小颗粒业务需要单独分配一个 1.25Gb/s 的 ODU0 颗粒进行封装,由于轨道交通的 E1 业务越来越少,这实际上造成了传输带宽的浪费,同时带宽调整也不灵活。因此,业界也在探索如何进一步提升小颗粒业务的承载效率,以彻底取代 MSTP 设备。华为推出的 OSU 技术,在复接映射以及传输层次上做了大幅优化,如图 3-31 所示,使网络硬切片的颗粒度达到 2Mb/s,同时支持 2Mb/s～100Gb/s 无极无损带宽调整。

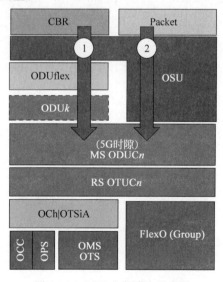

图 3-31　OSU 业务层次示意图

关于 OSU 技术的详细介绍,可参考第 2 章相关部分的介绍。

OSU 将加速光传输网从物理承载网络向业务承载网络的演进,当前部分轨道交通仍然保留 E1 业务,OSU 可以大幅度减少承载 E1 业务所需的带宽,进一步提升带宽利用率,为地铁业务后续平滑演进提供技术上的保障。在地铁城轨云的大趋势下,OSU 通过可变颗粒承载、一跳入多云等特性,适配地铁未来发展,持续引领地铁传输网的发展。

3.5 地铁未来"互联互通"趋势

随着新基建计划的提出,国家对于城市群的建设又提出了更新、更高的要求,城市协调发展、区域一体化的进程将进一步加快。轨道交通作为支持城际间、城市内部的重要支撑力量,对区域规划发展起到关键的推动作用,各地区间轨道交通互联互通对区域发展将起到促进与推动的作用。例如,《中国交通的可持续发展》白皮书就明确提出"推进交通基础设施一体化融合发展。完善'八纵八横'高速铁路网建设,大力推进城际铁路,加快发展市域铁路,完善路网布局"的发展目标,交通运输部也提出"建设城市群一体化交通网,推进干线铁路、城际铁路、市域(郊)铁路、城市轨道交通融合发展,完善城市群快速公路网络,加强公路与城市道路衔接"。因此城市群多种轨道交通制式的互联互通也逐渐被提上议事日程。

"互联互通"主要指时空距离的期待目标,在时间轴方面,通过互联互通实现事发地至目的地的时间尽可能地缩短;在空间轴方面,通过互联互通尽可能地实现事发地至目的地的距离最短,时空距离目标也是大湾区轨道交通发展的终极目标。基于时空距离目标,对国内外轨道交通运营组织模式进行分析,"互联互通"主要分为 4 个层级,如图 3-32 所示。

图 3-32　互联互通层级划分

1. 第一层级

城际铁路和地铁采用传统的换乘模式,乘客出地铁(或城际铁路)付费区后,需重新购买城际铁路(或地铁)车票,并检票进站的运营组织模式。

国内的城际铁路和地铁的建设尚处于起步阶段,各城市以及地区在进行轨道交通规划时仅考虑网络覆盖,线路与线路之间仅按照空间换乘考虑,因此目前大多主要采用第一层级的互联互通方式,即枢纽换乘方式:枢纽站作为各种交通方式的换乘车站,每种交通方式彼此相互独立,从一种交通方式换乘另一种交通方式、甚至从同一交通方式的不同线路(如城际铁路之间)乘客均采用非付费区换乘。

对于这种立体换乘的广义层面的互联互通,通信、信号、AFC、供电、轨道、乘客(或客运)信息等一般均相互独立,但随着客运组织服务水平的提高,在乘客信息方面,城际铁路和地铁可以实现一定程度的信息互通,如城际铁路可以将列车到达班次以及客流票务信息发送给地铁,地铁可以根据获得的到达列车规模或者客流信息合理安排地铁列车行车间隔。

2. 第二层级

城际和地铁也采用换乘模式,但城际和地铁同时支持当地主流的一卡通,售检票方式进行了相对统一,乘客换乘直接持一卡通刷卡进站,为常客出行带来了极大的便利。例如,国内的上海金山城际线就属于第二层级。

原金山铁路建于 20 世纪 70 年代,主要用于上海石化的客、货运业务。后于 2001 年停止客运业务。为加强金山郊区与中心城区之间的交通联系,完善上海城市轨道交通布局,原铁道部与上海市共同出资,对金山铁路进行改造。线路于 2009 年开始改建,2012 年改造完成。2012 年上海城市轨道交通开通运营线路 13 条,运营里程达 468km,城市轨道交通布局较为完善。改建后的金山城际铁路起于上海南站,止于金山卫站,是一条连接上海中心城区与金山区的上海首条市域铁路,线路全长 56.4km,设 9 座车站。串联了徐汇区、闵行区、松江区和金山区,设计最高时速 160km/h。

金山铁路在国内率先实行铁路公交化运营的模式,全程不对号、不限定具体车次与座席,旅客随到随走,可刷上海交通卡,并享受与市内公交换乘优惠,从而实现了城际铁路与城市轨道交通线路车票票制和票价统一结算的问题。金山市域铁路在票务上推行了双票务制,在出售原有国铁制式车票的同时,乘客也可通过城市一卡通来乘坐该线路,极大地提升了乘客出行的便捷性。要实现市域铁路与城市交通的票务互通,需要双方运营部门改进现有的票务清分系统,处理好乘客进出站数据信息在国铁与城市轨道交通之间的转换,同时改进检票系统使其能够兼容两种不同的票制,满足乘客的出行需求。

金山市域快线仍然属于广义层面上的城际和城市轨道交通线路的互联互通,地铁和城际铁路、高铁线路实现了"人"的立体换乘,但为常旅客的出行带来了一定的便捷性。

3. 第三层级

城际铁路和地铁也采用换乘模式,但采用付费区换乘,此时城际铁路完全脱离国铁(12306)售票模式,全面纳入城市轨道交通公交化运营,票制统一,清分统一。采用该层级的互联互通,极大地缩短了时空距离,节省了大量的时间。

目前开通运营的广佛线以及首期正在建设、延伸线规划至中山、珠海的广州地铁18号线属于典型的第三层级。18号线采用25kV交流供电,隧道采用7400mm直径大盾构,设计最高时速160km/h,车型和供电方式完全按照国铁标准配置,其他系统配置完全参照地铁设计规范。18号线连接了广州最为核心的珠江新城商务区以及广州东站国铁客运枢纽,同时与广州地铁多条线路换乘,采用付费区换乘,票务清分完全纳入广州地铁统一结算;18号线延长线未来延伸至中山、珠海后,各系统配置均保持不变,也将一直沿用广州地铁的票务清分系统。

4. 第四层级

城际铁路和地铁采用跨线运营的模式,即乘客一次购买目的地的车票,在对应的站台候车,不换车直达目的地车站的运营组织模式。采用该模式,城际线路全面纳入城市轨道交通公交化运营,票制统一,清分统一。采用该层级的互联互通,极大地缩短了时空距离,一定程度上节省了大量的时间。

国内城际以及城市轨道交通尚处于建设运营的初期阶段,尚未有城际与地铁跨线的线路,城际和地铁一体化运营经验严重不足,但是,在国外,这种一体化运营已经成为都市圈的"血脉",极大地拉近了都市圈的时空距离。例如,东京都"直通转运"的运营线路就是比较典型的例子。东京都市圈也称东京圈,一般包括东京都、神奈川县、千叶县、埼玉县,因此又称为一都三县。东京都市圈范围内的轨道交通主要包括地铁(东京都市区内)、JR线路和私营铁路(包括单轨铁路)。截至2018年年底,东京地铁共开通13条线路,线路总长312.6km,共计290座车站投入运营,客运量合计约35.36亿人次/年。JR 线路(城际线)由 JR 东日本管辖,主要承担都市圈中长途客运运输和通勤交通。都市圈内 JR 线路共 33 条,线网总规模 1718.3km。私营铁路(简称"私铁")又叫民营铁路,分布在 JR 线路未覆盖区域,是 JR 线路的竞争者和补充者。私铁连接中心与城市外围主要居住区,在区域间居民日常出行中发挥着重要作用。

东京都市圈轨道交通网络主要由东京都市圈轨道交通建设始于 19 世纪 70 年代,至 1920 年期间主要发展铁路运输。20 世纪初期,城市轨道交通的建设开始起步,为避免城市中心区轨道交通的无序发展,政府出台限制政策,要求市中心只能修建地铁或有轨电车。1932 年山手线建成通车后,以山手线为界,环线以内主要发展有轨电车和地铁,有轨电车运营总里程一度达到 213km,环线以外主要发展市郊铁路,建成 7 条国铁线和 9 条私铁线组成的通勤线网,从而逐渐形成了"内轨外铁"的轨道交通布局。

第二次世界大战后,经济的复苏、都市圈的扩大带来了市郊与市区之间庞大的通勤客流,但是由于"内轨外铁"的布局,这些乘客必须经过换乘才能进入市区,这给地铁与市郊铁路的换乘站带来了巨大的压力。为了解决这一问题,东京政府统一管理轨道交通系统的规划、建设和运营。1960 年,地铁浅草线与私铁京急线的"直通"运营成功实施,为"直通"运营的大力发展积累了宝贵的经验。此后东京规划建设的地铁线路均考虑了与市郊铁路共线运营的要求,并通过对既有铁路进行技术改造,最终实现了二者的共线运营。经过五十多年的建设和运营改造,目前东京市区开通的 13 条地铁线路中有 10 条实现了与市郊铁路的共线运营。地铁与市郊铁路之间方便快捷的"直通"运营已经成为东京都市圈轨道交通最为显著的特色。

在当前城市群、都市圈以及密集轨道交通线网的大背景下,总结当前应用,对传输网的诉求主要体现在以下几方面:

(1) 必须满足城市群的互联互通需要,适应多种轨道交通制式。

(2) 全自动运行,业务承载安全可靠,满足各类业务隔离需求。

(3) 适配业务灵活上云及云间互联的需要,实现灵活高效的连接。

(4) 网络必须具备很强的弹性扩展能力,适应业务的快速变化,同时要求管理维护简单。传输网可按照分层规划、分层设计的原则来实施。承载网按照城际骨干网、线网骨干网以及线路传输网三层理念进行设计,城际骨干网以及线网骨干网在技术选型方面采用 OTN 技术,可以提供大颗粒的带宽,实现业务点对点的传送;在线路传输网采用分组增强型 OTN 技术,满足各车站业务共享以及各种颗粒大小的业务需求,如图 3-33 所示。

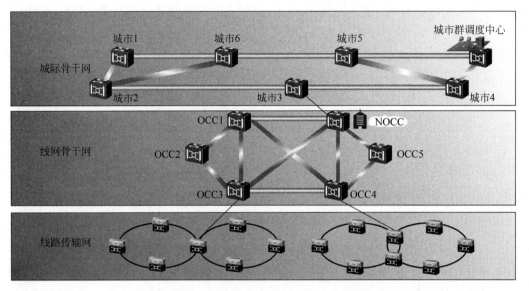

图 3-33　城市群轨道交通通信多层次传输网

当前，粤港澳大湾区正在积极筹备多种制式轨道交通的互联互通工作，并筹划建设城际骨干网。由于目前尚无跨区域城际骨干网建设实例，因此接下来还是按照线网骨干网＋线路骨干网两层组网架构来分别进行介绍。

以大容量 OTN、分组增强型 OTN、OSU 为代表的 F5G 地铁传输网解决方案，能够满足地铁城轨云模式下的业务承载需要，同时能够适应智慧地铁的各种应用需求，为大容量的业务承载提供了充足的平台，满足了线网传输网和线路传输网的传输需求。

同时，F5G 具有多业务接入、物理隔离、相交环组网的能力，为后续地铁线网传输网发挥更大作用提供了承载前提。传输网技术的不断演进和不断优化，为轨道交通智能化、智慧化提供了坚实的基础，必将引领智慧地铁起航。

第 4 章

高速公路传输网

高速公路传输网是高速公路建设中的重要配套项目和基础设施,它为高速公路各级部门的运营、管理以及沿线设立的收费、监控系统提供语音、数据、图片和视频的传输,是实现高速公路快速、安全、高效运行的重要保障。

4.1 高速公路发展历程

高速公路是指专供汽车高速行驶的公路。高速公路在不同国家地区、不同时代和不同的科研学术领域有不同规定。例如,中国《公路工程技术标准》规定,高速公路为专供汽车分向行驶、分车道行驶,全部控制出入的多车道公路。高速公路年平均日设计交通量宜在 15 000 辆小客车以上,设计速度为 80～120km/h。

世界上最早的高速公路出自德国,位于科隆与波恩之间,长约 30km,于 1931 年建成,1932 年 8 月 6 日开通。1933 年建成柏林至汉堡高速公路,到第二次世界大战前德国先后修建了 3900km 多车道立体交叉高速公路。高速公路一经出现就发挥了巨大作用。例如,当时法军统帅认为德军最快需 3 天抵达进攻地点,而德军凭借高速公路的快捷交通,仅 1 天就赶到前线,并绕道至马其诺防线之后,法军顷刻间瓦解。

第二次世界大战以后,以美国为首的发达国家掀起高速公路建设高潮,兴起以美国为代表的西方经济发达国家的汽车文化。

(1) 美国 1937 年开始修筑全长 257km 的宾夕法尼亚州高速公路,截至 2010 年,美国已拥有约 100 000km 高速公路,完成以州际为核心的高速公路网,其总里程约占世界高速公路一半,连接所有 5 万人以上的城镇。

(2) 德国 1957 年通过长途公路建设法,从 1959—1970 年制定 3 个四年建设计划,促进高速公路发展,截至 2008 年,德国境内共有 12 550km 高速公路。

(3) 截至 2010 年,加拿大共修建了 16 500km 高速公路。

（4）截至 2005 年，法国高速公路总里程约 12 000km。

（5）日本 1957 年颁发《高速公路干道法》，于 1963 年建成名神高速公路，至 1997 年已建 5677km 高速公路，形成以东京为中心，纵贯南北的高速公路网。

（6）意大利于 1924 年建成米兰至瓦雷泽 48km 汽车专用公路，至 1991 年已有 6300km 高速公路。

我国的高速公路发展比西方发达国家晚近半个世纪的时间，从 20 世纪 80 年代末开始起步，经历了 80 年代末至 1997 年的起步建设阶段和 1998 年至今的快速发展阶段。在改革开放初期，随着我国国民经济的快速发展，公路客货运输量急剧增加，公路交通长期滞后所产生的后果充分暴露出来，特别是主要干线公路交通拥挤、行车缓慢、事故频繁。

根据发达国家的实践经验，建设高速公路是解决主要干线公路交通紧张状况的有效途径。1989 年 7 月，在沈阳召开的高等级公路建设现场会上，有关领导和专家力排众议，确定在经济较发达地区先行建设高速公路。认识的统一为我国高速公路的快速发展奠定了基础，拉开了中国高速公路发展的序幕。

（1）1988 年上海至嘉定高速公路建成通车，结束了我国大陆没有高速公路的历史。

（2）1990 年，被誉为"神州第一路"的沈大高速公路全线建成通车，标志着我国高速公路发展进入了一个新的时代。

（3）1993 年京津塘高速公路的建成，使我国拥有了第一条利用世界银行贷款建设的、跨省市的高速公路。

（4）1993 年年底，济青高速公路通车，齐鲁大地有了自己的第一条高速公路。

（5）1995 年 11 月，成渝高速公路通车，西南地区终于实现了高速公路"0"的突破……

截至 2018 年年底，我国公路总里程 4 846 500km，公路密度每百万平方千米 50.48km；高速公路里程 142 600km，位列世界第一。

各国高速公路占各国公路总里程的 0.3% ～ 2.3%，却承担着货运重量的 10% ～ 34%，高速公路经济效益好，资金回报率高。

高速公路适应工业化和城市化的发展，汽车工业的飞速发展和城镇化推进给高速公路公司也带来了发展机遇。在铁路运输能力紧张、进出通道不畅的地区，高速公路发挥着重要的运输作用。

4.2　高速公路机电系统

高速公路机电系统是涉及供电、收费、监控、办公、通信、隧道管理等强电与弱电系统的统称。下面重点对通信子系统进行介绍。

4.2.1　高速公路通信子系统组成

高速公路通信子系统为高速公路的各类信息业务提供通道,通信子系统的部署与高速公路的组织架构紧密相关,主要包括省级通信中心、片区通信(分)中心、路段通信(分)中心以及基础通信站。高速公路的管理组织架构决定网络层次划分,而高速公路的道路地理位置决定了各组织的数量和分布。

通常高速公路管理架构以三层模式设计:省级通信中心、片区通信中心和基础通信站,如图 4-1 所示。不同的省份在此基础上有少许变动,例如,部分省份会设立片区通信中心,本片区的收费站直接归属区中心;部分省份设管理中心。但基本都是以三层模式作为基本结构。

(1)省级通信中心:一般包括高管局、公路局、联网结算中心、高速公路集团公司中心等,为省级别机构服务,提供道路提供联网信息服务,全路网联网收费营运、交通状况、路网状况等信息的汇集、数据统计、发布,监控数据的整理、分析、处理。其地理位置一般位于省会城市,通信中心可单独提供通信接口让省级机构接入。

(2)片区通信中心:负责所辖区段的综合交通监控管理,汇总各路段的交通数据及视频信息,向省监控通信收费中心提供其所需的数据、图像等综合信息,并接受省监控通信收费中心路网交通管理和应急指挥系统的协调和调度。其地理位置位于省(自治区、直辖市)内重要城市,有条件可办公地址共建,部分较小的省份(自治区、直辖市)未划片区中心。

(3)路段通信分中心:负责所辖路段的综合交通监控管理,收费数据调度,通信连接和设施管理。其地理位置一般设置在较大城镇,通常一个项目(100km 左右)设置一个中心,如果路线特别长达到近 200km 可以多建一个分中心。

(4)基础通信站:包括收费站、服务区、隧道管理站等,是通信网络的基本业务接

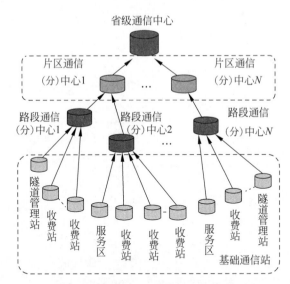

图 4-1　高速公路通信管理组织架构

入点。其地理位置位于收费站或服务区在高速公路的出入口位置,隧道管理站在隧道入口附近。

4.2.2　高速公路机电系统及业务

高速公路机电系统是高速公路上除楼宇办公用电外所有弱电部分的总称,主要包括"三大系统"和"隧道机电系统",如图 4-2 所示。

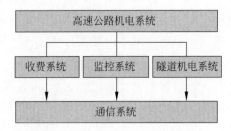

图 4-2　高速公路机电系统组成

(1) 三大系统:包括监控系统、收费系统、通信系统。其中通信系统是承载另两大系统的基础,用于传递高速公路沿线的各类通信与信息业务。

(2) 隧道机电系统:包括隧道监控系统、隧道通风照明系统、隧道供配电系统及隧道火灾报警系统等几大类。

高速机电系统主要包括三大类业务,即收费业务、视频图像业务和通信业务。其中收费业务是高速公路的关键核心业务,视频监控图像是通信网络承载的带宽比例最大的业务。

高速公路的业务流向是从基层通信站—片区/路中心—省中心,以从下往上汇聚的业务为主。而视频监控图像则是由上至下的实时监控或回看历史图像,在各基层通信站完成本地编码存储,并不上传至监控中心。高速公路机电系统主要业务如表 4-1 所示。接下来主要针对高速公路最重要的收费和视频业务进行介绍。

表 4-1　高速公路机电系统主要业务

高速公路机电系统	主 要 业 务
收费系统	收费数据
	收费图像
	对讲系统
监控系统	监控数据
	监控图像
通信系统	语音交换
	应急指挥
	呼叫中心
	会议电视

4.2.3　收费业务

由于高速公路设计等级高、施工费用高、维护成本高,因此中国的高速公路普遍采用了收费制度,以确保高速公路能够高质量运营。在高速公路建设之初,高速公路收费基本上由各省(自治区、直辖市)独自负责,这样在省界必然会设立收费站,以确保车辆在各省(自治区、直辖市)产生的费用能够返回到各省份。

1. 收费业务的数据分类

如图 4-3 所示,收费业务的数据主要有以下两类。

(1)省联网收费中心:发布收费价目表、黑/灰名单等,用于指导收费站的收费工作。

(2)收费站:将原始收费数据上传至联网收费中心提供拆账数据,同时上传至各自的中心进行数据统计和生成报表。

① 收费数据主要包括由省联网收费中心发布的系统基本运行参数(费额表、非现金支付的黑/灰名单、同步时钟等)等。

② 收费站上传收费站清账数据和统计数据、车道原始收费数据。

③ 收费监控是对任一收费站全部或任一车道的收费业务进行监视,显示报警图像,同时对该报警图进行保存,提供给收费中心对收费员工作进行稽查。

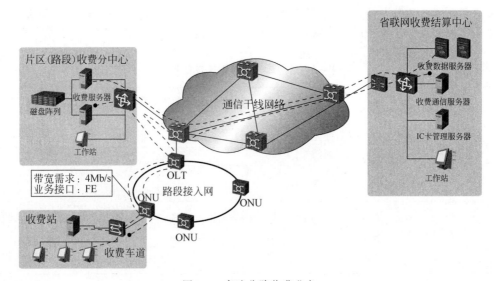

图 4-3   高速公路收费业务

2. 收费业务的核心要求

收费业务的核心要求是数据的安全性、完整性、防止篡改。数据在传输前有严格的加密处理,同时对操作人员的安全授权也十分严谨。除此之外,收费数据对网络的可靠性要求并不如想象中高。收费数据是日结算,先保存在本地,收费的信息依据都存在 IC 卡中,不依赖于通信网络。待结算时,再将数据上传至上级,如当时未上传,可后续再上传。

收费业务分为电子不停车收费系统(Electronic Toll Collection,ETC)与人工半自动收费车道(Manual Toll Collection system,MTC),它们的收费数据记录是一致的,主要涉及银行扣费的通信通道。一般而言,银行扣费通道是走专网通道,但同时在每一个收费站还有公网备份,一旦专网通道失效,则切换为公网。传统收费数据业务对带宽要求不高,一般收费站至路段中心为 4Mb/s 带宽,而路段中心至省联网中心为 120Mb/s 带宽。

3. 收费技术的发展

随着国民经济的发展,高速公路车流量日益增多,跨省行驶的车流量越来越大,省界收费站导致的拥堵问题日益严重。为了解决省界收费站拥堵问题,2018 年 5 月份,国务院常务会议部署了"推动取消高速公路省界收费站"的工作任务。据统计,正常情况下,客车平均通过省界时间由原来的 15s 减少为 2s,下降了约 86.7%;货车平均通过省界时间由原来的 29s 减少为 3s,下降了 89.7%。由于车辆不再需要排队交费,省界交通拥堵问题得以彻底解决,降低了物流成本,极大地提高了通行效率,减少了有害气体的排放,节能减排效果明显。

在此基础上,国务院在 2019 年初提出了"两年内基本取消全国高速公路省界收费站,实现不停车快捷收费,减少拥堵,便利群众"的决策部署。取消省界收费站的近期目标是依托电子不停车收费(ETC)技术,实现 2019 年基本取消高速公路省界收费站的目标;远期目标是实现我国高速公路开放式无站自由流收费,向交通强国建设目标迈进。

取消省界收费站的前提条件是自由流收费,也就是打破行政区和高速公路业主的区域划分,将收费业务统一由部级和省级联网收费中心来承担,实现不停车快捷收费,提升高速公路服务能力和水平,促进物流降费增效,产业升级,消费升级,培育新动能。通过自由流收费的实施,实现了全国 ETC 和 MTC 的联网运营,提高了跨省通行效率,提升了 ETC 用户和 MTC 用户的舒适度。

目前,我国高速公路已形成路网格局,大量的路网运行数据,比如运行状态、道路灾害、养护监测、气象预警等数据已逐步成为路网运行监测与应急处置体系的基础。而收费数据相对薄弱,还没有形成相关的数据体系,联网收费系统主要用于车流量、收费额统计以及拆分,用途相对单一。实施自由流收费后,会进一步健全路网运行数据分析体系,通过对收费数据、收费站运行状态、ETC 门架系统运行状态数据等采集、挖掘及分析,进一步为服务体系及整个交通行业的发展、评价和经济社会效益分析提供有力的数据支撑,为运营管理提供决策支持,为公众提供更好的出行服务和车辆路径服务,为高速公路的运营管理提供决策、管理支撑,从而全面提升联网收费的信息化水平。同时,ETC 门架系统的建设,作为公路信息化基础设施,将为自动驾驶、车路协同的实施奠定基础。

4. 收费系统架构

结合我国高速公路建设、运营和收费技术发展现状，交通运输部明确提出 ETC＋车牌图像识别＋多种支付手段融合应用的技术路径，主要包括如下内容：

（1）取消高速公路省界收费站，设置 ETC 门架系统，实现对车辆（包括 ETC 车辆和 MTC 车辆）分段计费。

（2）ETC 车辆通过车载单元（On-Board Unit，OBU）和后台记账形式自动完成扣费，未来逐步建立"预约通行"收费体系。

（3）MTC 车辆采用 5.8GHz 复合通行卡（Compound Pass Card，CPC）作为通行介质，实现"分段计费、出口收费"。

（4）保留入/出口收费站。合理设置 ETC 车道数量，确保 ETC 车辆不停车快捷通行；MTC 车道实现对未安装 OBU 的车辆及特殊情况下的收费功能。

（5）货车由计重收费调整为按车型收费，安装 OBU 实现不停车快捷收费，同时实施入口治超，新建称重检测设施（设备）设置在收费广场右侧适当位置，入口称重检测数据要与收费车道协同联动。

（6）为消除 ETC 车辆因中途拔卡、卡片松动、储值卡余额不足等问题导致交易失败，ETC 车辆交易逐步由储值卡向记账卡、由双片式 OBU 应用向单片式 OBU 应用过渡。

（7）ETC 车辆采用记账形式扣费，通过 ETC 账户记账绑定银行卡或其他账户代扣形式，自动完成通行费支付；MTC 出口车道可支持现金、ETC 用户卡、手机移动支付等多种支付方式供用户选择。

全国联网收费系统架构由收费公路联网结算管理中心（以下简称"部联网中心"）、省（区、市）联网结算管理中心（以下简称"省联网中心"）、省内区域/路段中心（路公司）、ETC门架、收费站、ETC 车道、ETC/MTC 混合车道等组成，如图 4-4 所示。

收费公路联网结算管理中心（部联网中心）在承担 ETC 清分结算、核查、客服工作的基础上，承担全国联网收费运营规则制定、收

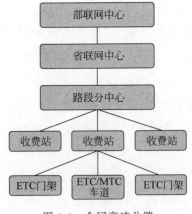

图 4-4　全国高速公路
联网收费系统架构示意图

费系统运行参数管理、跨省 CPC 卡调拨管理、数据汇聚和用户服务、系统运行监测、联网收费稽查和信用管理,以及协调和处理跨省(区、市)争议交易、投诉,向各省级联网运营与服务机构提供收费稽查等服务。

1) 省级联网收费结算管理中心(省联网中心)的业务范围

(1) 负责本省(区、市)内路段费率管理,以及本省(区、市)内收费数据的接收、汇总、统计、验证与结算等业务。

(2) 负责本省(区、市)路网内 CPC 卡状态追踪、调拨、丢卡稽查、坏卡回收等。

(3) 配合部联网中心完成跨省(区、市)现金和非现金拆分结算业务,以及跨省收费数据的上传、接收、验证和结算业务。

(4) 与省(区、市)内发行及服务机构完成收费数据及用户状态信息的交互。

(5) 负责省(区、市)内 ETC 系统状态名单(黑名单)的管理。

(6) 负责涉及本省(区、市)的争议交易处理、投诉处理等工作。

(7) 受理本省(区、市)联网收费运营与服务中出现的咨询和投诉。

(8) 负责本省(区、市)联网收费公共数据与数据交换的管理。

(9) 负责本省(区、市)内联网收费系统运行监测。

(10) 负责本省(区、市)内联网收费稽查,配合部联网中心开展联网收费稽查和信用体系建设。

2) 路段中心的业务范围

路段中心的主要工作是实现对 ETC 门架系统的运行监测与预警、日常维护及收费稽查管理,同时保证与上级系统的数据通信和传输。高速公路原则上在每个互通立交、入/出口之间均设立 ETC 门架系统,实现 ETC 车辆和 MTC 车辆分段计费,对于 ETC 车辆生成交易流水(或通行凭证)、ETC 通行记录和抓拍图像信息(包括车牌号码、车牌颜色等),并及时上传至省联网中心;对于 MTC 车辆,通过读取 CPC 卡内车辆信息(包括车牌号码、车牌颜色、车型信息),计算费额并写入 CPC 卡内,形成通行记录,并同抓拍图像信息及时上传至省联网中心。

为适应 ETC 用户的快速发展,现有入/出口收费站逐步改为以 ETC 车道为主、ETC/MTC 混合车道为辅的设置模式。入口收费站实现 ETC 车辆快速通行的同时,实现特殊车辆管理、发放 MTC 车辆通行介质等功能,出口收费站实现 ETC 用户快速通行的同时,还可支持多种支付方式完成 MTC 车辆收费。

5. 收费业务的带宽需求

为保证数据实时传输,ETC 门架和收费站到省联网中心、部联网中心应建立可靠的通信链路,采用主备双链路,主用链路采用省内现有收费通信网络,备份通信链路可采用电信运营商专线网络(或现有全国高速公路信息通信干线传输系统网络)。省联网中心到部联网中心复用已有跨省清分结算通信链路。网络带宽应根据业务需求合理规划。通信网络建设原则上充分利用现有网络资源,通信网络构成如图 4-5 所示。

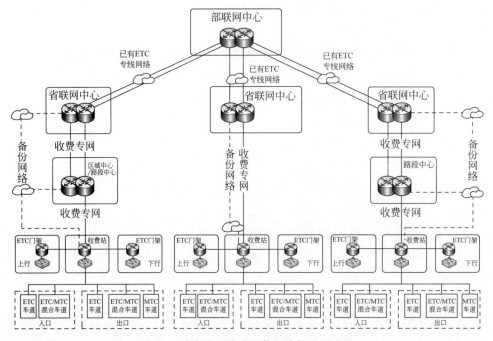

图 4-5 跨省联网收费通信网络构成示意图

业务对带宽的需求可按照下面的方式计算。

1)每处带宽测算

(1)现有交通量计算 ETC 门架带宽。

按照《公路线路设计规范》,以华东和中南地区为例,新建高速公路设计小时交通量系数取 8.5%。假设站区断面日交通量 1 万辆计,则设计小时交通量条件下每个断面每秒通行车辆数为 10 000×8.5%/3600=0.24。ETC 门架收费数据传输带宽是:1.5KB/s×8b/B×40=0.48Mb/s(数据量小暂不计,纳入图片传输带宽)。

按照 ETC 门架全断面设置门架,每辆车通过高清卡口设备均抓拍 3 幅图片,每幅抓拍图片大小 500KB 计算。

按断面日交通量 1 万辆计,对应设计小时交通量条件下每个非省界 ETC 门架(按单排门架计)图片通信带宽是:3×500KB×8b/B×0.24=2.77Mb/s,同时增加 ETC

门架收费数据传输带宽 0.48Mb/s,因此通信总体带宽约为 3Mb/s。

按断面日交通量为 N 万辆计,对应设计小时交通量条件下每个非省界 ETC 门架通信带宽＝3Mb/s×N,每个省界 ETC 门架(按双排门架计)通信带宽＝2×3Mb/s×N＝6Mb/s×N。

(2) 最大服务交通量测算 ETC 门架远期带宽。

根据公路工程技术标准,对于行车速度 120km/h 的路段,在服务水平降低到五级服务水平(标准核查服务水平,如表 4-2 所示)当 $v/C=1$ 时,最大服务交通量为 2200pcu/(h. ln),此时基准通行能力即五级服务水平条件下对应的最大小时交通量为 2200pcu/(h. ln),则对应的每秒每车道最大交通量为 2200pcu/(h. ln)/3600＝0.61pcu/(s. ln)。ETC 门架收费数据传输带宽 1.5KB×8b/B×40＝0.48Mb/s(数据量小暂不计,纳入图片传输带宽)。

表 4-2　高速公路路段服务水平分级

服务水平/级	v/C 值	最大服务交通量/(pcu/(h. ln))		
		设计速度 120km/h	设计速度 100km/h	设计速度 80km/h
一	$v/C \leqslant 0.35$	750	730	700
二	$0.35 < v/C \leqslant 0.55$	1200	1150	1100
三	$0.535 < v/C \leqslant 0.75$	1650	1600	1500
四	$0.75 < v/C \leqslant 0.90$	1980	1850	1800
五	$0.90 < v/C \leqslant 1.00$	2200	2100	2000
六	$v/C > 1.00$	0～2200	0～2100	0～2000

注:v/C 是在基准条件下,最大服务交通量与基准通信能力之比。基准通信能力是五级服务水平条件下对应的最大服务交通量。

按照 ETC 门架全断面设置门架,每辆车通过高清卡口设备均抓拍 3 幅图片,每幅抓拍图片大小 500KB 计算。行车速度 120km/h 的路段,基准通行能力条件下,每个非省界 ETC 门架(按单排门架计)通信带宽如下:

① 双向 4 车道:3×500KB/s×8b/B×0.61 辆/(秒·车道)×4 车道＝29.28Mb/s≈30Mb/s。

② 双向 6 车道:3×500KB/s×8b/B×0.61 辆/(秒·车道)×6 车道＝43.92Mb/s≈45Mb/s。

③ 双向 8 车道:3×500KB/s×8b/B×0.61 辆/(秒·车道)×8 车道＝58.56Mb/s≈60Mb/s。

注:b/B 表示每个字节包含 8b。

同理,算得行车速度 100km/h、80km/h 的路段,在基准通行能力条件下,每个非省界 ETC 门架通信带宽如表 4-3 所示。

表 4-3   非省界 ETC 门架(按单排门架计)远期通信带宽表

行车速度/(km/h)	基准通行能力/(pcu/(h, ln))	非省界 ETC 门架(按单排门架计)远期通信带宽测算/(b/s)		
		双向 4 车道	双向 6 车道	双向 8 车道
120	2200	30M	45M	60M
100	2100	28M	42M	56M
80	2000	27M	40M	54M

省界 ETC 门架设置两排门架,所以在基准通行能力条件下,每个省界 ETC 门架通信带宽如表 4-4 所示。

表 4-4   省界 ETC 门架(按单排门架计)远期通信带宽表

行车速度/(km/h)	基准通行能力/(pcu/(h, ln))	省界 ETC 门架(按双排门架计)远期通信带宽测算/(b/s)		
		双向 4 车道	双向 6 车道	双向 8 车道
120	2200	60M	90M	120M
100	2100	56M	84M	112M
80	2000	54M	80M	108M

小结:

从以上分析可以看出,根据路段目前现有交通量进行测算,达到当前服务水平下的 ETC 门架带宽需求。根据最大服务交通量测算,达到基准通行能力即五级服务水平条件下的 ETC 门架带宽需求。

因此,建议计算 ETC 门架带宽时,近期按照现有交通量进行测算,设计小时交通量可按照路段实际情况进行修正。远期路段服务等级降到五级服务水平,再根据最大服务交通量进行测算,增加传输带宽。

2)ETC 门架到路段中心带宽测算

ETC 门架全部上传至路段中心,路段中心传输总带宽(Mb/s)=省界 ETC 门架数量×省界 ETC 门架传输带宽+非省界 ETC 门架数量×非省界 ETC 门架传输带宽。假设路段双向 8 车道、行车速度 120km/h,15 个非省界 ETC 门架,则远期路段中心传输总带宽(Mb/s)=15×60Mb/s=900Mb/s。

3)路段中心到省中心带宽测算

ETC 门架包括 ETC 车辆和 MTC 车辆抓拍,ETC 门架图像准确综合识别率为

95%。根据图片存储方式不同,传输需求如表 4-5 所示。

表 4-5　路段中心到省中心传输带宽

方 案 描 述	假 设 条 件	路段中心到省中心传输带宽/(b/s)
方案 1:MTC 车辆抓拍图片全部上传,未正确识别的 5% ETC 车辆抓拍图片上传	路段双向 8 车道 行车速度 120km/h 15 个非省界 ETC 门架 MTC 和 ETC 车辆占比:拟达到 10% 和 90%	路段中心到省中心传输带宽＝路段中心传输总带宽×MTC 车辆占比＋路段中心传输总带宽×ETC 车辆占比×5%＝15×60M×10%＋15×60M×90%×5%＝130M
方案 2:所有 MTC 和 ETC 车辆抓拍图片全部在路段存储,仅供图片稽查用,不向省中心传输		图片稽查主要是对 MTC 不能正常标识的车辆进行稽查,假设 MTC 车辆有 50% 不能正常识别,则路段中心到省中心传输带宽为 15×60M×10%×50%＝45M
方案 3:MTC 和所有 ETC 车辆抓拍图片全部上传	路段双向 8 车道 行车速度 120km/h 15 个非省界 ETC 门架	15×60M＝900M

　　无论采用哪种方案,对于传输带宽及传输可靠性的要求都比传统收费模式有更大的提升。在传统的收费模式下,交易流水是非实时上传的;但在自由流收费模式下,交易流水和车辆图片需要实时上传,因此对传输的要求更高。

4.2.4　视频图像业务

1.视频图像业务介绍

　　视频图像业务分为收费监控和道路监控。监控摄像头从就近的基础通信站接入,基础通信站一般为收费站、服务区或隧道桥梁管理站。其中对监控视频需求最大的为收费站车道监控和隧道管理站的隧道情况监控。

　　一般 10 车道收费站,每车道安置 2 套摄像头,总共 20 路摄像头;同时还要在收费站广场设置 2 套广场摄像头,这样平均每个收费站会有 20～30 路视频监控。收费站间的道路监控摄像头一般设置在事故多发危险路段,如下坡、隧道等,立交桥也会安置摄像头。隧道管理站需由所管辖的隧道长度而定。例如,一条长为 3000m 的双洞双向隧道,每隔 150m 部署一套监控摄像头,这样隧道总共会设置 3000/150×2＝40 套摄像头。

服务区主要采用广场监控摄像头,摄像头总数较少,以语音、办公数据等为主。视频图像在基础通信站本地存储,并不需要上传至中心保存,一般设计为 30 天存储期限。监控视频占用的带宽并不由全网摄像头数量决定,而是由各中心监控大屏幕同时调用实时图像决定。中心屏幕可以在联网收费中心、公路应急指挥中心、集团公司监控中心等,一般一个中心 64 屏,即 64 路摄像头同时上传。

2．视频云联网介绍

（1）2019 年年底,交通运输部颁布了《全国高速公路视频联网工作实施方案》,明确提出强化交通基础设施养护,加强基础设施运行监测检测,全面建设"可视、可测、可控、可服务"的高速公路运行监测体系,开展全国高速通路视频联网监测工作。

（2）2020 年年底,建立了全国高速公路视频联网监测管理机制和制度标准体系,建设部级视频云平台并全国联网运行,推动省级视频云平台建设并发挥路网协同调度功能,基本实现了全国高速公路视频监测设施全网联通和视频资源实时在线共享。

（3）2021 年 6 月,初步建成高速公路视频云联网智慧检测与管控体系,高速公路运行管理能力与信息化、智能化水平明显提升。

视频云联网的主要任务有:

（1）部省联网。建设部级视频云平台,鼓励各地建设省级视频云平台,接入高速公路全部视频监测设施并实现部省联网,共享视频资源,打造全国高速公路"一张网"运行监测体系。

（2）应用升级。统筹推进视频联网监测制度及标准制定、视频客户墙整改升级、视频云平台建设、部省视频联网、视频监测智能化研发等工作,确保应用效果。

（3）智慧监测。利用先进技术手段,发挥云平台在路网运行视频监测中"海量融合、自动识别、应急分析、智能管控"的功能,有效支撑路网状态感知与应急处置等工作。

（4）提质增效。积极推进高速公路视频监测设施升级与加密工作,提高视频监测设施的覆盖率和数字化、高清化、智能化水平,有效提升高速公路运行效率和服务效能。

视频云平台分为部级云平台和省级云平台两层,部省两级视频云平台间控制信令通过云端 VPN 隧道传输,全国高速公路视频联网监测技术路线如图 4-6 所示。

（1）部级云平台:用于满足交通运输部的监测应用需求,通过云服务实现全国高速公路沿线视频监测设备资源汇聚并联网应用,支持向各省级视频云平台和路段视频系统提供视频共享服务。

（2）省级云平台:用于满足省级视频联网应用需求,通过云服务实现省级公路沿线视频监测设备资源和移动视频图像资源汇聚并联网应用,满足本省(自治区、直辖市)高速公路视频资源 100% 汇聚和分发要求,并向部级云平台提供视频调用和控制服务。

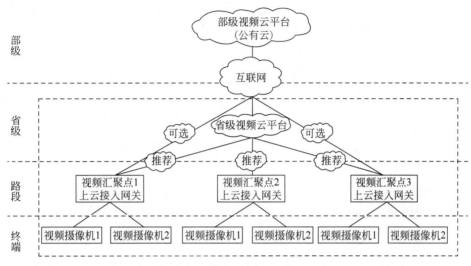

图 4-6　全国高速公路视频联网监测技术路线示意图

全国高速公路视频联网监测工作按照"部省联动、科学实施、智慧监测、提质增效"的原则建设。部省两级视频云平台除个性化功能外,都具有用户权限管理、摄像机设备管理、视频上云管控、视频云端分发、视频调看、视频截图、云台控制、视频质量检测、智能分析、用户行为日志等功能,部级视频云平台还具备跨省共享功能。按照"路段—省级云平台—部级云平台"方式建设,在对路段(即上云汇聚点)的视频系统进行上云接入条件改造的基础上,经省级云平台统一汇聚后与部级云平台对接。

3. 视频云联网要求传输网具有大带宽

视频云联网需要满足以下 3 项要求。

1) 硬件和上云要求

(1) 省级云平台应接入高速公路全部监控摄像机(收费站车道、收费亭监控设施除外)并进行数字化改造,满足上云汇聚要求。

(2) 省级云平台互联网出口带宽应不少于 300Mb/s/1000 路视频,不可与其他业务共用。

2) 视频资源要求

(1) 视频资源编号命名、字符叠加及时钟同步规则符合交通运输部相关要求。

(2) 省级云平台具备摄像机云台控制能力,并向部级云平台提供重要点位视频的云台控制服务,双方对云台控制的操作要进行日志记录。

(3)省级云平台具备提供高速公路沿线视频监控设备资源每隔 5 分钟截图及查询调阅截图能力,并向部级云平台提供服务。省级云平台截图要求 CIF 及以上的分辨率的 JPG 文件,每次截图保留时间不少于 7 天。

3)视频传输和数据上报要求

(1)省级云平台应具备与部级云平台无缝对接能力,使得通过部级云平台具有调看省域范围内不低于 32kb/s 低码流(25 帧、CIF 分辨率)视频秒级(小于 1 秒)准实时播放能力,部级云平台调用不低于 1Mb/s 高码流(25 帧)视频首屏所耗时间小于 4 秒。

(2)省级云平台应向部级云平台提供全部视频资源的播放地址,支持 HTTP-FLV、HIS 等协议调看,视频流应采用标准 H.264 编码。

(3)省级云平台应充分利用公有云 CDN 技术,提供至少十万级并发能力,保证部级云平台能够同时获得全部摄像机的低码流视频流数据。

(4)省级云平台应向部级云平台提供本省(自治区、直辖市)内全部公路沿线摄像机的设备信息、点位信息、在线状态等信息。如信息发生变更应自动同步更新至部级云平台。

(5)省级云平台具备智能分析应用服务,能够根据摄像机视频对拥堵事件、交通事故、平均速度、公路流量、公路气象等开展监测分析,并将分析的结构化数据上传至部级云平台,或路段向省级云平台提供上述智能分析结果,再由省级云平台将结构化数据上传至部级云平台。

(6)省级云平台应具备摄像机图像质量检测服务(丢失检测、清晰度检测、噪声检测、冻结检测、遮挡检测等),并将检测结果上报至部级云平台,或路段向省级云平台提供摄像机图像质量检测结果,省级云平台将检测结果上报至部级云平台。

视频云联网会极大地提升对传输带宽的要求,尤其是省级骨干网和国家骨干网的带宽需求。

4.3　高速公路传输网技术与组网方案

4.3.1　传输网带宽需求分析

高速公路传输网主要业务和带宽需求如下。

1. 语音信道

语音业务网在路段中心设置语音交换系统汇接局或端局,省通信中心设置省一级交换中心,共同构成省域电话网。汇接局或端局与省通信中心语音交换中心设有直达路由,与相邻路段汇接局或端局设置有直达路由,实现高速公路业务电话、指令电话、传真等语音交换或中继汇接。

(1) 各路段通信中心至省通信中心配置 2×2Mb/s 基础干线电路。

(2) 各路段通信中心至相邻路段通信中心配置 1×2Mb/s 直达电路;按共 5×2Mb/s 计算。

2. 交通监控数据、指挥调度数据传输通路

根据监控数据联网要求,路段通信中心与省通信中心之间存在基层采集的监控数据信息(路段监控和隧道监控)、人工录入信息、协调请求等的上传,协调控制指令的下发等。

全省各路段通信中心至省通信中心为交通监控数据、指挥调度数据配置 $1\times10/100$Mb/s 以太网通路,传输带宽为 $(10\sim20)\times2$Mb/s,如表 4-6 所示。

表 4-6　交通数据、指挥调度数据传输带宽需求分析表

公路里程/km	所需带宽/(b/s)
≤100	10×2M
>100	20×2M

3. 收费数据

根据联网收费技术要求和取消省界站需要,路段通信中心与省通信中心之间存在联网收费数据信息(MTC/ETC 收费数据流水、稽查管理数据、营运数据、高清卡口数据、ETC 数据、RFID 数据、"一张网"交互管理数据)和 ETC 门架数据图片、出入口图片等。

(1) 收费相关数据信息配置 1×1000Mb/s 以太网通路,传输带宽为 $(25\sim50)\times2$Mb/s,如表 4-7 所示。

(2) ETC 门架相关数据信息配置 1×1000Mb/s 以太网通路,传输带宽为 $(50\sim100)\times2$Mb/s,如表 4-8 所示。

表 4-7　收费相关数据传输带宽需求分析表

公路里程/km	所需带宽/(b/s)
≤100	25×2M
>100	50×2M

表 4-8　ETC 门架数据传输带宽需求分析表

公路里程/km	所需带宽/(b/s)
≤100	50×2M
>100	100×2M

4. 监控、收费视频传输通路

根据视频联网要求,路段通信中心与省通信中心之间存在基层视频图像信息(路段监控和隧道监控)的上传、视频联网控制数据的下发等。

监控收费视频信息配置 1×1000Mb/s 以太网通路,上传图像路数根据高速路里程上传图像数至少 8～32 路图像(每路图像带宽 6×2Mb/s),如表 4-9 所示。

表 4-9　视频传输带宽需求分析表

公路里程/km	至少上传视频路数	所需带宽/(b/s)
≤50	8	48×2M
≤100	16	96×2M
≤150	24	144×2M
>150	32	192×2M

5. 办公自动化数据传输通路

配置 1×10/100Mb/s 以太网通路,传输带宽 10×2Mb/s。

6. 电力监控数据传输通路

配置 1×10/100Mb/s 以太网通路,传输带宽 5×2Mb/s。

7. 会议电视传输通路

配置 1×10/100Mb/s 以太网通路,传输带宽 10×2Mb/s。

8. "互联网＋交通"与公共信息服务大数据平台的大数据传输通路

大数据传输配置或预留 1×1000Mb/s 以太网通路，传输带宽为 $(50 \sim 100) \times 2$Mb/s，如表 4-10 所示。

表 4-10　"互联网＋交通"与公共信息服务大数据平台传输带宽需求分析表

公路里程/km	所需带宽/(b/s)
≤100	50×2M
>100	100×2M

9. 其他预留

全省各路段通信中心至省通信中心配置 1×1000Mb/s 以太网通路，传输带宽为 50×2Mb/s，如表 4-11 所示。

通过以上需求分析，根据路段里程长度对数据业务带宽需求分别进行计算统计，近期每个路段中心自用业务需求带宽将达到 $526 \sim 1184$Mb/s，远期按照每个路段中心自用业务需求带宽加倍考虑。干线业务带宽需求统计表如表 4-11 所示。

表 4-11　干线业务带宽需求统计表

数 据 名 称	带宽需求/(b/s)			
	≤50km	≤100km	≤150km	>150km
语音业务	10M	10M	10M	10M
基干链路	4M	4M	4M	4M
相邻路段数字中继	6M	6M	6M	6M
监控数据	20M	20M	40M	40M
交通监控数据、指挥调度数据	20M	20M	40M	40M
收费数据	150M	150M	300M	300M
收费相关	50M	50M	100M	100M
ETC 门架相关数据	100M	100M	200M	200M
监控收费视频	96M	192M	288M	384M
办公自动化数据	20M	20M	20M	20M
电力监控数据	10M	10M	10M	10M
会议电视	20M	20M	20M	20M
大数据	100M	100M	200M	200M
预留	100M	100M	200M	200M
近期(五年以内)合计	500～1000M	600～1200M	1000～2100M	1100～2300M
远期(五年以上)合计	>1000M	>1200M	>2100M	>2300M

4.3.2　高速公路传输网概述

为满足高速公路通信各系统的传输要求,高速公路一般都会建立以光纤通信为主的传输系统网络,传输系统是通信系统中最重要的一个子系统之一,是一切需要传递信息和数据的机电系统的基础。

按照网络层级来分,高速公路传输网分为国干传输网、省干传输网和路段接入网3层,如图 4-7 所示。

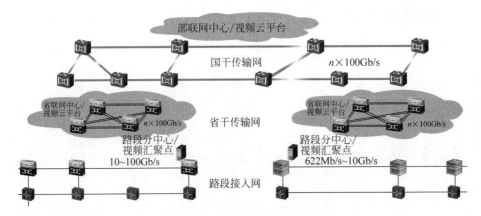

图 4-7　高速公路传输系统架构

(1) 国干传输网:由交通运输部进行管理,用于全国高速公路联网。采用 OTN 技术组网,联通各个省的高速公路管理机构,实现国内高速公路信息的互传。

(2) 省干传输网:由省中心和各片区(管理)通信中心组成,用于全省高速公路联网。采用 OTN 或 MSTP 组网,完成各主干节点间的业务汇聚,为数据提供传输通道,也为重要业务提供迂回通道。

(3) 路段接入网:由片区(管理)或路段中心与各基础通信站组成,各业主管理各自道路的通信网络,用于监控和收费。采用 MS-OTN 组网,它的主要职责是完成对接入节点、汇聚和转接,将来自收费站的业务汇聚到管理中心。

说明:本章介绍的路段接入网指的是高速公路的路段传输系统,和普遍意义上以PON 为主的接入网有区别。在高速公路路段接入网中,OLT 指的是分中心的传输设备,ONU 指的是收费站或者通信站的传输设备。

国干传输网和省干传输网一般多采用 10Gb/s 或 100Gb/s OTN/WDM 系统组建40 波/80 波 OTN/WDM 传输平台;路段接入网多采用 10Gb/s 混合线卡的模式组网,

兼容 E1 和分组业务。

1. 国干传输网/省干传输网

国干传输网/骨干传输网为链形或者环形网络，OTN 设备提供 GE 或者 10GE 支路口，用于和接入层设备及路由器对接。骨干层线路侧为 OTN 接口，根据带宽需求选择 10Gb/s 或者 100Gb/s，以后可向 200Gb/s、400Gb/s 扩容，并采用 DWDM 技术实现合分波。

2. 路段接入网

接入网主要是一线一建，按照设备层级和容量大小，一般分成路段分中心（OLT）和收费站（ONU）两类。它们之间通过 10Gb/s 混合线卡互联，组成一个或多个环网。此时 MS-OTN 开 SDH 和分组双平面，分别承载 E1 和以太网业务，实现重要业务与普通业务的物理隔离与分级别传输。

4.3.3　高速公路国干/省干传输网

对于高速公路而言，建设国干传输网和省干传输网的主要驱动力也是数据业务的增长，除了收费、办公 OA 等业务之外，高速铁路的沿线视频监控也成为了带宽的主要增长点。交通部门除了有自己的生产业务之外，还规划了内部服务网和外部服务网。信息化业务主要包括通行信息、财务信息、运输信息、视频监控、警用信息等业务。随着高速公路信息化水平的提升，通过通信技术来提升信息化水平，成为提升高速公路服务水平，抓住市场新机遇的重要途径。部分地区的高速公路管理部门还和互联网公司合作，通过数据交换和运算来为车主提供更好的出行服务。因此国干传输网和省干传输网多采用 OTN 制式，也是为了满足业务带宽的需求。

中国高速公路国干传输网就进行了一期和二期建设，一期采用 40×10Gb/s 组网；二期在一期的基础上新增了部分链路，并对一些主要路段扩容 100Gb/s 板卡（如北京市域环、北京—武汉—广州链路、福州—广州链路等）。100Gb/s 的线卡和接口容量意味着更大的单设备容量、更低的单位带宽功耗和成本，可帮助最终用户获得更加自然的远程交流体验和更加便捷的信息获取体验。未来的信息化业务承载也可以新扩容 100Gb/s 板卡，这样能够最大限度地节省波道资源，充分挖掘既有 OTN 传输网的潜力。

目前已实施的光纤传输网采用 OTN＋SDH 的方式构建了 40×10Gb/s 省际干线

传输网络,光纤网联网传输路由的网络拓扑整体上从原来的"5 环 2 链"升级为以"6 纵 5 横"的网络架构为主,以北京市高速公路五环路为主构建北京城域网汇聚路由以连接至各个省区的纵向放射线,如图 4-8 所示。

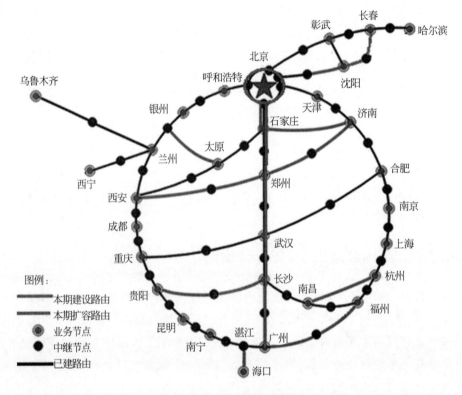

图 4-8　高速公路国干传输网

(1) 6 纵:以京哈、京秦、京台、京港澳、京昆、京藏等高速公路为纵向放射线。

(2) 5 横:以青银、连霍、沪渝(沪蓉)、沈海、广昆等高速公路为主与 6 纵放射线形成网状为主路由,进一步完善联网传输路由布局,扩大网络的覆盖范围,提高业务的保护能力和系统运行的可靠性。

如表 4-12 所示,国干传输网二期建设路由包括以下多种路段。

二期工程与一期工程一样,采用 OTN+SDH 技术分层组网构建干线传输网络。新建传输路由合计拟设置各类通信局站 83 个(新建 78 个,调整 5 个)。其中光分插复用(OADM)站 8 个、光中继(OREG)站 2 个、光放(OLA)站 70 个、分插复用(ADM)站 2 个、中继(REG)站 1 个。

表 4-12　国干传输网二期建设路由

沿 路 高 速	建 设 路 段
G1 京哈	建设河北段孟姜站至毛家店站(彰武)段
G30 连霍和 G1511 日兰	建设郑州至济南段
G20 青银	建设石家庄至济南段
G5 京昆	建设北京至石家庄段
G20 青银	建设银川至太原段
G60 沪昆	建设贵阳至长沙段
G15 沈海	建设源水站至徐城站段,与海南海底接入光缆对接
G30 连霍	建设西安至郑州段
G15 沈海	建设福州至珠海段
G60 沪昆	建设南昌至杭州段

4.3.4　高速公路路段接入网

路段接入网最早就是为了传输电话和收费业务而建设的,因此接入网最基础的接口就是 E1,为电话和收费数据提供点对点的通道。早期的高速公路接入网一般采用 PDH 或 SDH 制式,进行纯 TDM 业务传输。

近年来,以分组数据技术为基础的信息网络业务迅速发展,固定和移动宽带用户数量都呈现快速增长势头。网络信息的内容从简单的文字、语音,到多媒体图文,到视频,再到接近于自然场景的高清视频,这些因素驱动 IP 流量迅猛增长,IP 流量的年复合增长率达 50%,其中视频流的增长是关键驱动,占据 IP 流量年复合增长的 62%。在这一趋势下,路段传输网逐渐开始支持以太网接口,通过 EOS 或者分组平面来承载数据业务,MSTP 或者 MS-OTN 设备逐渐成为主流。

(1) MSTP:在 SDH 设备上增加以太网等业务的接入、处理和传送,提供统一网管的多业务节点就是 MSTP,它的核心是将数据报文通过一定的封装转换成 SDH 的格式进行传输,它的实现基础是充分利用 SDH 技术对传输业务数据流提供保护恢复能力和较小的延时性能,并对网络业务支撑层加以改造,以适应多业务应用,实现对分组数据传送的支持。

(2) MS-OTN:MS-OTN 增加了 MPLS-TP 协议和 OTN 平面,能对数据业务进行二层交换和汇聚,相当于集成了以太网交换机的 MSTP 设备。MS-OTN 融合了 TDM 和以太网的优点,采用双平面传送模式,将 SDH、PDH 等业务通过传统 TDM 平面进行传送,将以太网等分组业务通过分组平面进行传送,分组平面和 TDM 平面采用管道物理隔离的方式分隔开,在保证高安全级别业务安全性的同时,也提高了分组业务的传输效率。

高速公路路段采用 MS-OTN 组网,按照目前的带宽预算,ETC 自由流收费＋视频监控＋车路协同的总带宽不超过 10Gb/s(含保护带宽),如图 4-9 所示。因此当前主要推荐采用 10Gb/s 混合线卡的方案,组网方式一般采用路段分中心与几个收费站组环网的方式实现,后续根据带宽发展需求可以扩展为多路 10Gb/s 或 100Gb/s 的组网方案。

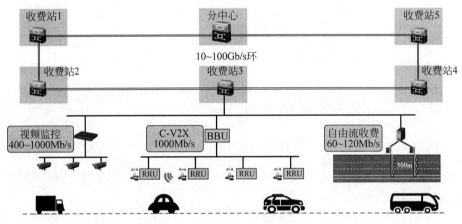

图 4-9　高速公路路段传输网

考虑到很多路段目前还有 SDH 或者 PTN 组建的传输网,可以考虑建设 A/B 双平面,如图 4-10 所示。

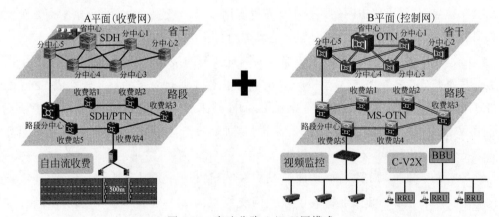

图 4-10　高速公路 A/B 双网模式

（1）A 网作为收费网，承载 ETC 收费业务，利用既有传输网传输业务，保护投资。

（2）B 网作为交通控制网，承载视频大联网和车路协同（C-V2X）业务，大带宽物理隔离，为未来的自动驾驶打下基础。

4.4　高速公路传输网未来发展趋势

面向未来，"智慧高速"和"车路协同"成为高速公路发展的新方向。

一方面，采用物联网、传感网、大数据、云计算、卫星导航、地理信息、大容量通信、信息处理、自动化与控制等现代信息通信技术，通过移动设备和固定设施状态及相关内外部环境的自感知、自诊断、自决策，实现高速公路运营管理智能组织和经营决策智能分析，从而提高运输效率，优化经营管理，提高服务质量。

另一方面，高速公路管理者也会利用先进的信息技术，通过对道路资源管理、资产经营开发、出行服务、现代物流服务、运输生产组织、安全风险管控、建设管理、业务协同等核心业务的全面支撑，促进企业业务流程优化与业务变革，实现业务全面覆盖、信息高度集成、标准统一规范，使路网管理水平和经营效益大幅提升。

智慧高速是以业务数据化为基础，融合云计算、大数据、物联网、边缘计算和人工智能等技术，实现各类数据的综合传输与综合处理。业务数据化主要针对各个业务系统的数据上传和数据收集，将过去单个系统产生的各类信息量化为数字量和数据，利用通信网络对这些全量数据进行收集和统一存储，将过去孤岛式的数据管理演进为统一的数据管理，并利用数据分析方法对数据进行加工和分析，最终找到业务数据之间的关联，从而预知故障或事件的发生概率，为高速公路的运营管理提供依据。

在此基础上，融合车地无线功能和远程监控，实现汽车的自动驾驶以及车路协同，使汽车和地面的数据能够实时交互，为驾乘出行提供更安全、更便捷的服务。车路协同是采用先进的无线通信和新一代互联网技术，全方位实施车车、车路动态实时信息交互，并在全时空动态交通信息采集与融合的基础上开展车辆主动安全控制和道路协同管理，充分实现人、车、路的有效协同，保证交通安全，提高通行效率，从而形成安全、高效和环保的道路交通系统。

车路协同必然带来汽车向无人驾驶演进。根据目前西欧的发展情况看，完全意义的自动驾驶商用车(人监控人工智能)率先落地场景为封闭区域(港口)、半封闭区域(高速公路)的卡车队列驾驶。从中国商用车的自动驾驶路标看,商用车队列驾驶也是自动驾驶最先落地场景。在西欧,燃油和人力成本占物流成本的 60%;在中国,全国重型商用车(3.5 吨以上)的高速公路城际货物运输是其主要运输场景,其燃油消耗量占燃油消耗总量的 49.2%,而重型商用车却只占汽车总量的 13.9%(2012 年工业和信息化部数据)。根据 2014 年全国物流行业的统计数据,全国 3000 万名货车司机平均年龄 39 岁,缺口达到 20%。

"快跑"的前提是车辆的统一调度,如能实现自动驾驶,则为未来长途卡车的队列驾驶奠定了组织基础——大中型车队将成为未来货运的主要运营方式。在卡车队列中,各辆卡车只间隔 2m 左右的距离,如果它们都能实现基于车辆与车辆(Vehicle-to-Vehicle,V2V)的低时延互联,那么每辆卡车在驾驶过程中都能自动保持车间距,并且带头卡车无论是加减速、转向还是刹车,跟随的卡车都会实时同步完成。理论上,一个司机就能控制整个队列的卡车,甚至与全自动驾驶技术整合后,整个队列可实现无人驾驶。

对于传输系统而言,更多的摄像头、更高的分辨率意味着更大的带宽需求;自动化程度更高的驾驶意味着蜂窝车联网(Cellular Vehicle to Everything,C-V2X)的接入需求,为无线提供高精度时间同步也成为传输系统必不可少的功能。

随着自由流收费和视频大联网的推进,以及未来车路协同需求的推动,高速公路越来越朝着智慧化的方向发展,各类通信信息业务成为高速公路建设新的增长点。

OTN 能够满足高速公路骨干网的建设要求,提供 40~120 波的波分能力,满足骨干网未来 5~10 年的带宽需求,满足长距离传输的要求。成为国干、省干及区域干线建设部署的首选制式。伴随着 5G 应用的普及,新基础建设工程的推进,固定网络进入第五代全光网络(F5G)时代。华为全光承载 OTN 解决方案匹配高速公路和机场空管互联诉求,同时为信息技术发展提供网络基础保障,为公路和民航的安全、准点、智慧化出行提供保障。

MS-OTN 能够满足高速公路路段业务承载需要,同时能够适应智慧高速公路向车路协同演进的各种应用需求,为大容量的自由流收费业务和视频监控云联网承载提供了充足的平台。同时,OTN 及 MS-OTN 具有多业务接入、物理隔离、相交环组网的能力,为后续高速公路传输网发挥更大作用提供了承载前提。

第 5 章

民航传输网

5.1　中国民航快速发展

民用航空企业通过空中交通工具,为乘客和货主提供安全、舒适、快捷的客运、货运和专业运输服务。由于航空飞行的特殊性,因此民航始终都把"保证安全第一,改善服务工作,争取飞行正常"作为其工作总方针,始终把飞行安全放在首位,不断提高服务质量和飞行正常率。

影响飞行安全和飞行正常的因素很多,除了航空器的适航性、飞行员的技术水平以及保安措施外,空中交通秩序、气象和通信导航监视设施、飞行标准等,都是影响飞行安全与正常的重要因素。

改革开放以来,中国民航的飞机数量一直呈快速上升趋势,仅 2018 年就引进飞机426 架,截至 2019 年 2 月,中国民航全行业运输飞机在册架数共有 4161 架,其中中国内地共计 3641 架,港澳台地区共计 520 架。除此之外,中国还有 3000 多架小型飞机,包括各型公务飞机、直升机、通用飞机和热气球等飞行器。全行业在册运输飞机平均日利用率为 9.15 小时,大中型飞机平均日利用率为 9.58 小时,小型飞机平均日利用率为 4.91 小时。

截至 2020 年年底,我国共有定期航班航线 5581 条,其中,国内航线 4686 条(含港澳台航线 94 条),国际航线 895 条。按重复距离计算的航线里程为 13 577 200km,按不重复距离计算的航线里程为 9 426 300km。

"十三五"以来,中国民航基本建成了以四大世界级机场群,十大国际航空枢纽,29个区域枢纽和非枢纽机场组成的现代化机场体系。截至 2019 年,全国千万级旅客吞吐量机场数量从"十二五"末的 26 个增加到 39 个,民航完成固定资产投资规模比"十二五"增加约 26%,全国机场新增容量达 4 亿人次,民航服务国家战略和经济社会发展的作用更加凸显。

5.2 民航空管系统介绍

5.2.1 空管系统的作用

近十几年来,随着我国民航业的快速发展,空中交通管制的作用越来越明显,它的重要性日渐被人们所认识。安全是民航的生命线,对空中交通进行有效管理是保证飞行安全的重要环节。空中交通管理(Air Traffic Management,ATM)的任务是有效地维护和促进空中交通安全,维护空中交通秩序,保障空中交通畅通。它包括空中交通服务、空中交通流量管理和空域管理三大部分。

1. 空中交通服务

空中交通服务(Air Traffic Service,ATS)是指对航空器的空中活动进行管理和控制的业务,是空中交通管制服务、飞行情报服务和告警服务的总称,空中交通管制员向航空器提供空中交通服务,如表 5-1 所示。

表 5-1 空中交通服务简介

空中交通服务分类	主 要 任 务
空中交通管制服务 (Air Traffic Control service,ATC)	• 防止航空器与航空器相撞,防止航空器与障碍物相撞 • 维护和加速空中交通有秩序地流动 • 空中交通管制服务是 ATS 的主要工作、核心内容,按照管制单位来分,包含区域管制进近管制、塔台管制和空中交通报告服务 4 部分。其中区域管制又包含高空区域管制和中低空区域管制,在有些地区,这两项职能由同一部门承担;在空中交通流量较小的地区,进近管制和塔台管制是合二为一的,管制方法分为程序管制和雷达管制
飞行情报服务(Flight Information Service, FIS)	• 向飞行中的航空器提供有助于安全、能有效地实施飞行的建议和情报的服务 • 其范围是:重要气象情报;使用的导航设备的变化情况;机场和有关设备的变动情况(包括机场活动区内的雪、冰或者有相当深度积水的情况)、可能影响飞行安全的其他情报。管制员在管制空域内对航空器提供空中交通管制服务的同时穿插提供飞行情报服务,空中交通管制服务和飞行情报服务是紧密联系在一起的

续表

空中交通服务分类	主 要 任 务
告 警 服 务（Alarm Service，AS）	• 向有关机构发出需要搜寻与援救航空器的通知，并根据需要协助该机构或者协调该项工作的进行 • 在遇下列情况时，空中交通管制单位应当提供告警服务：没有得到飞行中的航空器的情况而对其安全产生怀疑；航空器及所载人员的安全有令人担忧的情况；航空器及其所载人员的安全受到严重威胁，需要立即援助

2. 空中交通流量管理

为防止和纠正在航路、机场区域内出现航空器过度集中，超过规定容量限额的现象，必须对航空器的运行采取适当控制措施。空中交通流量管理（Air Traffic Flow Management，ATFM）的概念早在 20 世纪 80 年代就被提出，分为战术管理和战略管理两种模式。

空中交通流量管理的任务是在空中交流量接近或达到饱和能力时，实时地进行调整，保证空中交通量最佳。相应区域尽可提高机场空域可用容量的利用率。

3. 空域管理

空域管理（Air Space Management，ASM）是指为维护国家安全，兼顾民用、军用航空器的需要和公众利益，统一规划，合理、充分、有效地利用空域资源的管理工作。空域管理应当保证飞行安全，保证国家安全，提高经济效益，便于提供空中交通服务，加速飞行活动流量，具备良好的适应性，并与国际通用规范接轨。其任务是依据国家有关政策，逐步改善空域环境，优化空域结构，尽可能满足空域用户使用空域的需求。

5.2.2　空中交通服务对设施的需求

1. 航空移动通信设施

航空移动通信设施的具体功能如下所述。

（1）空中交通务使用的航空移动通信设施，必须是单独的或与数字数据交换技术组合的航空移动通信设施，必须能与在该飞行情报区内飞行，并配备自动记录设备的航空器进行直接、迅速、不间断和无静电干扰的双向通信。

（2）区域管制室使用的航空移动通信设施，必须能与在该管制区内飞行的并有相应装备的航空器进行直接、迅速、不间断、无静电干扰的双向通信。如由通信员操作时，应当配有适当装备，以便在需要时，管制员与驾驶员能够直接通信。

（3）进近管制室使用的航空移动通信设施，必须是专用频道，能与在其管制区内飞行并有相应装备的航空器进行直接、迅速、不间断、无静电干扰的双向通信，如进近管制服务的职能由区域管制室或机场管制塔台兼任，也可在兼任的管制室所使用的通信频道上进行双向通信。

（4）机场管制塔台使用的航空移动通信设施，必须使机场管制塔台能与在本机场半径 50km 范围内飞行的并有相应装备的航空器进行直接、迅速、不间断、无静电干扰的双向通信。为了管制机场机动区内车辆的运行，防止车辆与航空器相撞，根据需要应当设置单独使用的航空移动通信频道，建立机场管制塔台与车辆之间的双向通信。

2. 航空固定通信设施

航空固定通信设施包括以下设施，具体功能描述如下。

（1）民航空中交通服务单位：必须具备航空固定通信设施（直接电话通信和印字通信）来交换和传递飞行计划和飞行动态，移交和协调空中交通服务，飞行情报中心必须具有航空固定通信设施与下列空中交通服务单位进行通信联络。

① 本飞行情报区内的区域管制室、机场管制塔台、进近管制室、机场空中交通服务报告室。

② 中国民航局调度室。

③ 本飞行情报区所在地区的民航地区管理局调度室。

④ 相邻的飞行情报中心和区域管制室。

（2）区域管制室：必须具有航空固定通信设施与下列空中交通服务单位进行通信联络。

① 本管制区内的进近管制室、机场管制塔台、机场空中交通服务报告室。

② 相邻的国内和国外的区域管制室、进近管制室。

③ 本管制区所在地区的飞行情报中心、民航地区管理局调度室。

④ 中国民航局调度室。

（3）进近（终端）管制室：必须具有航空固定通信设施与下列空中交通服务单位进行通信联络。

① 本管制区内的机场管制塔台、机场空中交通服务报告室。

② 机场管制塔台、机场空中交通服务报告室、进近管制室、区域管制室。

③ 本管制室所在地区的飞行情报中心、区域管制室、民航地区管理局调度室。

④ 中国民航局调度室。

（4）机场管制塔台：必须具有航空固定通信设施与下列空中交通服务单位进行通信联络。

① 机场空中交通服务报告室。

② 相邻的空中交通服务报告室、机场管制塔台、进近管制室。

③ 本机场所在地区的飞行情报中心、区域管制室、进近管制室、民航地区管理局调度室。

④ 中国民航局调度室。

（5）机场空中交通服务报告室：必须具有航空固定通信设施与下列空中交通服务单位进行通信联络。

① 相邻的机场空中交通服务报告室、机场管制塔台、进近管制室；

② 机场所在地区的飞行情报中心、区域管制室、民航地区管理局调度室、机场管制塔台。

③ 中国民航局调度室。

（6）飞行情报中心和区域管制室：必须具有直接电话通信设施与下列协调和保障单位进行通信联络。

① 有关的空军、海军航空器调度室。

② 有关的航空公司签派室。

③ 有关的海上援救中心。

④ 为本单位提供服务的气象室。

⑤ 为本单位提供服务的航空通信电台。

⑥ 为本单位提供服务的航行通告室。

（7）进近管制室、机场管制塔台、空中交通服务报告室：必须具有直接电话通信设施与下列协调和保障单位进行通信联络。

① 有关的空军、海军航空器调度室。

② 有关的航空公司签派室。

③ 机场援救与应急处置部门，包括救护车、消防车。

④ 机场现场指挥中心。

⑤ 停机坪管理服务部门。

⑥ 机场灯光部门。

⑦ 为本单位提供服务的气象室。

⑧ 为本单位提供服务的航空通信电台。

⑨ 为本单位提供服务的航行通告室。

空中交通服务单位的航空固定通信设施应当具有下列功能。

(1) 直接电话通信,应当在 15s 之内建立,其中用于管制移交(包括雷达管制移交)目的的通信通道必须立即建立。

(2) 根据需要应当配置目视和声频通信设施和空中交通服务计算机系统,自动传输和处理相关信息。

(3) 印字通信报文传输时间不得超过 5min。

(4) 根据需要应当建立为召开电话会议使用的直接电话通信设施。

(5) 空中交通服务单位使用的直接电话通信设施,必须具有自动记录功能,自动记录应当保存 30 天。如自动记录与飞行事故和飞行事故征候有关,则应当保存较长时间,直至明确已不再需要为止。

(6) 直接电话通信,应当制定通信程序,按照通信内容的轻重缓急程度,建立通信秩序,必要时可以中断一些通话,以保证航空器遇到紧急情况时,空中交通服务单位能够立即与有关单位建立联系。

3. 雷达与导航设施

空中交通管制单位应当配备一次和二次雷达设施,以便监视和引导航空器在责任区内正常安全飞行,一次和二次雷达数据应当配备自动记录系统,供飞行事故和飞行事故征候调查、搜寻援救以及空中交通管制服务和雷达运行的评价与训练。一次和二次雷达数据记录应当保存 15 天。如记录与飞行事故及飞行事故征候有关,应当按照调查单位的要求保存较长时间,直至不需要为止。

机场和航路应当根据空中交通管制和航空器运行的需要,配备目视和非目视导航设施。目视导航设施包括进近路线指示灯、目视进近坡度灯、进近灯、进近灯标、跑道灯、跑道终端灯、跑道距离灯、跑道中线灯、接地地带灯、跑道终端补助灯、安全道灯、滑行道灯、滑行道中线灯、机场灯标、风向灯。

非目视导航设施分为机场和航路非目视导航设施。机场非目视导航设施包括:

(1) 精密进近仪表着陆系统(LS)。

(2) 非精密进近仪表着陆系统(NDB)指点标。

如因特殊条件不在规定位置安装外指点标时,应安装测距仪(DME)。航路非目视导航设施包括全向信标/测距仪(VOR/DME)和长波导航台(NDB)。机场和航路上的目视和非目视导航设施的运行情况应当及时通知有关的空中交通服务单位,其资料及变化情况应当及时通知有关的空中交通服务单位和航行情报室。

机场和航路上的目视导航设施和雷达设施应当按照空中交通服务单位的通知准时开放,如中断运行必须立即报告空中交通服务单位。

4．机场设施

(1) 机场活动区应当根据航空器运行和空中交通管制的需要,设置和涂绘目视标志和灯光标志。

(2) 机场活动区内跑道、滑行道、安全道、停机坪、迫降地带及目视标志和灯光标志的可用状态,应当及时通知机场管制塔台和进近管制室。

(3) 机场活动区内的跑道滑行道、安全道、迫降地带及目视标志等情况如有变化,应当立即通知机场管制塔台、机场空中交通服务报告室和机场航行通告室。

(4) 机场活动区内凡有影响航空器安全正常运行的危险情况,如跑道滑行道上及其附近有临时障碍或施工等,应当及时通知机场管制塔台、空中交通服务报告室和机场航行通告室。

(5) 机场净空应当保护,如有变化应当及时通知机场管制塔台和机场航行通告室。

(6) 机场的跑道、滑行道和灯光标志,应当按照机场管制塔台的通知进行准备并按时开放,如中断运行应当立即报告机场管制塔台。

(7) 机场的消防、救护车辆应当按照机场管制塔台和机场空中交通服务报告室的通知按时准备,处于可用状态待命行动。

5．航空气象

民用航空气象台室应当向空中交通服务单位提供所需的最新的机场和航路天气预报和气实况,以便履行空中交通服务的职能。向空中交通服务单位提供的气象资料格式,应当使空中交通服务人员易于理解,提供的次数应当满足空中交通服务的需要。

民用航空气象台室应当设置在空中交通服务单位附近,便于气象台室人员和空中交通服务单位人员共同商讨。机场和航路上有危害航空器运行的天气现象时,民航气象台室应当及时提供给空中交通服务单位,并详细注明天气现象的地点范围、移动方向和速度。凡向空中交通服务单位提供的高空和中低空气象资料,是用数字形式提供并供空中交通服务计算机使用时,空中交通服务单位和民航气象单位应当对内容格式和传输方式进行协商,统一安排。

根据飞行情报服务需要,民用航空气象台室应该按照规定或协议将现行气象报告和天气预报等气象资料提供给所在地的航空固定通信电台,发送给有关的空中交通服务单位,同时抄送给所在地的空中交通服务单位。

5.2.3　空中交通服务通信

空中交通服务通信是民航事业的重要组成部分,是空中交通部门实施空中交通服务的重要手段。因此,空中交通管制人员应熟悉和掌握空中交通服务通信业务,对各种通信设施的性能和所具有的功能了如指掌,对其使用能达到熟练自如的程度。这对于保证飞行安全,提高工作效率有着十分重要的意义。

航空通信又根据其使用范围、特性分为两大部分:航空固定通信和航空移动通信(地空通信)。

(1) 航空固定通信:是在规定的固定点之间进行的单向或双向通信。

(2) 航空移动通信(地空通信):是航空器电台与地面电台或地面电台某些点之间的双向通信。

1. 航空固定通信

航空固定通信是民航通信的重要组成部分,是在规定的固定点之间进行的单向或双向通信,主要为空中航行安全、正常、有效和经济地运行提供电信服务。随着中国民用航空事业的发展,民航通信系统经过不间断的基础建设,现已具备了较为完善的规模。

首先,在平面通信方面,中高速自动转报已成为主要的通信方式,全国民航自动转报机分布在全国主要民用和军民合用机场,各用户的电报终端,可实现与网上任一用户单位间的电报数据通信,该网络能够提供航空固定业务通信网(Aeronautical Fixed Telecommunication Network,AFTN)和国际航空电信协会(Society International De Telecommunication Aero-nautiques,SITA)两种格式电报的传输业务。它是空管系统及航空公司商务信息传输的主要手段。

其次,中国民航建成了以民航局、各地区管理局为节点的民航分组交换网,该网络50余套分组数据通信设备,分布在全国民航所有省会机场和大型航站,为民航空管、航空公司等部门的各种数据信息的交换提供了传输通路。该网络可以提供各类数据端口,为用户提供多种速率的数据通信服务。

最后,中国民航建成了专用卫星通信网,由电话地球站(Telephony Earth Station,TES)和个人地球站(Personal Earth Station,PES)两部分组成。其中,TES 主要用于语音业务,PES 主要用于数据业务传输。该网络在全国 125 个机场建有 TES 卫星小站,在 95 个机场建有 PES 卫星小站,可分别提供数据和语音端口 1200 多个,数据端口 1600 多个。目前该网络已覆盖民航系统所有机场,能提供各种专用卫星电话服务及 64kb/s 的数据通信服务,保证了民航结算、航务管理、航行情报等业务信息的传输。

1) 民航固定通信网络

航空固定通信业务是通过平面电报、数据通信、卫星通信、有线通信来进行的,因此这几种通信方式也就构成了民航的通信网络,如表 5-2 所示。通服务单位必须具有航空固定通信设施(直接电话通信和印字通信,下同),交换和传递飞行计划和飞行动态,移交和协调空中交通服务。

表 5-2　民航固定通信网络

通 信 网 络	主 要 业 务
国际通信网络	国际通信网络包含两种电路。 (1) AFTN 电路:是国际民航组织航空固定业务通信网路,是为各民航局之间传递航空业务电报和飞行勤务电报服务的,此网络传递的电报格式为 AFTN 格式 (2) SITA 电路:是为传递各航空公司之间运输业务的电报的,此网络传递的电报格式为 SITA 格式
国内通信网络	全国民航以中国民航局为中心,通信业务遍及全国各个管理局、空管局、航空公司和航站民航业务通信,通常以有线电话和无线电报方式进行,有线电话是一种重要的通信方式

2) 卫星通信网

鉴于我国将建更多的机场,现有的卫星通信网必须相应扩容,并再建一套民航 Ku 频段卫星通信专用网。完成军民航卫星的联网和雷达联网任务,为安全飞行、正常运营和民航管理提供有效的通信保障。

3) 终端区通信系统

在机场平面通信方面,为保证飞行安全和正常运营所需的机场内各种移动人员、车辆的调度通信联络,提高机场平面移动通信的能力,有效改善机场平面通信的质量,已在各机场陆续建设民航集群通信系统,并对各机场的中继线进行更新改造和(或)扩容,对无中继线的双回路机场进行中继线双回路建设。

同时,为实现各民航机场总机的程控化,提高通信质量并实现全国联网,各机场总机已进行更新和(或)扩容,以达到各自相应的规模。为了准确、有效地记录各类空管信息,在原有的基础上,更新和新建多声道记录设施,使得我国航空固定通信设施无论从其设施的配置、配套,还是其可靠性、传输速率等方面都能满足目前民航的发展需要。

4)民用航空飞行动态固定格式电报

民航电报工作分工如下。

(1)民航总局空管局:负责全国电报工作的业务管理。

(2)民航地区空管局:负责本地区电报工作的业务管理。

电报采用统一的飞行动态固定电报格式,各空中交通管制单位是电报的使用单位,包括民航总局空管局运行管理中心、各地区空管局运行管理中心、区域管制单位、进近(终端)管制单位、机场塔台管制单位、空中交通服务报告室等。其他单位引接电报信息应当经过民航总局空管局和所在地区空管局同意,签订使用协议并明确提供信息的种类和使用范围,涉及保密限制的应当符合有关规定。

管制单位电报工作的主要任务包括:

(1)负责接收,审核航空器营运人及其代理人提交的飞行计划。

(2)按照规定拍发电报。

(3)接收并准确处理电报。

5)空中交通服务电报

随着中国民航与国际民航的进一步接轨、国际航班和地区航班的不断增加,标准的空中交通服务电报的使用越来越多,为了规范民用航空飞行动态固定格式电报的使用,保证飞行动态信息及时、准确传递,保障空中交通安全、有序和高效,中国民航总局颁布了《民用航空飞行动态固定格式电报管理规定》,规范了飞行计划的提交和审查,统一了空中交通服务电报的收发传递的格式和方法。

2. 航空移动通信

航空移动通信即地空通信,是航空器电台与地面电台或地面电台某些点之间的双向通信,经过多年的建设,中国民航地空通信的保障能力得到了较大的改善,甚高频(Very High Frequency,VHF)技术发展迅速,VHF 地空通信取代 20 世纪 90 年代初期的 HF 技术成为主要通信手段。中国民航甚高频地空通信网络是目前国内覆盖范围最大的网络之一,当前已经覆盖全国所有航线。目前在机场终端管制范围内,VHF通信可提供塔台、进近管制室、航站自动情报等通信服务。在航路对空通信方面,随着在全国中大型机场及主要航路(航线)上的 VHF 共用系统和航路 VHF 遥控台的不断建设,国内航路 3000m 以上高空管制区已基本实现 VHF 通信覆盖。这些建设有效地促进了民用航空交通管理和运营管理,向空管部门、航空公司、民航行政管理部门提供航空动态信息,改善和提高了地面、空中通信保障能力。

从 1998 年开始,地空数据通信在民航空管和航空公司飞行管理中得到了应用,民航建成了以北京为主中心、各管理局为分中心,覆盖全国大部分航路的 VHF 地空数据通信网。该网是由中国民航自主管理、自成体系并与国际联网的地空数据通信系统,可以为航空公司和空管部门提供有关飞机飞行过程中的实时动态及有关信息,并将地面有关部门的相关信息及时传递给飞行中的飞机。民航通信系统已基本步入现代化、系统化、网络化的建设轨道,为飞行安全提供了良好的通信保障。

5.2.4 机场塔台管制

民航空中交通管制工作分别由不同的空中交通管制单位实施。这些单位包括空中交通服务报告室、机场塔台管制单位、终端管制(进近管制)单位、区域管制单位、民航地区空管局运行管理单位等。其中机场塔台管制主要负责机场场面管制,航空器放行、起飞、着陆、滑行等管制工作。

1. 地面管制

地面管制是机场管制的一个组成部分。机场管制塔台内是否需要单独成立地面管制单位,主要取决于该机场的繁忙程度。地面管制主要负责对航空器在地面的运行进行管制,同时负责对在机场机动区内部分区域(一般是除使用跑道及其周围以外的区域,具体由机场管制塔台内的塔台管制单位与地面管制单位商定)运行的人员与车辆进行管制。

2. 起飞管制

机场管制塔台的地面管制员将拟离场航空器在地面移交给塔台管制员后,由塔台管制员负责该航空器的管制工作,直到该航空器起飞以后,将其移交给进近管制室管制为止,塔台管制室对离场航空器在这一运行阶段的管制为起飞管制。

3. 着陆管制

负责进近管制的单位将进近着陆的航空器在航空器进近着陆的某一点移交给机场管制塔台后,由机场管制塔台管制员负责该航空器以后的管制工作,直到该航空器着陆脱离跑道后,将其移交给地面管制单位为止,或该航空器复飞后,将其移交给进近管制室为止。塔台管制室对进近着陆的航空器在这一运行阶段的管制为着陆管制。

4. 机场起落航线飞行的管制

机场起落航线是航空器在机场附近运行时规定的飞行路线。这种规定的飞行路线实际上是当机场附近处于目视气象条件时,为在机场附近进行目视飞行的航空器规定的飞行路线,其目的是保证机场附近目视飞行的秩序和安全。航空器沿机场起落航线可进行起飞后的爬升、飞离机场、加入机场起落航线或由航线加入机场起落航线进行目视进近和着陆以及在机场上空训练、试飞等。

5.2.5 程序管制

1. 进近管制

进近管制又叫终端管制,进近管制室(终端区)的管制范围是塔台管制与区域管制之回的空域,我国一般规定为机场管制地带到走廊口或进出位置点之间的空域,主要负责一个或数个机场中低空范围内航空器管制,主要是进、离场管制工作,具体范围以各机场使用细则中的规定为准,例如,成都终端区覆盖范围包括半径近百千米范围内的绵阳、宜宾、阿坝及广汉民航飞行学院等机场航空器的管制,以及区域内军民航的协同。进近管制室的具体职责如下。

(1)负责按仪表飞行规则飞行的航空器与航空器、航空器与障碍物之间的间隔距离,避免航空器之间、航空器与障碍物相撞。

(2)及时、准确地向仪表或目视飞行的航空器提供飞行情报、气象情报、交通情报及其他有关飞行安全的情报。

(3)按照进离场程序管制航空器,控制飞行间隔,为塔台管制安排落地间隔和次序,为区域管制安排放行间隔和进入区域的航空器之间的间隔。

（4）控制交通流量，尽可能加速空中交通流量，保证空中交通流畅。

（5）了解、检查、监视航空器位置，防止航空器偏离定航线，误入禁区，及时纠正航空器的放行错误。

（6）熟知并正确使用应急工作检查单，迅速通报、处理，积极协助空勤组处理不正常情况和紧急情况。

（7）按照管制协调、移交的规定，正确实施与区域管制、塔台管制及有关部门的协调。

（8）正确实施与有关业务协作单位的通报、协调，对违反飞行规则的空勤组，要及时上报，组织讲评。

（9）正确执行交接班检查单制度。

2．区域管制

区域管制室的管制范围是除塔台管制与进近管制之外的管制空域。区域管制室的职责如下。

（1）监督航路上航空器的飞行活动，及时向航空器发布空中飞行情报。

（2）充分利用通信导航、雷达设备，准确、连续不断地掌握飞行动态，随时掌握空中航空器的位置、航迹、高度，及时通报可能形成相互接近的飞行情报，使航空器保持规定的航路和高度飞行。

（3）掌握天气变化情况，及时向航空器通报有关天气情报。及时向航空器通报天气实况和危险天气的发展趋势，当遇到天气突变或航空器报告有危险天气时，按照规定引导航空器绕越。

（4）准确计算航行诸元，及时给予驾驶员管制指令。根据航空器报告和实际飞行情况，管制员应掌握其航行诸元和续航时间，尤其是当航线上有大的逆风或者是在绕飞危险天气时，应计算和考虑航空器的续航能力，及时建议驾驶员继续飞行、返航或改航至就近机场着陆等。

（5）妥善安排航路上航空器之间的间隔，调配飞行冲突。随时掌握并推算空中交通状况，相对、追赶、交叉飞行的航空器之间将要发生冲突时，必须主动、及时地予以调整。

（6）协助驾驶员处置特殊情况。特殊情况的处置主要依靠空勤组根据实际情况采取相应措施，管制员提出必要的建议和提示具有非常重要的作用。

5.3 空管国干传输网

从前面的介绍可以看出,民航,特别是空管对业务数据的传输可靠性要求很高,且空管系统覆盖全国范围,传输距离很长,因此空管系统专门建设了传输网。空管系统的传输网分为国干传输网和本地传输网。

(1) 国干传输网是北京网控中心连接到全国七大地区空管局的网络(华北空管局、东北空管局、华东空管局、中南空管局、西南空管局、西北空管局、新疆空管局),采用光纤进行互联,长途光缆租用运营商的通道,如图 5-1 所示。

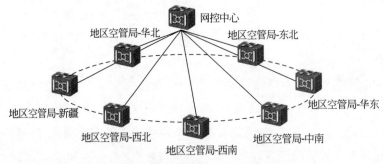

图 5-1 民航空管国干传输网

(2) 本地传输网主要负责某一区域范围内的业务传递。

空管国干传输网作为整个民航通信网的基础通信平台,需要同时承载业务承载层中的 IP 承载网和 TDM 承载网。因此,传输层需要提供多业务接入功能,同时满足 IP 业务和 TDM 业务的接入需求,并且能够提供电信级可靠性保证民航系统的通信,以及高效的网络管理和维护功能。

① 民航通信网传输平面采用 MSTP+DWDM 技术架构,提供综合业务传输汇聚能力。

② 通过分组交换传输 IP 业务,具有灵活的网络容量调整能力,可以大大提高带宽的利用率。

③ 通过时隙交换传输 TDM 业务,具备低时延的特点,满足航空安全保障业务对时延的要求。

④ 整网采用层次化结构设计,实现全国民航系统的覆盖。传输网络的分层建设,使得整网结构清晰,运维简便,易于未来的网络改造和扩容。

参照业界常用的各类网络结构,综合考虑民航业务运行模式、传输要求、业务量需求、运行维护成本等因素,结合民航行政管理模式和各业务单位地域分布格局,同时借鉴现有民航数据通信网的运维经验,民航通信网在业务逻辑结构上采用双星状树形结构组网。采用双星状树形结构,可使得网络层次清晰,便于集中控制易于维护,最大限度地兼顾了运行成本和路由冗余等安全性要求。

民航系统内的通信业务是典型的集中汇聚型业务类型,即业务流的走向是从下级到上级,同级之间基本上没有调度关系,业务流量较少。因此,节点信息流基本是复用整合后向中心点集中的过程。从有利于业务流的调度与疏导、网络易于运行维护和管理的角度出发,民航通信网在结构上采用层次化的网络结构,所有节点划分为一、二、三、四级节点,如图 5-2 所示。各级节点具体规划如下。

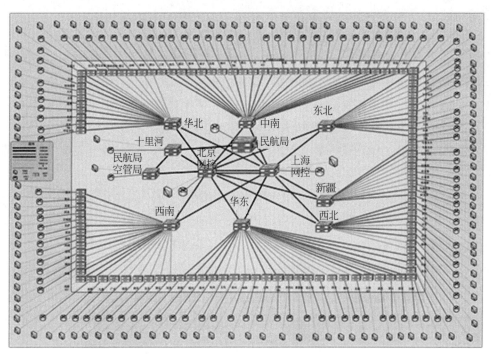

图 5-2　民航通信网业务逻辑层次拓扑

（1）一级节点 2 个：北京、上海网控中心。

（2）二级节点 17 个：民航局、民航空管局、北京十里河空管局、7 个地区空管局、7

个空管区域管制中心。

（3）三级节点 37 个：37 个空管分局/站。

（4）四级节点 270 个：2 个终端管制中心、5 个航管楼、7 个地区管理局、41 个安监局、9 个民用枢纽机场、4 个大航空公司、36 个民用干线机场、166 个民用支线机场。

核心层包括 2 个一级节点，汇聚层包括 17 个二级节点，接入层包括 37 个三级节点和 270 个四级节点。

（1）一级节点是全网的重要通信枢纽节点，作为全网业务核心完成全国民航系统各业务汇聚，主要负责网控节点至一级节点之间的资源调度，并实现网络核心的异地冗余保障。

（2）二级节点主要承担本区域民航各系统单位的业务汇聚及接入，完成本区域内数据流的分层收敛，实现三级节点到一级节点数据流的转发。

（3）接入层三、四级节点，主要承担节点所在城市民航单位及其省内民航单位的业务接入，完成各业务的复用、汇聚和转发。

空管国干传输网采用双星状树形＋多环形式，如图 5-3 所示。其结构纵向是以北京网控和上海网控为核心，以 7 个地区空管局和 7 个地区区域管制中心为区域核心，以 37 个空管分局/站、浦东机场航管楼为区域汇聚的分层双星状树形结构，同时鉴于各空域相邻的区管中心交互业务量较多，为减少路由环节，降低网络负荷，将有业务交叉的相邻地区区域管制中心串联成一个横向子环，如西南、中南、西北、新疆子环，华北、华东、中南子环，华北、华东、西北子环，以减少北京、上海的核心传输业务压力。

北京网控中心和上海网控中心之间通过租用两条 622Mb/s 的 SDH 专线互通，链路的 1＋1 备份，保证业务的高安全和高可靠。北京网控中心和 7 个地区空管局之间租用 622Mb/s 的 SDH 专线，上海网控中心和 7 个民航区域管制中心（ACC）节点之间租用 622Mb/s 的 SDH 专线，使用 STM-4 光接口互通。本地地区空管局节点和民航区域管制中心节点之间具备裸光纤资源可以使用 STM-64 光接口互联；相邻区域的民航区域管制中心节点之间租用运营商的 155Mb/s 的 SDH 专线，使用 STM-1 光接口互联，形成环网结构，提供相邻区域的直连通道，分担两个网控节点的流量。

（1）37 个空管分局（站）三级节点的网元通过租用两条不同运营商的 155Mb/s SDH 专线分别上联至所属区域的地区空管局和民航区域管制中心节点。

（2）9 大机场和 4 大航空公司四级节点租用两条 155Mb/s 专线连接到地区空管局或者所属空管分局三级节点。

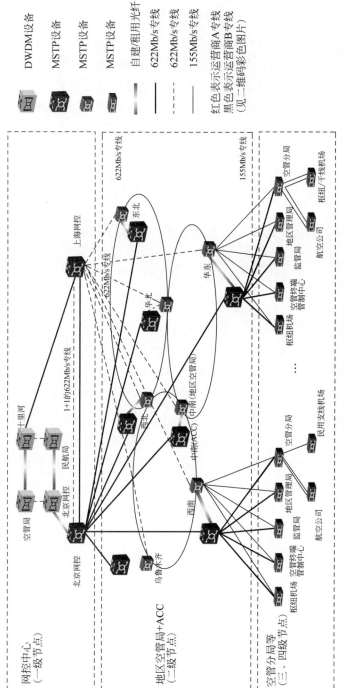

图 5-3　空管国干传输网络拓扑图

（3）2个空管终端管制中心和7个地区管理局三级节点分别通过本地自愈环网的2条155Mb/s通道上联至地区空管局或者或所属空管分局三级节点。

（4）41个监管局租用2条155Mb/s专线上联至地区空管局或者或所属空管分局三级节点。

依据业务流的传输特点，民航通信网将要承载视频、数据、语音等多种业务，实现在一个基础承载网上承载综合业务传输的目标。根据民航通信网中承载的业务保障要求及接入承载方式不同，各业务具体区分如图5-4所示。

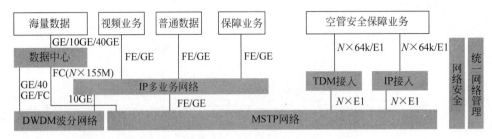

图5-4　空管业务承载模型

空管网络承载的业务主要包含如下4类。

（1）航空安全保障业务：包括雷达、甚高频等涉及飞行安全的相关业务，必须保证数据传输的实时性、可靠性和不间断性，网络需提供通道化的电路保证，此类业务目前以 TDM 方式传输为主。采用 TDM 与 IP 网络互为备份的方案，既继承了传统的TDM 业务，又可满足未来分组技术的发展要求。

（2）保障业务：包括气象、航行情报、语音等涉及飞行安全的相关业务，对实时性要求较高，随机性强，传输可靠性要求较高，此类业务以分组方式传输为主。

（3）视频业务：视频等多媒体业务对延迟要求高、随机性强、稳定性高，且要保证带宽，但不要求具有语音业务同级的低抖动特点，此类业务以分组方式传输为主。

（4）一般性数据业务：各种办公业务，相对而言实时性要求不高，随机性强，突发性强，传输可靠性要求一般；此类业务以分组方式传输为主。

DWDM 波分网为地区业务系统以及 MSTP 传输网提供高带宽的传输通道，各地区根据实际光纤资源情况，通过租用或利用本场裸光纤，分别组建本地区 DWDM 光传输网。

（1）北京网控、民航空管局、北京十里河空管局、民航局组成自愈网，配置一级设备。

（2）上海区域管制中心、上海终端管制中心、虹桥机场航管楼和浦东机场航管楼组成自愈环网,配置一级设备。

(3) 广州区域管制中心、广州终端管制中心、白云机场航管楼组成自愈环网,配置一级设备。

(4) 首都机场航管楼、北京区域管制中心组成点对点波分网络,配置二级设备。

(5) 成都机场航管楼、成都区域管制中心组成点对点波分网络,配置二级设备。

(6) 西安咸阳机场航管楼、西安区域管制中心组成点对点波分网络,配置二级设备。

(7) 新疆地窝堡机场航管楼、乌鲁木齐区域管制中心组成点对点波分网络,配置二级设备。

5.4　民航本地传输网

民航本地传输网主要用于各空管局所在地区域管制室、枢纽机场、进近管制室之间的业务互联,通常采用 OTN 技术来实现。

(1) OTN 具备 40 波/80 波能力,单波可实现 10~800Gb/s 带宽,满足未来 5~10 年带宽需求,节省光纤资源。

(2) 网络扁平化,光纤一跳直达;端到端时延可视、可管、可保障。

(3) OTN 具备灵活多业务特性,支持 2Mb/s~100Gb/s 任意业务接入。

(4) 支持 PDH 和 SDH 接口,平滑兼容现有网络,保护客户投资;支持以太网、高清视频等接口,保证网络平滑演进。

(5) OTN 安全可靠,能够提供光纤、波长和 ODUk 多级物理硬管道隔离;L1 层加密,保证业务安全传输。

本地 DWDM 波分网络为地区大颗粒业务提供大通道带宽传输,同时为各区域地 MSTP 光环网提供 10Gb/s 通道。

(1) 北京网控、民航空管局、北京十里河空管局、民航局依托本地 DWDM 网络提供的波道组成 MSTP 10Gb/s 光环网。

(2) 上海区域管制中心、上海终端管制中心、虹桥机场航管楼和浦东机场航管楼依托本地 DWDM 网络提供的波道组成 MSTP 10Gb/s 光环网。

(3) 广州区域管制中心、广州终端管制中心、白云机场航管楼依托本地 DWDM 网络提供的波道组成 MSTP 10Gb/s 光环网。

（4）首都机场航管楼、北京区域管制中心依托本地 DWDM 网波道互联。

（5）成都机场航管楼、成都区域管制中心依托本地 DWDM 网波道互联。

（6）西安咸阳机场航管楼、西安区域管制中心依托本地 DWDM 网波道互联。

（7）新疆地窝堡机场航管楼、乌鲁木齐区域管制中心依托本地 DWDM 网波道互联。

除了空管的网络，在主要机场还会设置机场本地光传输网。机场本地光传输网通常采用 MSTP 作为园区内基础性的骨干传输网络，它将园区内各空管用户单位互联起来组建本地传输网络，负责各用户单位之间信息互传，包括技保、网络、气象、飞服、塔台等核心节点。

（1）本地传输网的容量一般设计为 10Gb/s；另外，在机场技保和气象机房建设核心节点通常也会组建新机场本地传输网，将园区内空管台站信号引接回核心节点。

（2）IP 路由器组建的网络通过传输网进行承载，台站路由器设备汇聚至机场核心机房，TDM 接入设备与核心机房组建点对点网络。

（3）IP 路由器和 TDM 设备接入台站的空管核心业务（VHF、雷达、导航、气象、场面监视），由台站 MSTP 设备（本场附近台站使用自建 MSTP 光传输设备，远端台站则租用运营商 E1 链路）提供传输链路至机场核心机房，落地后供管制部门使用。

某地区本地 OTN 传输网拓扑结构如图 5-5 所示，在 OTN 网规划中，每个节点的 OTN 设备彼此之间相互独立运行。

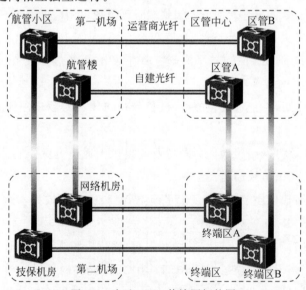

图 5-5　本地 OTN 传输网拓扑图

（1）第二机场网络机房、终端区设备大厅、区管设备大厅、第一机场航管楼 4 个节点、1 套 OTN 设备通过自建的光缆组建环形网络。

（2）第二机场技保机房、终端区设备大厅、区管设备大厅、第一机场航管小区 4 个节点、1 套 OTN 设备通过租用运营商光缆组建环形网。

这两个 OTN 环网均开通 $40\times10Gb/s$ OTN 网络，形成完全意义上的设备分离与光纤路径分离，实现高可靠互备。

在枢纽机场内部，通常也会部署空管核心业务网，它主要包括两个业务承载平面。

（1）为机场、终端区、区管中心之间提供信息交互网络。

（2）提供机场所需导航、雷达、VHF、气象台站业务接入的综合业务接入网络。

建设时也会考虑将终端区业务需求纳入网络整体范畴，以满足机场和终端区互为异地灾备的保障需求，实现核心业务层两地互联互通，接入业务层两地互为冗余备份。另外，大型枢纽机场飞行区通常也会按照"一条跑道一张子网"的组网原则，在每一条跑道的相应台站组建一张 MSTP 622Mb/s 子网，挂接在技保和气象机房核心节点下，每张子网连接雷达站、气象观测、起飞、降落的引导设施。

部分终端区也会建设本地光传输网。作为一个基础性的骨干传输网络，它主要负责将终端区需要的信号从各空管台站引接至终端区核心机房。场内雷达站、机场航管小区 VHF 台、区域雷达站、地震应急指挥中心和终端区园区内 VHF 收/发信台采用 MSTP 622Mb/s 组建光环网。

出于可靠性考虑，基本上所有的本地传输网都会采用 A/B 双网的模式，即在同一站点的设备机房内同时放置两台传输网节点设备，每个台站组建两张独立的 OTN 或 MSTP 传输网（即 A/B 两套），光纤光缆也严格分离，实现业务的双路传输。

某大型机场本地 MSTP 光传输网拓扑图如图 5-6 所示。该方案将机场内各空管用户单位互联组建本地传输网络，负责各用户单位之间信息互传；核心节点包括技保机房、网络机房、气象机房、飞服机房、1♯塔台和 2♯塔台。每个核心机房新建两套核心 MSTP 设备，通过自建光纤分别组建两张本地传输网；每张环网的容量设计为 10Gb/s。同时，在新机场技保和气象机房建设核心节点组建新机场本地传输网，将园区内空管台站信号引接回核心节点。

基于机场建筑规模及业务流向等因素综合考虑，机场光传输网在技保和气象机房各新建两套核心 MSTP 设备，组建核心环网；同时，在所有台站各新建两套 MSTP 接入层设备。按照"一条跑道一张子网"的组网原则，每一条跑道相应台站的一套 MSTP 设备组建成一张子网，挂接在技保和气象机房核心节点下，台站另一套 MSTP 设备也

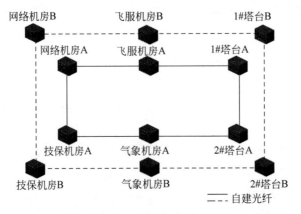

图 5-6　机场空管 MSTP 传输网(空管核心机房)拓扑图

　　按照上述原则组建另一张子网挂接在技保和气象机房的另两套核心节点下。组建的光纤环网共计 6 张,每张子网带宽容量为 622Mb/s。东跑道子网包括通导和气象共计 7 个台站;西跑道子网包括通导和气象共计 7 个台站;北跑道包括通导和气象共计 4 个台站,如图 5-7 所示。

　　部分区域终端区也会建设本地光传输网,主要负责将终端区需要的信号从各空管台站引接至终端区核心机房,台站包括机场场内雷达站、航管小区 VHF 台、雷达站、地震应急指挥中心和终端区园区内 VHF 收/发信台等,一般采用 MSTP 来建设。

　　除了空管网络之外,当前一些大型机场也在建设自己的云平台及骨干网络,如图 5-8 所示。机场云数据中心是数据信息计算、交换和存储的中心,是数据交换最集中的地方。数据中心的设计必须满足当前业务的各项需求,又需要满足面向未来快速增长的发展需求。面向未来数字化转型带宽剧增,在大型机场内部一般也会建设面向云网融合的骨干传输网,实现"云调网""网调云",其灵活连接能力打破了信息孤岛,实现了网络互通、数据共享和应用协同。

　　民航空管网络是一张全国性的网络,按照规模和区域的部署要求分为国干传输网和本地传输网。当前国干传输网采用了 MSTP 组网,本地传输网采用 OTN＋MSTP 的模式,骨干节点使用 OTN,末端接入节点采用 MSTP。综上所述,空管网络业务比较单一,对可靠性要求极高,因此 OTN 及 MSTP 的硬切片完全能够满足要求。

　　当前大型机场也逐渐开始建设自己的骨干传输网,用于智慧机场的应用和数据承载,这些业务带宽量高,未来扩展空间大,因此 OTN 的大带宽会在民航网络中发挥更大的作用。

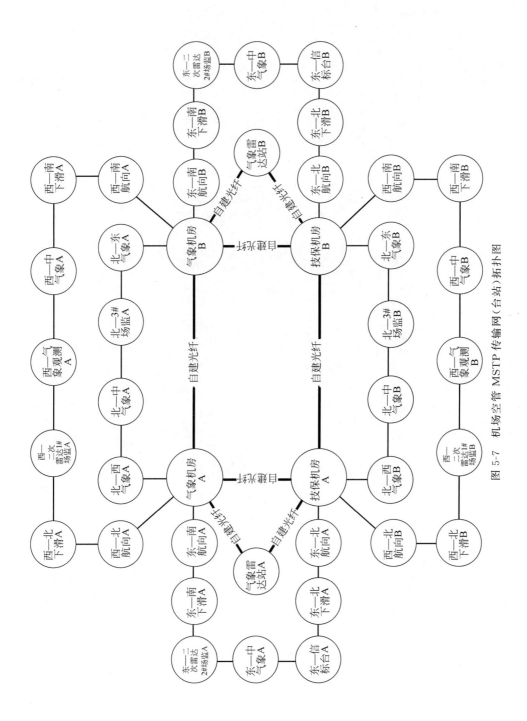

图 5-7 机场空管 MSTP 传输网（台站）拓扑图

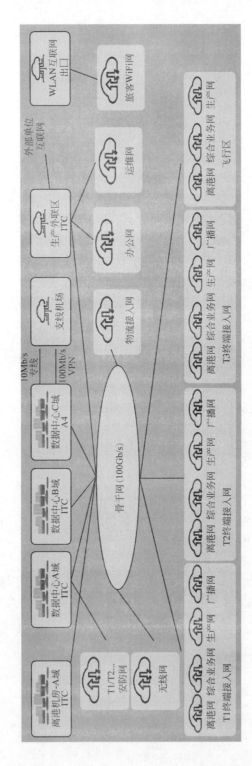

图 5-8　某大型机场网络示意图

第 6 章

未来技术展望

6.1 量子密钥分发

6.1.1 传统信息加密系统面临的挑战和应对策略

量子计算利用"量子比特"的态叠加特性,通过量子态的受控演化实现数据的存储和计算。随着量子比特数量增加,量子计算针对特定问题的算力可以指数级规模拓展,理论上具有经典计算无法比拟的超强处理能力。量子计算的强大算力对现有的加密算法带来了极大的威胁,也将引发全新信息安全挑战。

1. 传统信息加密系统面临的挑战

目前应用最广泛的非对称加密算法是 1977 年由美国麻省理工学院的 3 位学者提出的 RSA(Rivest-Shamir-Adleman)非对称加密算法,在公钥加密标准和电子商务中 RSA 被广泛使用,是目前最有影响力的公钥加密算法。RSA 算法基于一个简单的数论事实:将两个大素数相乘十分容易,但对其乘积进行因式分解却极其困难,因此可以将乘积公开作为加密密钥。RSA 加密算法能够抵御到目前为止已知的所有密码攻击,通过增加密钥长度可以有效提升安全等级,已被国际标准化组织(International Organization for Standardization,ISO)推荐为公钥数据加密标准。

但在量子计算算法和量子计算机日益成熟的今天,RSA 加密算法的安全性受到了严峻的挑战。如 Shor 量子算法可将分解大整数、求解离散对数等复杂数学问题的求解步数简化到多项式级别,因此可对 RSA、ECC 等公钥密码体制进行快速破解。例如,分解一个 400 位的大数,经典计算机约需要 5×10^{22} 次操作,而量子计算机约需要 6×10^7 次操作。

此外,虽然目前没有专门针对对称加密算法的量子破解算法,但 Grover 量子搜索算法可极大地压缩搜索空间,从而将对称密钥的长度减少一半,这对于密钥强度较弱的系统影响很大。此外,采用非对称算法的密钥协商算法也会受 Shor 算法影响。表 6-1 总结了量子计算对经典密码的影响(来源于 NIST IR 8105)。

现代密码学将密码算法的安全性归约到数学难解问题上,而量子计算降低了其计算复杂度,从而威胁其安全基础。量子计算对于当前的非对称算法威胁最大,如表 6-1 所示。因此,迫切需要一个安全密钥分发解决方案来对抗量子计算的威胁。

表 6-1 量子计算对经典密码的影响

密码算法	类　　型	功　　能	量子计算影响
AES	对称算法	加解密	需增加密钥长度
SHA-2/3	杂凑算法(哈希算法)	哈希函数	需增加输出长度
RSA	非对称算法	加解密,数字签名,密钥分发	不再安全
ECDSA,ECDH	非对称算法	数字签名,密钥分发	不再安全
DSA	非对称算法	数字签名	不再安全

量子计算与量子威胁在业界是关注热点,虽然对于量子威胁真正到来的时间点没有统一、确切的判断,但是对于量子计算可能带来的巨大影响是没有异议的。考虑到高密级数据的保密期限较长,而向新密码系统的迁移也需要不短的部署时间,因此,近年来业界对构建量子安全的新密码体系越来越关注,建设步伐也在加速。

如图 6-1 所示,如果 $X+Y>Z$,则存在一段时间,其保密数据面临安全风险。

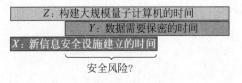

图 6-1 构建量子安全所需时间关系图

2. 经典加密体系的应对策略

面对量子计算的挑战,业界有基于物理原理的量子保密通信和基于数学原理的抗量子算法两大技术方向。

(1) 量子保密通信(Quantum Secure Communication,QSC): 广义来讲,利用量子效应保护通信数据安全的新型通信方式都可称为量子保密通信。其中,最著名的技术就是量子密钥分发(Quantum Key Distribution,QKD)技术,其在理论上可使得合法的通信双方实现无条件安全的密钥分发。QKD 技术的理论和系统研究最为完善，且实际应用中无需纠缠态等较难实现的技术，因此，狭义来讲，量子保密通信是以 QKD 技术作为密钥分发功能组件，结合适当的密钥管理、安全的密码算法和协议而形成的加密通信安全解决方案。目前，量子保密通信技术以其极强的安全性，已成为未来通信发展的重要方向。

（2）抗量子密码（Post-Quantum Cryptography，PQC）：又称为后量子密码，其通过对现有加密算法的升级，选择量子算法不擅长求解的数学问题，使其能够抵抗量子计算机的破解。目前被认为较有潜力的 PQC 算法有格密码、基于编码理论的密码、基于哈希函数的密码、多变量密码等，中、美、欧等均开展了 PQC 算法的标准化工作。不同于量子保密通信，抗量子密码不依靠量子力学，它的安全性是基于量子计算机尚未攻破的数学难题，属于下一代经典密码算法（本书暂不对 PQC 算法进行探讨）。

6.1.2　量子保密通信基本原理和发展历程

量子通信领域的研究涵盖范围非常广，广义来讲，只要用到量子效应的通信都可以称为量子通信。借助微观量子效应，既可实现经典比特信息的保密传输，又可实现量子比特信息的传输（这是经典通信做不到的），甚至还可提供链路上某环境特性的感知等。其中，发展最久也是最接近实用化的是量子保密通信领域。量子保密通信领域中最主要的两个研究方向就是量子隐形传态（Quantum Teleportation，QT）和量子密钥分发。

（1）量子隐形传态：利用量子纠缠效应，结合贝尔态测量和经典通信，使得待传输量子比特在不经过信道的情况下，接收方可以复现该量子比特所携带的量子信息。其量子比特既可以携带经典信息，也可以携带量子信息，甚至是任意未知的量子信息，此为 QT 的第一大特征。由于量子纠缠进行分发时不包含待传输信息，而待传输信息的载体光子并未经过信道，因此其安全保密性很高，此为 QT 的第二大特征。QT 已在实验室被验证，但纠缠态的分发、提纯等仍较为困难，因此目前产业化难度仍然较高，本书对此暂不探讨。

（2）量子密钥分发：利用不可预测的量子随机数，结合不可克隆的非正交量子态，以及量子信息熵评估与量子保密增强，实现合法通信双方的无条件安全的密钥分发。其分发的是经典随机密钥，其安全性保证来自量子理论保证，因此其不惧量子计算的攻击。基于 QKD 分发的安全密钥，再结合对称加密系统，可实现高安全的保密通信系统。

QKD技术成熟度较高,目前在业界已开始部署和试商用,形成了一定的市场规模。因此,目前商业上讲的量子保密通信是指其狭义定义,即:以QKD技术作为密钥分发功能组件,结合适当的密钥管理、安全的密码算法和协议而形成的加密通信安全解决方案。后面所讨论的量子保密通信技术也都是指基于QKD的保密通信技术。

量子保密通信和传统光通信对比及应用场景如表6-2所示。

表6-2 量子保密通信和传统光通信对比

项目	波长/nm	速率/(b/s)	安全性	应用场景
量子保密通信	1310、1550	1k~1M	不可窃听、不可破密	对称密钥分发、加解密
传统光通信	1310、1550	≥400G	会被窃听且很难被发现	信息传输

1. 基于量子密钥分发(QKD)的保密通信技术原理

量子保密通信的核心是QKD,其可为合法通信双方提供无条件安全的对称密钥。在现行的保密通信中,对称加密需要收发双方事先共享一对安全的对称密钥。目前业界广泛应用的迪菲-赫尔曼密钥协商算法(Diffie-Hellman Key Exchange,DH)是非对称算法,其在量子计算攻击下不再安全。因此,结合了QKD所分发量子密钥的保密通信安全性更高,从原理上杜绝了密钥分发或协商环节的安全隐患和风险。

下面就QKD的安全原理和应用方式进行介绍。

1) 安全原理

QKD系统主要组成可参考图6-2,其主要模块功能如下。

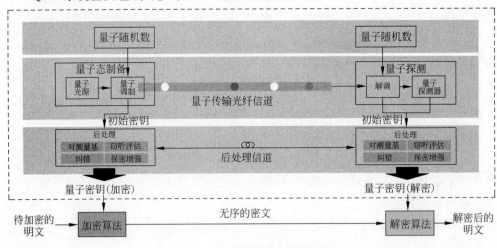

图6-2 量子密钥分发系统组成

（1）量子随机数：生成真随机数，用于量子态的随机制备。

（2）量子态制备：根据量子随机数制备对应的量子态，并发送入非可信的信道。相应的调制信息称为发送端初始密钥。

（3）量子态探测：对未知的量子态进行测量，测量结果称为接收端初始密钥。

（4）后处理：收发双方根据各自的初始密钥进行后处理协商步骤，一般包括筛选、基比对、参数估计、纠错、保密增强等步骤，形成最终的量子密钥。

QKD 的安全原理可简述为以下几点。

（1）密钥源头真随机：量子随机数的随机性由量子物理原理保证，保证了密钥信息或所对应制备的量子态从源头就无法被预测。

（2）量子态不可克隆：发送入信道的量子态是将量子光源随机调制得到的。所有可能制备的量子态集合存在非正交性，使得其满足量子不可克隆定理的要求，即无法对所发送量子态进行"完美克隆"而不扰动原量子态。这意味着，任何在信道中对所发送随机量子态进行的窃听操作，如果不扰动原量子态，则窃听者无法得到一个完美副本，即窃听者拿不到全部信息；如果窃听者进行了"完美克隆"，则原量子态会受到扰动，从而引起收发双方可观测的统计变化，使得窃听行为被发现，并且其窃听的信息总量可被评估。

（3）信道窃听可评估：收发双方通过计算量子信息熵来评估信道中的窃听者所窃取密钥信息总量的上界。如果该上界大于收发双方得到的初始密钥，则意味着窃听者可能掌握全部的密钥信息，此时终止本轮协议，重新开始下一轮协议；反之，则意味着初始密钥中还有部分密钥信息是安全的，此时，可通过一系列后处理步骤将初始密钥进行保密增强，牺牲一部分长度从而剔除掉窃听者所掌握的信息。所生成的最终量子密钥就是无条件安全的。

2）应用方式

量子保密通信系统最基本的应用方式是将传统保密通信系统中的非对称密钥协商算法直接替换为 QKD 系统，消除密钥协商算法这个薄弱环节，增强保密系统的安全性。图 6-3 介绍了另一种更为推荐的应用方式，即 QKD 与密钥协商算法相结合的方式。该方法中，QKD 系统不再替换算法密钥分发，而是将两者生成的密钥进行密钥合成，合成后的密钥作为加解密用的最终密钥。密钥协商算法既可以选择现行密码标准中的算法，比如 DH 算法、SM2 等，也可以选取某一种 PQC 算法。目前业界也十分关注 QKD 和 PQC 的融合解决方案。

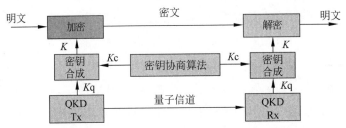

图 6-3　QKD 与密钥协商算法相结合的应用方式

此方式的优点在于：

（1）密钥分发受到来自物理（QKD）和数学（密钥协商算法）的双重安全保证，需同时破解两者才能破解整个系统，安全性更高。

（2）可为现有保密通信系统增加 QKD 组件，实现平滑升级。

（3）可随用户需求选用不同的密钥分发组件，甚至增加客户的私有密钥分发方法，整体解决方案更为灵活。

量子保密通信系统中的加解密算法可根据客户需求的安全等级而选取。比如对高安全需求的场景，可选择一次一密（One-Time Pad，OTP）加解密算法，但此时受限于 QKD 安全分发密钥的速率，其只能对一些特别重要的信息进行加密通信。对于更一般的场景，可以选择如 AES、SM1 等对称加密算法，以提高每个密钥的加密通信数据量。

2. 经典量子密钥分发协议 BB84 协议介绍

BB84 协议是 IBM 公司的 Charles Bennett 和蒙特利尔大学的 Gilles Brassard 在 1984 年提出的世界上第一个量子密钥分发协议，也是最经典的量子密钥分发协议。本节将基于偏振编码来对 BB84 协议进行介绍。

BB84 协议利用单光子的 4 种偏振状态来对随机密钥信息编码，偏振态对应的希尔伯特空间为一个二维空间。4 种量子态可表示为：

$$| H \rangle = | 0 \rangle, \quad | V \rangle = | 1 \rangle, \quad | + \rangle = \frac{1}{\sqrt{2}}(| 0 \rangle + | 1 \rangle), \quad | - \rangle = \frac{1}{\sqrt{2}}(| 0 \rangle - | 1 \rangle)$$

式中，$| H \rangle$——水平偏振；

$| V \rangle$——垂直偏振；

$| + \rangle$——45°方向偏振；

$| - \rangle$——135°方向偏振。

$| H \rangle$ 与 $| V \rangle$ 相互正交，组成一组基矢，可称为直线基。在直线基中，$| H \rangle$ 与 $| V \rangle$ 分别代表比特 0 和 1。$| + \rangle$ 与 $| - \rangle$ 也相互正交，组成另一组基矢，可称为对角基。在对角基

中，$|+\rangle$ 与 $|-\rangle$ 分别代表比特 0 和 1。参见表 6-3。

表 6-3 量子偏振态调制原则

基	光子偏振态	
	比特 0	比特 1
直线基：$\{|H\rangle,|V\rangle\}$ ⊕	水平偏振态(0°)：$|H\rangle$ ⊖	垂直偏振态(90°)：$|V\rangle$ ⌀
对角基：$\{|+\rangle,|-\rangle\}$ ⊗	45°偏振态：$|+\rangle$ ⊘	135°偏振态：$|-\rangle$ ⊘

不难看出，直线基中的量子态与对角基中的量子态并不正交。当随机制备这 4 个量子态时，就满足了量子不可克隆定理的要求。可以通过测量规律来更直观地认识非正交性带来的好处，即信道中的窃听者无法通过单次测量来准确区分到底发送的是哪个量子态。

以用直线基来做测量为例，当发送的量子态是 $|H\rangle$ 时，测量结果会以 100%的概率得到 $|H\rangle$，即比特 0。但当发送的量子态是 $|+\rangle$ 时，测量结果会以 50%的概率得到 $|H\rangle$（比特 0），另 50%的概率得到 $|V\rangle$（比特 1）。而当测量坍缩后，量子态是 $|+\rangle$ 的信息丢失，无法再被重复测量。因此，当得到测量结果是 $|H\rangle$ 时，是无法确定所发送的量子态是 $|H\rangle$ 还是 $|V\rangle$ 的。重复上面的分析，可将两种基矢的 8 种测量结果统计出来，如表 6-4 所示。不难看出，任何一个测量结果都对应着多种可能性。因此，窃听者无法通过测量得出具体发送的是哪个量子态。

表 6-4 量子偏振态测量结果

测量基	发送量子态	测量结果/概率
直线基：$\{|H\rangle,|V\rangle\}$	水平偏振态：$|H\rangle$	$|H\rangle$,100% $|V\rangle$,0%
	垂直偏振态：$|V\rangle$	$|H\rangle$,0% $|V\rangle$,100%
	45°偏振态：$|+\rangle$	$|H\rangle$,50% $|V\rangle$,50%
	135°偏振态：$|-\rangle$	$|H\rangle$,50% $|V\rangle$,50%
对角基：$\{|+\rangle,|-\rangle\}$	水平偏振态：$|H\rangle$	$|+\rangle$,50% $|-\rangle$,50%
	垂直偏振态：$|V\rangle$	$|+\rangle$,50% $|-\rangle$,50%
	45°偏振态：$|+\rangle$	$|+\rangle$,100% $|-\rangle$,0%
	135°偏振态：$|-\rangle$	$|+\rangle$,0% $|-\rangle$,100%

BB84 协议流程如图 6-4 所示,可描述如下:

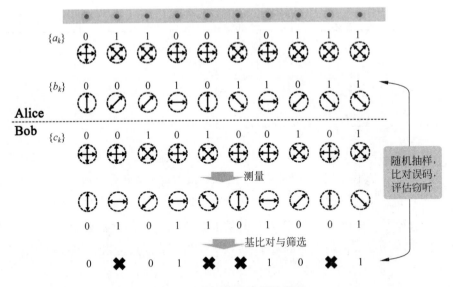

图 6-4　BB84 协议流程示意图

（1）发送方 Alice 利用量子随机数发生器产生两个随机序列$\{a_k\}$和$\{b_k\}$。$\{a_k\}$用于选择每次制备量子态时采用哪组基,比如 0 代表用直线基,1 代表用对角基。$\{b_k\}$用于选择该组基下的哪个量子态,比如直线基时,0 代表$|H\rangle$,1 代表$|V\rangle$,对角基时,0 代表$|+\rangle$,1 代表$1-\rangle$。

（2）Alice 根据随机序列$\{a_k\}$和$\{b_k\}$制备相应的量子态后,发送给接收方 Bob。比特信息$\{b_k\}$作为发送方初始密钥。

（3）Bob 利用量子随机数发生器生成随机序列$\{c_k\}$,$\{c_k\}$用于选择测量基,0 代表用直线基,1 代表用对角基。

（4）Bob 根据随机序列$\{c_k\}$测量所收到光子的偏振态,并根据编码规则将测量结果译为比特序列,作为接收方初始密钥。

（5）Bob 与 Alice 通过公共信道对比制备基和测量基,比如 Bob 公布测量基$\{c_k\}$给 Alice,Alice 将$\{c_k\}$与自己的制备基$\{c_k\}$进行比对,并将比对结果告知 Bob。Alice 和 Bob 舍弃那些双方选择了不同基的初始密钥,剩下的初始密钥称为筛选后密钥。

（6）Alice 和 Bob 对筛选后密钥进行随机抽样并比对误码,根据误码率估算窃听者 Eve 窃取的密钥信息上限。

（7）如果该上限高于筛选后密钥总量,则放弃本轮 QKD,重新开始。如果该上限低于筛选后密钥总量,则进行纠错、保密增强等步骤,最终生成安全的量子密钥。

说明:公共信道的消息是经过认证的,可能被窃听,但无法被篡改。

在 BB84 协议中,Alice 和 Bob 发现信道是否被窃听的方式是通过随机抽取部分筛选后密钥进行比对所知道的。可以从简单的截听-重发攻击来直观理解,截听-重发攻击是指窃听者 Eve 在信道中先对 Alice 发送的量子态进行截取,并对截取后的光子偏振态进行测量,再根据测量结果重新制备一个量子态发送给 Bob。由于窃听者并不知道 Alice 发送量子态所采用的制备基,其只能无差别地以一定概率随机选择测量基。如果 Eve 选择了与 Alice 制备基相同的基去测量,则会得到正确的比特信息,且其再次制备的量子态也和 Alice 所发送的一样,因而不会影响 Bob 的测量结果,Alice 和 Bob 对比筛选后密钥时,便不会发现有 Eve 的存在。但 Eve 仍有一定的概率会选择与 Alice 不同的基去测量光子,此时 Eve 只有一半概率得到和 Alice 相同的比特信息,与此同时,由于其采用了错误的测量基而不自知,其再次制备的量子态在 Bob 测量时将产生 50% 的误码。这就导致当 Alice 和 Bob 进行筛后密钥抽样比对时,原本应当很低的误码率会有一个明显的上升,从而发现窃听的存在。

BB84 协议在理论上已被证明了无条件安全性。但受限于实际条件,在应用过程中仍存在一定的安全漏洞。这些安全漏洞,有的通过改进理论协议可以克服,有的则通过增加硬件防护的方法来抵御。比如当采用非理想单光子源作为光源时,其产生的多光子脉冲将不再安全,窃听者可能会实施光子数分离攻击(Photon-Number Splitting attack,PNS)而不会被发现。为了应对这种情况,2003 年 Hwang 提出了诱骗态协议,保证在使用非理想单光子光源的情况下仍能确保通信的安全性。目前的量子通信产品多是基于诱骗态协议的系统。

3.量子保密通信业界发展情况

BB84 协议是最早提出的 QKD 协议,其编码空间是二维的,编码量子态是有限个分立的量子态,因此也常被称为离散变量(Discrete Variable,DV)协议。在 DV 协议之外,也存在编码空间是无穷维的情况,其编码量子态有无穷多个,呈连续分布,此类协议被称为连续变量(Continuous Variable,CV)协议。比较著名的 CV 协议是 2002 年由法国科学家 Philippe Grangier 等提出的 GG02 协议,其采用相干态的正则分量进行编码,技术与现有相干通信的 Quadrature-Amplitude-Modulation(QAM)十分相似。除了这两个著名的协议外,不论 DV 还是 CV 体系都存在多个不同的 QKD 协议。实际上,只要采用了量子随机数来随机选择待制备量子态,且随机制备的态集合满足非正交性,这个协议就具备了安全性基础。难点在于如何能量化地进行信道窃听量上界的评估,且该评估方法是实验系统易于实现的。因此,目前 QKD 业界产品化主推的仍是基于 BB84 的诱骗态协议系统,以及基于 GG02 的相干态协议系统,可成码通信距离通常为 40～100km。

在学术研究方面,业界更关注如何提升相同条件下的系统成码率,提升相同成码率下的最远传输距离,以及如何关闭实际系统的侧信道等。2012 年提出的测量设备无关协议(MDI-QKD),其可有效关闭所有针对探测器的侧信道,是目前实际安全性最好的协议。此外,其特殊的拓扑结构使得其对部分噪声的抵抗能力也更强,在实验室环境做到了 400km 的极限传输距离。此后,在 2018 年,一种新的 MDI 类协议——双场协议(TF-QKD)被提出,其进一步提升了系统传输距离,在实验室可达 600km 的极限传输距离。这些新型协议的性能虽然更好,但对器件要求也更高,如何在实际线网条件下应用,仍在研究中。

在网络建设方面,逐步验证了城域网、长途干线、星地 QKD 组网等技术。2016 年我国建成了长达 2000km 的"京沪干线",途经北京、河北、山东、江苏、安徽、上海等省市,并接入北京、济南、合肥和上海四地量子保密通信城域网络。2018 年,国家广域量子保密通信骨干网络建设一期工程开始实施,在"京沪干线"基础上,增加武汉和广州两个骨干节点,新建北京—武汉—广州线路和武汉—合肥—上海线路。2016 年我国成功发射"墨子号"量子科学卫星,可配合多个地面站实现星地高速量子密钥分发。"墨子号"卫星与京沪干线的成功对接实现了跨度达 4600km 的 QKD 网络覆盖。

依托网络建设成果,业界也在政务、金融、电力、警务、云等行业领域开展了创新应用试点,实现了关键数据、关键信令、容灾备份等应用探索。

在标准化方面,ETSI、ITU-T、ISO、IETF、CCSA 等各大标准组织都在积极开展有关标准化工作,内容涵盖网络架构、安全要求、设备要求、密钥管理、测评方法等多个方面,较完整的标准体系正在逐步形成。

6.1.3　量子加密和 OTN L1 层加密构建量子级安全传输网

1. OTN 产品面临的主要安全风险

OTN(Optical Transport Network)网络作为一个透明的传送通道,具有端到端传送的特性,对于每个再生段两端的站点来说,OTN 系统类似一段光纤,近似处于开放式系统互连模型(Open System Inter-connection Model,OSI)第 1 层(Layer 1,L1),如

图 6-5 所示。所以,一般认为 OTN 系统本身是相对安全的。

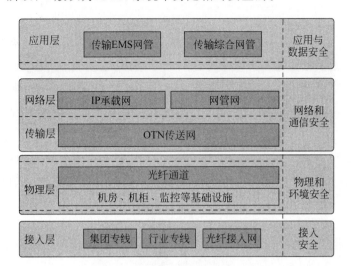

图 6-5　OTN 在 OSI 模型中的层次图

随着互联网信息网络的发展,信息安全显得越来越重要,我国已发布《GB/T 22239—2019 信息安全技术网络安全等级保护基本要求》(简称为等保 V2.0)和《GA/T 1389—2017 信息安全技术网络安全等级保护定级指南》。OTN 系统在网络中存在安全和防护缺陷,OTN 系统是否需要进行相关安全防护和加密保护,正逐渐成为 OTN 网络建设和设计需要研究和考虑的内容。目前主流厂家都在开发支持基于 OTN 物理层的加密技术和解决方案。

面对日益严峻的安全隐患与威胁,光网络物理层的安全防护手段主要包括安全加固、安全隐藏和安全加密 3 个方面。

(1) 安全加固是通过改善光纤光缆和光组件的硬件特性实现被动式的安全防护增强。例如,防窃听光缆中预置高应力玻璃棒,当光纤弯曲到一定程度,高应力玻璃棒会让光纤损坏,防止窃听者针对光纤的模式泄露窃听,或者采用高强度材料制作光纤包层与加固光缆;针对串扰窃听,则采用高隔离度器件并使用滤波器和隔离器进行防护。

(2) 安全隐藏技术在 2005 年由普林斯顿大学提出,其原理是利用光信号的色散特性,采用高色散器件将安全信道脉冲展宽,使其脉冲幅度低于主信道噪声,从而达到在时域和频域上隐藏安全信道的目的,可以通过相位调制编码进一步增强安全性,该技术目前处于学术研究阶段。

(3) 面对威胁,目前最切实可行的方案就是安全加密技术。安全加密技术比较成熟,是目前业界主流应对光传送层(物理层)安全风险的解决方案和技术。基于经典加密和量子加密融合的方案都是当前光通信业界研究的方案。

2. OTN L1 层加密原理和解决方案

OTN 加密主要是通过加密算法对客户业务在物理层加密,又称为 L1 业务加密。相比于 L2 层、L3 层的传统加密方案,L1 业务加密利用 OTN 设备对客户业务透明传输的特点,在低占用带宽、低时延、支持多类型业务等方面更具优势,是当前主流的加密方式。

如图 6-6 所示,OTN 设备配置带加密模块的单板,客户业务接入配置了加密功能的 OTN 设备后,通过安全加密设备发送来的密钥加密,以加密的业务形式在 OTN 网络传送,并在接收端 OTN 设备上解密,实现业务数据在 OTN 网络中的安全传输。

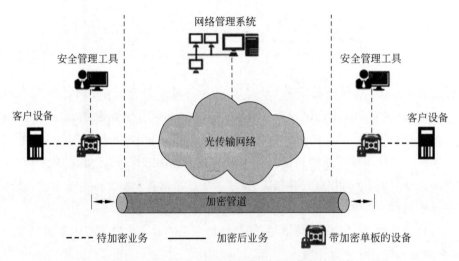

图 6-6　基于现有 OTN 网络的加密整体解决方案

目前,国内和国际主要的 OTN 设备供应商均能提供基于客户侧加密的 OTN 设备和系统。OTN L1 层业务加密系统由带加密单板的 OTN 设备、安全管理工具[例如 SMT(Security Management Tool)]和网络管理系统 3 部分组成。

OSN 设备传输的信号使用国际电信联盟 ITU-T 建议 G.709/Y.1331 中规定的 OTN 帧结构。加密系统中的 OTN 设备通过在信号处理过程中加入一个加密算法对 OPUk 净荷进行加密,来实现对客户数据的加密。该功能所使用的安全管理信息通道采用 OPUk 传递,不介入客户业务。

如图 6-7 所示,客户侧信号映射到 OPUk 帧结构中的净荷区,然后再加上 OPUk 的开销,形成低阶 ODUk 帧结构,然后再将多个 ODUk 帧结构复用成一个高阶的

ODUj($j=k+1$ 或者更高)帧结构,最后加上 OTU 开销,形成传送到光纤上的最终信号,经过 OTN 传输网络传输至对端,对端再同理进行解密。双向加密过程包括认证、密钥协商和加解密。

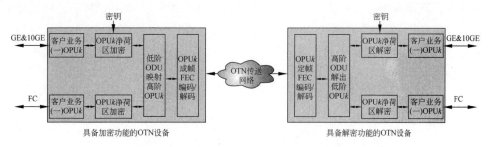

图 6-7 OTN 客户侧加密详细原理框图

3. OTN L1 层加密融合量子密钥分发(QKD)构建"量子级"安全解决方案

在量子计算到来的今天,基于量子密钥分发(QKD)+ OTN 对称加密(例如,AES256 算法或国密 SM4 算法)的融合解决方案,也成为业界的研究热点。

如图 6-8 所示,量子密钥分发系统和现有信道加密系统能够比较好地融合,采用 QKD 装置的光纤信道和 DWDM 技术可以进一步融合,共用光纤解决混合传送。

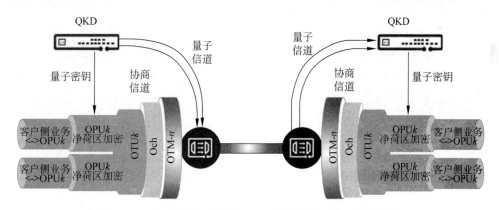

图 6-8 QKD 装置和光传输 OTN 设备融合解决方案示意图

华为公司也在该领域进行了大量研究,并取得了很多突破性进展。

(1)华为积极参与中国与欧盟相关标准组织合作,参与 ETSI、ITU、CCSA 中有关 QKD 的标准建设,追踪 ISO、IETF 有关 QKD 的标准进展;至今华为已掌握 QKD 领域专利数十项。

(2)华为基于传统波分设备,在 2018 年已完成 QKD 原型机 1.0 开发:量子信道、协商信道、数据信道基于 DWDM 共纤传送,采用专用技术抑制量子信道共纤传送干扰。

（3）华为于 2018 年 6 月与其运营商在马德里成功完成 QKD 系统联合创新测试（基于华为 QKD 原型机 1.0）。

在光物理层安全加密技术中,结合量子密钥分发的加密技术由于其理论协议层面的无条件安全性,近年来已经成为光网络安全领域的研究和关注焦点,在试点应用和产业化方面呈现出快速发展的趋势。

但是从目前实用工程项目应用角度看还存在一定的局限。

（1）系统性能存在局限,关键技术待突破:量子密钥分发系统在密钥生成速率和可用传输距离等方面性能有限,难以满足高速长距离光通信系统的加密要求。关键器件、量子中继和星地量子通信中的多项关键技术尚待进一步突破。

（2）系统实际安全性存在风险:实际器件和系统的不理想特性可能会导致侧信道攻击,需要建立相应的测评标准以及标准化解决方法,且在长距离传输中,采用可信节点进行密码中继也会成为系统安全的一个风险点,需要额外提供防护。

（3）应用场景、产业推动力有限:量子保密通信主要面向长期安全性要求很高的信息安全应用,前期软硬件升级改造成本较高,应用场景和目标用户较为有限。前期产业化主要集中于科研机构的研究成果转化和小规模试点应用,近期有运营商等进入该领域,但仍处于启动初期。

基于量子密钥分发的光网络安全加密技术是未来的发展趋势,但需要突破系统性能瓶颈,在传输距离、共享密钥成码率等关键性能参数方面获得提升。此外,可大力发展基于量子存储和纠缠交换技术的实用化量子中继技术和系统,实现真正意义上的广域量子安全通信组网。而在近期,星地量子通信将成为量子保密通信广域组网的热点技术和现实选择。

6.2　光纤传感

6.2.1　光纤传感技术简介

光纤传感器的基本原理是光通过入射光纤送入调制区域,光波与调制区域内和外部的测量参数相互作用,使光波的光学特性变为调制信号,并送入光探测器获得测量参数。新型光纤传感器当前主要的研究和发展重点集中于准分布式光纤传感和分布式光纤传感系统两大类型。

在准分布式光纤传感系统中,专用传感器串列于光纤,测量多个采集点的温度、振动、压力、电流电场等,如图 6-9 所示为典型的光纤光栅传感器,其产品形态多,应用场景多。

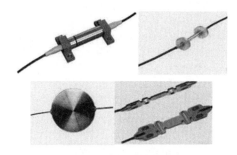

图 6-9　光纤光栅传感器

分布式光纤传感系统如图 6-10 所示,光纤即传感器,收集光波在光纤中的反射信号受环境影响的变化信息,测量光纤沿线的温度、振动、应力变化等信息。

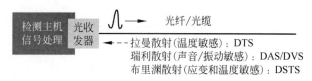

图 6-10　分布式光纤传感系统

分布式光纤传感作为传感器领域的后起之秀,可以实现连续、无间断、长距离采样测量,而光纤作为传感介质具有无源、电绝缘、长寿命、可分布式组网等特性,对温度、振动、应变等环境变化可进行灵敏精确的测量,在油气、粉尘、电磁敏感、高温高压等特定环境具有明显的优势,在油气、电力、交通、智慧城市、航空船舶等多个领域得以广泛应用。

6.2.2　分布式光纤传感基本原理

分布式光纤传感系统将光纤作为传感器,基于瑞利散射、布里渊散射和拉曼散射的产生机制,利用光时域反射技术(Optical Time Domain Reflectometer,OTDR)实现对光纤周边物理量(振动、应力、温度)的测量、分析、监控和定位。

如图 6-11 所示,不同的外界环境会导致不同的散射效应,从而产生不同的频谱分布。

(1) 瑞利散射:因光纤介质折射率不均匀而产生的弹性散射,散射光与入射光中心频率相同,散射光随光纤因受振动产生的形变量而周期性变化。

(2) 布里渊散射:入射光与光纤中的声学声子相互作用而产生的非弹性散射,散射光频率位于入射光中心频率两侧 10～11GHz 的位置,频率位置变化量与产生散射处光纤的温度和应变的变化量相关。

(3) 拉曼散射:入射光与光纤中的光学声子相互作用而产生的非弹性散射,散射光频率位于入射光中心频率两侧约 13THz 处,散射强度变化量与产生散射处光纤的温度变化量相关。

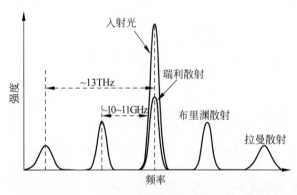

图 6-11　光纤中后向散射光的频谱分布

光在光纤中传播时,由于玻璃晶格的瑕疵而产生部分背向散射,通过持续采样测量可形成背向散射光的强度和频率位置基线。当光纤某点的环境发生温度、振动或应力等变化时,会导致该点产生的背向散射光在强度和频率位置上发生按比例的变化,通过对这些变化量的实时监控与定量测量,即可实现对光纤周边的温度、应变、振动等物理量的监控与测量。周期性向光纤中注入探测光脉冲,依据采样时间与发射探测光之间的时间差,即可定位出当前散射光在光纤中产生的位置,从而实现位置的准确定位。光纤探测器的构成如图 6-12 所示。

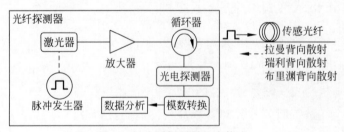

图 6-12　光纤探测器基本构成

基于光时域反射技术(OTDR)的分布式光纤传感系统根据其感知参量分类如表 6-5 所示。

表 6-5　基于光时域反射技术(OTDR)的分布式光纤传感系统

分布式光纤传感系统分类	技 术 实 现	适 用 场 景
分布式声波/振动传感系统 (Distributed Acoustic/Vibration Sensing,DAS/DVS)	基于瑞利散射的 Φ-OTDR	长距离线性区域声音/振动监控
分布式应变和温度传感系统 (Distributed Strain and Temperature Sensing,DSTS)	基于布里渊散射的 B-OTDR 或 B-OTDA	长距离线性区域温度和应变监控
分布式温度传感系统 (Distributed Temperature Sensing,DTS)	基于拉曼散射的 R-OTDR	中短距离线性区域温度监控

相较传统点式传感器,分布式光纤传感的优势如下。

(1) 距离远,成本低:单根光纤覆盖数十千米,优于海量点式传感器。

(2) 定位精度高:光纤各点均是传感器,依据精度要求设置空间采样密度。

(3) 易于部署:一根光纤和一台端设备,易于取电和数据回传。

(4) 易于维护:线性连接,光纤故障自身可视,定位简单。

(5) 本质可靠:探测光信号不受电磁干扰,在强电磁环境中感应可靠。

(6) 使用安全:光纤电绝缘,对外无电磁干扰,在电磁敏感环境中应用不受限。

基于以上特点,对电力线缆、油气管线等长距离线性布局的区域实行监控的场景,特别适用分布式光纤传感技术。当前分布式光纤传感技术已广泛应用于电力、交通、安防、石化、地质、通信等领域,监测的主要应用场景如下。

(1) 振动/声音监测:部署于边界周界、轨道/管道/电缆周边,通过振动/声音的探测,用于对外物入侵、结构振动、目标轨迹定位跟踪等。

(2) 温度监测:部署于输电线、油气输送管道、城市地下管网、传输带、油井等处,检测温度动态分布与变化,用于火灾预防和及时发现等。

(3) 应力监测:部署于桥梁、隧道、公路、大坝、边坡等,检测应力动态分布与变化,用于土木工程的健康检查和地质危害预防等。

6.2.3　分布式光纤传感在电力交通等行业的应用前景

分布式光纤传感的典型应用场景有:电力线缆与高压部件精确温度监测,隧道(公路、铁路、地铁等)、煤矿、管廊消防测温,油气管道与城市管廊入侵预警,地下及水下声纹识别及预警,大型建筑如大坝、桥梁应力变形精密监测,飞机、船舶表面疲劳裂纹精密监测等。随着光器件与 AI 处理技术的发展,光纤传感器技术快速发展,应用领域不断拓展。

OTDR 是典型的早期光纤传感仪表。近年来,光纤传感技术发展迅速,从仅能测量光纤衰耗向测量基于光纤的多种相关物理量发展,现已可精确检测光缆沿线的振动、温度、应变等信息并精确定位,对电力交通等行业的主要应用有:

(1)光缆标定——通过敲击管沟井盖、拨动 ODF 尾纤、敲击埋地光缆桩杆等方式形成振动事件,记录事件在光缆上对应的距离,即可精确标定光缆距离对应事件的 GPS 位置,从而获得精确的光缆路径位置、光缆距离位置等标定信息,录入地理信息系统(Geographic Information System,GIS)后成为光纤网络资源管理的重要基础数据。

(2)第三方施工预警——施工破坏是造成光缆中断的主要外在因素,第三方的挖掘机、钻探机、顶管机、重载车辆等施工意外破坏导致了 70% 以上的通信光缆、电力管沟、管廊故障。基于振动的光纤传感技术可以收集地埋光缆沿线的振动信息,精确识别 20m 以内的机械施工信号并预警,通知巡线人员及时干预,从而降低光缆故障率;基于光纤传感的第三方施工破坏预警系统,不仅对于保护通信光缆具有重要意义,对于保护与光缆同沟敷设的电力缆更具有重要价值。

(3)光纤传感系统收集并逐段分析光纤沿线的背景噪声,从而识别未经确认的光纤同沟同缆路由段,避免通信系统的工作光路由与保护光路由发生"同沟同缆"的现象,提升通信网络可靠性。

(4)测温型分布式光纤传感有助于 OPGW 架空缆覆冰及融冰预警分析,从而有助于保护通信光路。

分布式光纤传感产品现状:

(1)传统 OTDR 设备已实现小型化,成本大幅下降,超小型内置于光模块的光时域反射测试仪(embedded Optical Time Domain Reflectometer,eOTDR)已得到应用。

(2)目前基于 Φ-OTDR 的光纤振动传感主流产品已实现挖掘机识别率>95%(漏报率<1%),定位精度<10m,大幅提升光缆与管/沟/廊的巡线效率,避免意外破坏导致的通信故障与电力业务故障;业界产品的发展方向是引入 AI 学习能力,进一步提升挖掘机、顶管机、钻探机等工程机械与人工挖掘的事件识别率,助力智能巡线。

(3)目前基于 Raman-OTDR 的光纤温度传感主流产品已实现测温差<1℃,定位精度<1m,助力预防 OPGW 覆冰,有助于避免覆冰导致的恶性倒塌事故。业界产品的发展方向是结合光纤温度传感、振动传感、应力传感等,精确预警 OPGW 覆冰与舞动。

综上所述,基于 eOTDR 的在线光纤衰耗传感、基于 Φ-OTDR 的光纤振动传感、基于 Raman-OTDR 的光纤温度传感已进入成熟期,结合 GIS 系统,可以支撑智能化的光纤资源管理以保障通信业务。需要特别提出的是,防破坏/防覆冰预警功能不仅保障通信业务,更重要的是保护了同路由的输电缆。基于 GIS 的光纤资源管理系统实现了光纤资源可视化、精细化,并可前瞻性地管理光纤性能,保障通信业务快速开通,高可靠运营,并避免光纤资源的闲置浪费。同时,光纤管理中的前瞻预警,如地埋光缆第三方工程机械施工预警、OPGW 覆冰预警同时也对输电线路保障具有重大意义。

第 7 章

行业认证

7.1 电力行业认证

7.1.1 电力设备常见的工作环境

电力设备的工作环境比较恶劣,如图 7-1 所示。需要制定严格的相关的电磁兼容(ElectroMagnetic Compatibility,EMC)、环境等系列标准,才能保证工作在相关环境下的通信设备的长期可靠性和稳定性能够满足工业环境的要求。

图 7-1　电力设备常见的环境要求

基于此,IEC 和 IEEE 国际标准组织制定了相关系列标准,如 IEC 61850-3、IEEE 1613、IEC 61000-6-5 等。

全球多个客户在设备入网和项目招标中都要求通信设备要满足以上标准,并提供相应标准的第三方测试报告。

7.1.2 典型 IEC 61850-3、IEEE 1613、IEC 61000-6-5 报告标准要求

需要满足的电力行业基础标准有:

（1）IEC 61850-3：2013

（2）IEEE 1613：2009

（3）IEEE 1613.1：2013

（4）EN 61000-6-5：2015/IEC 61000-6-5：2015

（5）EN 55032：2012/AC：2013

（6）CISPR 32：2012

（7）EN 55032：2015

（8）CISPR 32：2015

（9）EN 55024：2010

（10）CISPR 24：2010

（11）EN 55024：2010＋A1：2015

（12）CISPR 24：2010＋A1：2015

（13）A/NZS CISPR 32：2013

（14）IEC 61000-6-2：2005/EN 61000-6-2：2005

（15）IEC 61000-6-4：2006＋A1：2010/EN 61000-6-4：2007＋A1：2011

专业实验室采用的测试标准需要符合下列 IEC/IEEE 标准：

（1）IEEE C37.90.1：2002

（2）IEEE C37.90.2：2004

（3）IEEE C37.90.3：2001

（4）IEC 61000-4-2：2008

（5）IEC 61000-4-3：2010

（6）IEC 61000-4-4：2012

（7）IEC 61000-4-5：2014

（8）IEC 61000-4-6：2013

（9）IEC 61000-4-10：2001 *

（10）IEC 61000-4-11：2004

（11）IEC 61000-4-16：1998＋A1：2001＋A2：2009

（12）IEC 61000-4-17：2009

（13）IEC 61000-4-18：2008 2006＋A1：2010 *

（14）IEC 61000-4-29：2000

说明：带＊标志的标准未通过美国实验室认可协会（American Association for Laboratory Accreditation，A2LA）认证。

7.2 交通行业认证

针对轨道交通行业,全球相关国际组织对通信类设备制定一些相应的国际认证标准,本章简单介绍全球比较通用的一些认证。

(1) 强制类认证:通常是电磁兼容类认证,目前国际招投标项目对此基本都有。例如,欧盟轨道交通行业 IEC 50121-4 系列。

(2) 安全认证:轨道交通行业的安全完整性等级(Safety Integrity Level,SIL)认证是业界对信号系统设备或者装置的普遍要求。

7.2.1 交通行业通用(强制类)认证

在交通行业,由于光传送设备安装在轨道旁(周边存在大量的电磁辐射,设备工作在复杂电磁兼容环境下),同时承载大量的交通(铁路、地铁)生产关键业务,为了保证设备的长期、可靠、稳定工作,需要满足全球交通行业准入要求(英国 BS,欧盟 EN 强制要求满足 EMC 相关的电磁兼容等要求)。

1. 交通行业标准

目前全球通用的技术标准主要是 BS EN 50121-4:2016(铁路设施电磁兼容性信号和通信设备的辐射和抗干扰),其对 EMC 的要求如图 7-2 所示。

标准分析和实际安装场景:

(1) 地铁——轨旁机房离铁轨距离小于 3m。

(2) 轻轨——安装距离较远(>10m)。

(3) 铁路(普通铁路,高速铁路)——视实际情况而定,各种距离的安装场景都有。

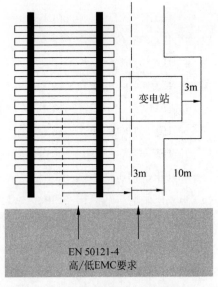

图 7-2 EN 50121-4 EMC 要求

2. 典型交通行业 EN 50121-4 报告标准要求

需要满足的交通行业基础标准为 EN 50121-4：2016。

专业实验室采用的测试标准需要符合下列 EN/IEEE 标准：

(1) EN 300 386 V2.1.1：2016

(2) EN 50121-3-2：2016

(3) EN 50121-1：2017

(4) EN 50121-4：2016

(5) EN 55032：2015

(6) EN 55024：2010/A1：2015

(7) EN 61000-3-2：2014

(8) EN 61000-3-3：2013

(9) EN 61000-6-2：2005

(10) EN 61000-6-4：2007/A1：2011

3. 国际通用的 EN 50121-4 TUV 认证证书示例

国际通用的 EN 50121-4 TUV 认证证书示例如图 7-3 所示。

7.2.2　交通行业安全完整性 SIL 认证

1. SIL 认证简介

轨道交通行业安全完整性等级(SIL)认证是基于 IEC 相关标准,对安全设备的安全完整性等级(SIL)或者性能等级(PL)进行评估和确认的一种第三方评估、验证和认证。功能安全认证主要涉及针对安全设备开发流程的文档管理(FSM)评估,硬件可靠性计算和评估、软件评估、环境试验、EMC 电磁兼容性测试等内容。

业界关于 SIL 认证的主要依据的国际标准包括：

(1) EN 50126。

① 铁路应用：可靠性、可用性、可维护性和安全性 RAMS(Reliability、Availability、Maintainability 和 Safety)规范和说明。

② 该标准定义了系统的 RAMS,并且规定了安全生命周期内各个阶段对 RAMS 的管理和要求。RAMS 作为系统服务质量衡量的一个重要特征,是在整个系统安全生

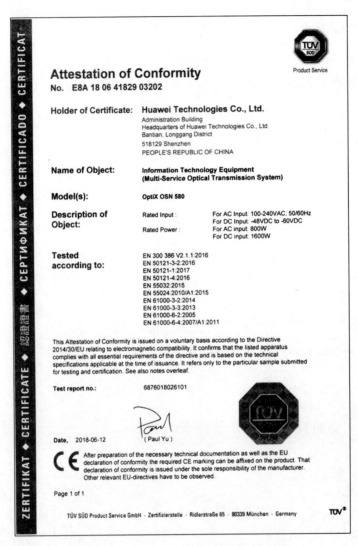

图 7-3　EN 50121-4 TUV 认证证书示例

命周期内的各个阶段通过设计理念、技术方法而得到的。对应 IEC 62278。

(2) EN 50128。

① 铁路应用：铁路控制和防护系统的软件。

② 对铁路控制和防护系统的软件进行了安全完善度等级(SIL)的划分，针对不同的安全要求制定了相应的标准，按不同等级对整体软件开发、评估、检测，包括对软件需求规格、测试规格、软件结构、软件设计开发、软件检验和测试、软硬件集成、软件确认评估、质量保证、生命周期、文档等制定出相应的规范与要求。对应 IEC 62279。

(3) EN 50129。

① 铁路应用：安全相关电子系统。

② 对于安全管理，引入 IEC 61508 提出的安全生命周期概念，也就是说，对于安全相关系统的安全部分，在设计时按照该步骤进行设计，并且需要进行全程的安全评估和验证，目的是进一步减少和安全相关的人为失误，进而减少系统故障风险。对应 IEC 62425。

3 个标准的关系如图 7-4 所示，其中 EN 50159（对应 IEC 62280）也是欧洲铁路安全标准之一，但目前业界主流（不论是国内还是国外），都认为 EN 50159 通常是由 DCS（Distributed Control System）来处理的，并不是指通信系统，因此都会把 DCS 定义为非安全，所以尚未真正实现基于 EN 50159 的安全认证，即使宣称有，实际上也还是基于 EN 50126、EN 50128 和 EN 50129 的标准要求去认证的。

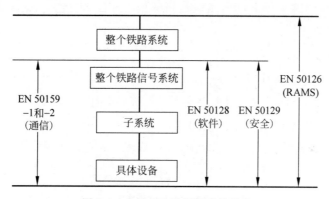

图 7-4　业界 SIL 认证标准关系表

国际主流的 SIL 认证公认的公司如表 7-1 所示。

表 7-1　国际主流 SIL 认证公司

认 证 公 司	知 名 度
TUV 莱茵	极高
SUD 南德	高
劳式（Richardo）	高

（1）SIL 认证公司一般为业界有资历的国际化认证公司，比如德国 TUV 莱茵、SUD 南德、英国劳氏（现 Richardo）等。

（2）认证公司遵循交叉许可，即认证报告全球认可。

说明：SIL 认证定义部分摘自百度百科。

2．SIL 认证流程

1）独立安全评估

独立安全评估(Independent Safety Assessment,ISA)是对解决方案和设备安全相关业务的评估,一般由独立评估公司提供证书,其主要过程如图 7-5 所示。

图 7-5　独立安全评估流程

（1）依照欧盟的机能安全标准,定义有 4 种 SIL,分别是 SIL 1、SIL 2、SIL 3 及 SIL 4。在安全机能的执行上,SIL 4 是最可靠的。SIL 等级越高,代表设备正确执行安全机能的概率越高。

（2）国内信号系统都要通过 SIL 认证。

说明：铁路权威机构许可接受产品环节（可选）：中国国内有这个环节,一般信号系统需要这个 SIL 认证,还要经过铁路总局的认可（海外没有这个环节）。

2）SIL 认证对于开发流程和人员的要求

SIL 认证要求各参与角色的相对独立性,从图 7-6 可以看出,3、4 级要求最为严格,1、2 级居中。

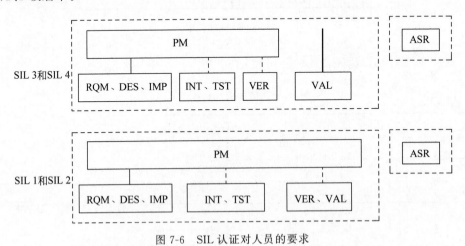

图 7-6　SIL 认证对人员的要求

（1）PM：项目经理,对整个项目负责的人,能调配资源。

（2）ASR：独立安全评估员，也可以是公司内部的利益无关第三方，即认证机构。

（3）RQM：需求经理；DES：设计人员；IMP：实施人员。

（4）INT：集成人员；TST：测试人员。

（5）VER：验证人员，如 QA；VAL：确认人员，市场需求确认。

独立安全评估（ISA）的流程如图 7-7 所示。

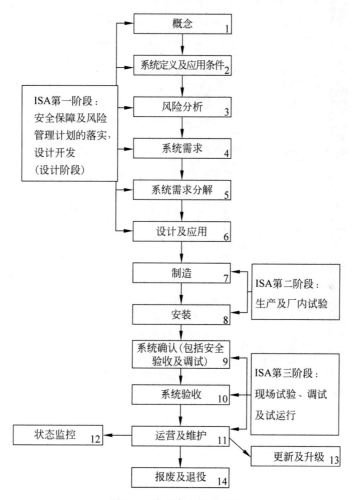

图 7-7　独立安全评估流程

3）SIL 证书样例

以华为 OSN 系列产品为例，TUV 的 SIL 认证证书样例如图 7-8 所示。

ZERTIFIKAT ◆ CERTIFICATE ◆ 證書 ◆ СЕРТИФИКАТ ◆ CERTIFICADO ◆ CERTIFICAT

CNAS 中国认可 检验 INSPECTION CNAS IB0468

TÜV SÜD Greater China

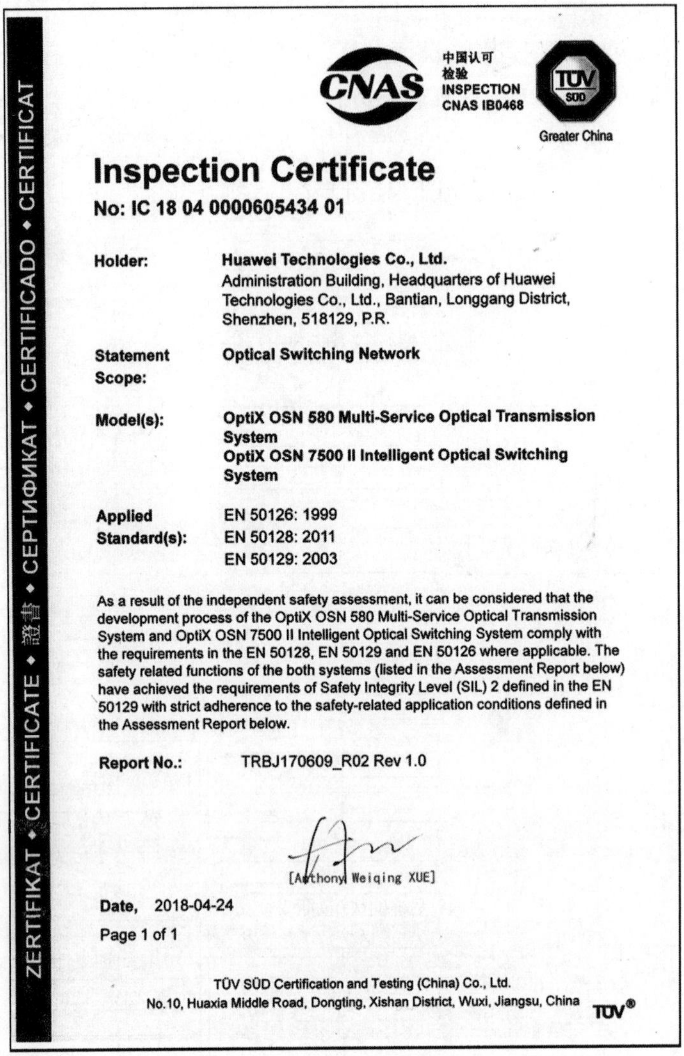

Inspection Certificate

No: IC 18 04 0000605434 01

Holder: **Huawei Technologies Co., Ltd.**
Administration Building, Headquarters of Huawei Technologies Co., Ltd., Bantian, Longgang District, Shenzhen, 518129, P.R.

Statement Scope: **Optical Switching Network**

Model(s): **OptiX OSN 580 Multi-Service Optical Transmission System**
OptiX OSN 7500 II Intelligent Optical Switching System

Applied Standard(s): EN 50126: 1999
EN 50128: 2011
EN 50129: 2003

As a result of the independent safety assessment, it can be considered that the development process of the OptiX OSN 580 Multi-Service Optical Transmission System and OptiX OSN 7500 II Intelligent Optical Switching System comply with the requirements in the EN 50128, EN 50129 and EN 50126 where applicable. The safety related functions of the both systems (listed in the Assessment Report below) have achieved the requirements of Safety Integrity Level (SIL) 2 defined in the EN 50129 with strict adherence to the safety-related application conditions defined in the Assessment Report below.

Report No.: TRBJ170609_R02 Rev 1.0

[Anthony Weiqing XUE]

Date, 2018-04-24

Page 1 of 1

TÜV SÜD Certification and Testing (China) Co., Ltd.
No.10, Huaxia Middle Road, Dongting, Xishan District, Wuxi, Jiangsu, China

TÜV®

图 7-8 SIL 2 证书样例

专业术语

缩　　写	英 文 全 称	中 文 全 称
3GPP	3rd Generation Partnership Project	第三代合作伙伴计划
4CIF	4 x Common Intermediate Format	4CIF 格式
ADM	Add/Drop Multiplexer	分/插复用器
ADSL	Asymmetric Digital Subscriber Line	非对称数字用户线路
ADSS	All Dielectric Self-Support	全介质自承式（光缆）
AES	Advanced Encryption Standard	高级加密标准
AFTN	Aeronautical Fixed Telecommunication Network	航空固定业务通信网
AIS	Alarm Indication Signal	告警指示信号
APS	Automatic Protection Switching	自动保护倒换
ASE	Amplified Spontaneous Emission	放大器自激发射
ASON	Automatically Switched Optical Network	自动交换光网络
ATM	Asynchronous Transfer Mode	异步传输模式
BA	Booster Amplifier	后置放大
BBE	Background Block Error	背景块误码
BBER	Background Block Error Ratio	背景块误码比
BBU	Backup Battery Unit	备份电池单元
BER	Basic Encoding Rule	基本编码规则
BITS	Building Integrated Timing Supply	通信楼综合定时供给系统
BSC	Base Station Controller	基站控制器
BTS	Base Transceiver Station	基站
CATV	Cable TV	有线电视
CBR	Constant Bit Rate	固定比特率
CCTV	Closed-Circuit Television	闭路电视
CD	Chromatic Dispersion	色度色散
CES	Circuit Emulation Service	电路仿真功能
CISPR	International Special Committee on Radio Interference	国际无线电干扰特别委员会
CPC	Compound Pass Card	高速公路复合通行卡
CTC	Centralized Traffic Control	调度集中系统
CTCS	Chinese Train Control System	中国列车运行控制系统
DCM	Dispersion Compensation Module	色散补偿模块

缩　　写	英 文 全 称	中 文 全 称
DGD	Differential Group Delay	差分群时延
DH	Diffie-Hellman	密钥交换算法
DNI	Dual Node Interconnection	双节点互联
DVB-ASI	Digital Video Broadcast-Asynchronous Serial Interface	数字视频广播-异步串口
DWDM	Dense Wavelength Division Multiplexing	密集波分复用
E2E	End to End	端到端
EDFA	Erbium-Doped Fiber Amplifier	掺铒光纤放大器
EMC	electromagnetic compatibility	电磁相容性
EoS	Ethernet over SDH	基于 SDH 的以太网
ES	Errored Second	差错秒
ESR	Errored Second Ratio	差错秒比
ETC	Electronic Toll Collection	电子不停车收费系统
ETCS	European Train Control System	欧洲列车控制系统
ETSI	European Telecommunications Standards Institute	欧洲电信标准协会
FAS	Frame Alignment Signal	帧定位信号
FC	Fibre Channel	光纤通道
FDD	Frequency Division Duplex	频分双工
FEC	Forward Error Correction	前向纠错
GFP	Generic Framing Procedure	通用成帧规程
GPRS	General Packet Radio Service	通用分组无线业务
GPS	Global Positioning System	全球卫星定位系统
GRE	Generic Routing Encapsulation	通用路由封装协议
GSM	Global System for Mobile communications	全球移动通信系统
GSM-R	Global System for Mobile Communications -Railway	GSM 铁路通信系统
HD	High Definition	高清
HD-SDI	High Definition Serial Digital Interface	高清串行数字接口
IEEE	Institute of Electrical and Electronics Engineers	电气及电子工程师学会
ISDN	Integrated Services Digital Network	综合业务数字网
ITU	International Telecommunication Union	国际电信联盟
ITU-T	International Telecommunication Union-Telecommunication Standardization Sector	国际电联电信标准化部门
LAG	Link Aggregation Group	链路聚合组
LOS	Loss Of Signal	信号丢失
MEC	Mobile Edge Computing	移动边缘计算
MPLS	Multiprotocol Label Switching	多协议标记交换
MSP	Multiplex Section Protection	复用段保护
MSTP	Multi-Service Transmission Platform	多业务传送平台

续表

缩　　写	英 文 全 称	中 文 全 称
MTC	Manual Toll Collection system	人工半自动收费车道
NF	Noise figure	噪声系数
NNI	Network-to-Network Interface	网络-网络接口
NRZ	Non-Return to Zero	非归零
OADM	Optical Add/Drop Multiplexer	光分插复用设备
OAM	Operation，Administration and Maintenance	操作、管理和维护
OBU	On-Board Unit	车载单元
OCh	Optical channel with full functionality	完整功能光信道
ODF	Optical Distribution Frame	光纤配线架
ODU	Optical channel Data Unit	光通道数据单元
ODUk	Optical channel Data Unit-k	光通道数据单元 k
OFDM	Orthogonal Frequency Division Multiplexing	正交频分复用
OIF	Optical Internetworking Forum	光互联网论坛
OLA	Optical Line Amplifier	光线路放大设备
OLP	Optical Line Protection	光线路保护
OLT	Optical Line Terminal	光线路终端
ONU	Optical Network Unit	光网络单元
OOF	Out Of Frame	帧失步
OPGW	Optical fiber composite Overhead Ground Wire	光纤复合架空地线
OPUk	Optical channel Payload Unit-k	光通道开销单元 k
OSI	Open Systems Interconnection	开放系统互连
OSNR	Optical Signal-to-Noise Ratio	光信噪比
OTDR	Optical Time Domain Reflectometer	光时域反射仪
OTN	Optical Transport Network	光传输网
OTU	Optical Transponder Unit	光转换器单元
OTUk	Optical channel Transport Unit-k	光通道传送单元 k
PA	Power Amplifier	功率放大器
PCM	Pulse Code Modulation	脉冲编码调制
PDH	Plesiochronous Digital Hierarchy	准同步数字体系
PES	Personal Earth Station	个人地球站
PHY	Physical layer	物理层
PLC	Power Line Communication	电力线载波通信
PMD	Polarization Mode Dispersion	偏振模色散
PNS	Photon-Number Splitting attack	光子数分离攻击
PON	Passive Optical Network	无源光网络
POTS	Plain Old Telephone Service	传统电话业务
PTN	Packet Transport Network	分组传输网

缩　　写	英 文 全 称	中 文 全 称
PWE3	Pseudo Wire Emulation Edge-to-Edge	端到端伪线仿真
QKD	Quantum Key Distribution	量子密钥分发
QSC	Quantum Secure Communication	量子保密通信
QT	Quantum Teleportation	量子隐形传态
RAID	Redundant Array of Independent Disks	独立磁盘冗余数组
RAN	Radio Access Network	无线接入网
RDI	Remote Defect Indication	远端缺陷指示
ROADM	Reconfigurable Optical Add/Drop Multiplexer	动态光分插复用
ROPA	Remote Optical Pumping Amplifier	遥泵系统
RPR	Resilient Packet Ring	弹性分组环
RRU	Remote Radio Unit	射频拉远单元
RSTP	Rapid Spanning Tree Protocol	快速生成树协议
RTU	Remote Test Unit	远端测试单元
SBS	Stimulated Brillouin Scattering	受激布里渊散射
SD-SDI	Standard Definition-Serial Digital Interface signal	标清 SDI 信号
SDH	Synchronous Digital Hierarchy	同步数字体系
SDI	Serial Digital Interface	串行数字接口
SES	Severely Errored Second	严重误码秒
SITA	Society International De Telecommunication Aero-nautiques	国际航空电信协会
SNCP	SubNetwork Connection Protection	子网连接保护
SOP	State of Polarization	偏振态
SRS	Stimulated Raman Scattering	受激拉曼散射
STM-N	Synchronous Transport Module level N	同步传输模块-N 级
TDM	Time Division Multiplexing	时分复用
TES	Telephony Earth Station	电话地球站
TETRA	TErrestrial Trunked RAdio	陆地集群无线电系统
TRAU	Transcoder and Rate Adapter Unit	码变换器/速率适配单元
VC	Virtual Container	虚容器
VDSL	Very-high-data-rate Digital Subscriber Line	超高速数字用户线路
VHF	Very High Frequency	甚高频
VPLS	Virtual Private LAN Segment	虚拟专用局域网网段
VPN	Virtual Private Network	虚拟专用网
VPWS	Virtual Private Wire Service	虚拟专用线路业务
WSS	Wavelength Selective Switching	波长选择开关

参考文献

[1] 曹惠彬. 电力通信发展的回顾与展望[J]. 电信技术,2001(7):1-5.

[2] 黄民. 新时代交通强国铁路先行战略研究[M]. 北京:中国铁道出版社,2020.

[3] 傅世善. 傅世善铁路信号论文选集[M]. 北京:中国铁道出版社,2012.

[4] 潘卫军. 空中交通管理基础[M]. 2版. 成都:西南交通大学出版社,2005.

[5] 郭祥寿. 分组增强型 OTN 技术在轨道交通中的应用研究[J]. 铁路通信信号工程技术,2020,
17(6):95-99,103.

[6] 王通,桂银凯,王楠. 下一代铁路传输技术 MS-OTN 的应用与研究[J]. 铁路通信信号工程技术,
2020,017(2):28-33,85.

[7] 王楠. 轨道交通新一代承载技术 Liquid OTN 白皮书[EB/OL]. (2020-12-10)[2021-04-30].
https://e.huawei.com/cn/material/optical/a61dc9fe41814a929bc5c05eb214229f.

[8] 王嵬. 我的京张铁路[M]. 北京:中国铁道出版社,2017.

[9] 顾畹仪. WDM 超长距离光传输技术[M]. 北京:北京邮电大学出版社,2006.

[10] THE WORKING GROUP ON ESTIMATING THE LIGHTNING PERFORMANCE OF
OVERHEAD LINES. IEEE Guide for Improving the Lightning Performance of Transmission
Lines[J]. IEEE Std,1997.

[11] Short T A. IEEE Guide for Improving the Lightning Performance of Electric Power Overhead
Distribution Lines[C]// IEEE Transmission & Distribution Conference. IEEE,2010.

[12] Gamerota W R,Elismé J O,Uman M A,et al. Current Waveforms for Lightning Simulation[J].
IEEE Transactions on Electromagnetic Compatibility,2012,54(4):880-888.

[13] Kurono M,Isawa K,Kuribara M. Transient State of Polarization in Optical Ground Wire Caused
by Lightning and Impulse Current[J]. Proceedings of Spie the International Society for Optical
Engineering,1996.

[14] Bennett C H,Brassard G. Quantum Cryptography:Public Key Distribution and Coin Tossing
[J]. Proc. IEEE Int. conf. computers Systems & Signal Processing Bangalore India,1984.

[15] 里天,王秀琴,赵公前. 常用物理常数手册[M]. 昆明:云南人民出版社,1983.

[16] 缪晶晶,徐志磊,冒新国,等. OPGW 接地方式研究及分段绝缘方案设计[J]. 电力系统通信,
2012(1):52-56.

[17] 王祎菲,仇一凡,冯世涛,等.雷电流特性及其波形分析[J].黑龙江电力,2010,032(6)：404-407.

[18] 郭弘,李政宇,彭翔,等.量子密码[M].北京：国防工业出版社,2016.

[19] 沈利泉,刘军.OTN系统安全防护和加密技术应用研究[J].邮电设计技术,2019,525(11)：71-76.

[20] 赖俊森,吴冰冰,汤瑞,等.量子保密通信标准化现状与发展分析[J].电信科学,2018,1(34)：7-13.

[21] 申虹.量子保密通信技术发展及应用分析[J].邮电设计技术,2019(5)：69-73.